T0237695

MATHEMATIQUES
&
APPLICATIONS

Directeurs de la collection:
J. M. Ghidaglia et P. Lascaux

17

MATHEMATIQUES & APPLICATIONS
Comité de Lecture / Editorial Board

Directeurs de la collection:
J. M. GHIDAGLIA et P. LASCAUX

Instructions aux auteurs:

Les textes ou projets peuvent être soumis directement à l'un des membres du comité de lecture avec copie à J. M. GHIDAGLIA ou P. LASCAUX. Les manuscrits devront être remis à l'Éditeur *in fine* prêts à être reproduits par procédé photographique.

Guy Barles

Solutions de viscosité des équations de Hamilton-Jacobi

Springer-Verlag

Paris Berlin Heidelberg New York
Londres Tokyo Hong Kong
Barcelone Budapest

Guy Barles
Faculté des Sciences et Techniques
Université de Tours
Parc de Grandmont
37200 Tours, France

Mathematics Subject Classification:
35F20, 35D99, 35F30, 35B05, 35B50, 35B37, 49L20, 49L25, 35B25, 60F10

ISBN 978-3-540-58422-3

© Springer-Verlag Berlin Heidelberg 1994
Imprimé en Allemagne

SPIN: 10472940   41/3140 - 5 4 3 2 1 0 - Imprimé sur papier non acide

Avant-Propos

La notion de solutions de viscosité a été introduite en 1981 par M.G Crandall et P.L Lions pour les équations de Hamilton-Jacobi du premier ordre; douze ans plus tard, cette théorie a atteint sa pleine maturité: des résultats d'existence et d'unicité optimaux ont été obtenus pour tous les types de conditions aux limites, le sens même de ces conditions aux limites a été clarifié, des méthodes de passage à la limite très générales ont été développées; enfin, de nombreux travaux ont démontré la bonne adéquation de cette notion de solutions avec les applications au contrôle optimal, aux jeux différentiels, à la théorie de l'image et aux problèmes de transition de phases ainsi que son efficacité dans ces domaines.

Le but de ce cours est de donner une description des aspects essentiels de cette théorie dans un cadre aussi simple que possible. Nous ne parlerons que peu des extensions naturelles de cette notion de solutions aux équations elliptiques fortement non linéaires du deuxième ordre: bien que la théorie soit également très avancée dans le cas de ces équations, elle nécessite un arsenal technique supplémentaire assez important qui pourra faire l'objet d'une deuxième étape dans l'apprentissage des solutions de viscosité.

Nous avons tenté de bâtir ce cours avec une logique de difficulté croissante: les parties 1, 2 et 3 ne concernent que des solutions de viscosité continues alors que les parties 4, 5, 6 sont consacrées aux solutions discontinues. Il ne s'agit pas d'un ouvrage de référence: nous n'avons pas cherché à décrire systématiquement les résultats les plus fins et les preuves les plus sophistiquées. Nous avons seulement essayé de guider – le terme est à la mode – le lecteur à travers les idées et les possibilités offertes par la théorie en présentant des résultats simples mais significatifs. Beaucoup de preuves ne sont qu'esquissées ou sont entièrement laissées au lecteur.

Nous présentons d'abord les solutions de viscosité continues (sections 2.1 et 2.2) avec leurs propriétés concernant les passages à la limite (section 2.3). Les questions d'unicité et, en particulier, les conditions de structure que l'on doit imposer aux équations pour avoir de l'unicité dans des ouverts bornés sont discutées dans la section 2.4. La section 2.5 est consacrée aux résultats d'unicité dans $\mathbb{R}^N$, ce qui nous donne l'occasion de parler de conditions de croissance à l'infini sur les solutions. Nous nous intéressons ensuite aux résultats d'existence dans $\mathbb{R}^N$ puis, pour le problème de Dirichlet, dans des ouverts bornés: on présente d'abord une version très simplifiée de la méthode de Perron qui a été introduite pour ce type d'équations par H. Ishii, puis on donne quelques techniques permettant d'obtenir l'existence de solutions continues dans des cas plus généraux. Les liens avec les problèmes de contrôle en horizon infini sont décrits dans les sections 3.1 (cas classique) et 3.2 (contrôle avec temps d'arrêt, contrôle impulsionnel et problèmes en horizon fini).

La notion de solutions de viscosité discontinues, due à H. Ishii, est présentée dans les sections 4.1 et 4.2: on détaille, en particulier, les conditions aux limites naturelles "au sens de viscosité" qui peuvent être vues comme une conséquence de cette définition. Le résultat de stabilité discontinue de B. Perthame et de l'auteur est décrit dans la section 4.3: il permet d'effectuer des "demi-passages à la limite" avec seulement une borne L^∞ sur les solutions. Les résultats d'unicité forte, compléments indispensables au résultat de stabilité discontinue pour obtenir un passage à la limite complet, sont donnés dans la section 4.4 pour tous les types de conditions aux limites: ce sont des résultats de type Principe du Maximum pour des solutions discontinues. La méthode, basée sur l'utilisation conjuguée des résultats de stabilité discontinue et d'unicité forte, est un aspect essentiel de la théorie: il permet de traiter avec une relative sim- plicité les problèmes de contrôle avec temps de sortie (section 5.1), les problèmes de contrôle de trajectoires réfléchies (section 5.2) et les problèmes de pertur- bations singulières comme, par exemple, les problèmes de Grandes Déviations (section 6.2). Nous présentons enfin, dans la section 5.3, des propriétés sur- prenantes des solutions de viscosité pour des équations avec des non-linéarités convexes, propriétés remarquées par E.N Barron et R. Jensen, qui aboutissent à des résultats d'unicité pour des problèmes d'évolution avec des données initiales singulières.

Au moment d'écrire les dernières lignes de ce livre, je voudrais remercier tout particulièrement Francine CATTE et Elisabeth ROUY qui ont consacré beaucoup de temps à la relecture du manuscrit: non seulement elles m'ont aidé à traquer les inévitables coquilles mais leurs nombreuses suggestions ont aussi conduit à de réelles améliorations dans la rédaction. Le projet de publication de ce cours a pu aboutir grâce au travail du comité de lecture de la collection "Mathématiques et Applications" de la SMAI: je tiens à en remercier ses mem- bres et, plus particulièrement, Etienne PARDOUX qui m'a tout de suite fait part de son intérêt pour ce manuscrit et m'a encouragé à le soumettre. Enfin, last but not least, je voudrais remercier mes collègues de l'Université de Tours (malheureusement je ne peux pas les citer tous ici!); leurs encouragements et l'assistance en TeX et en informatique, qu'ils m'ont toujours fournie avec beau- coup de patience, m'ont beaucoup aidé dans la réalisation de ce livre: qu'ils sachent que je ne l'oublie pas.

Table des Matières

1 INTRODUCTION

Le but de ce cours est de présenter la notion de <u>solution de viscosité</u> pour les équations de Hamilton-Jacobi du premier ordre:

$$H(x, u, Du) = 0 \quad \text{dans } \Omega , \qquad (1.1)$$

où Ω est un ouvert de $I\!\!R^N$ et H est une fonction numérique continue sur $\Omega \times I\!\!R \times I\!\!R^N$, généralement appelée l'<u>hamiltonien</u>; la <u>solution</u> u est scalaire et $Du = (\dfrac{\partial u}{\partial x_1}, \cdots, \dfrac{\partial u}{\partial x_N})$ désigne son gradient.

Dans cette présentation, nous insistons plus particulièrement sur l'intérêt de cette notion de solution pour les problèmes de contrôle optimal déterministe et de perturbations singulières type Grandes Déviations où les équations de Hamilton-Jacobi du premier ordre interviennent naturellement.

Bien que la notion de solution de viscosité ait été introduite pour résoudre des problèmes liés aux équations du premier ordre, elle s'étend naturellement aux équations elliptiques (ou paraboliques) non linéaires du deuxième ordre pour lesquelles des problèmes analogues se posent. Considérons, par exemple, le cas des équations semilinéaires

$$-\sum_{i,j} a_{i,j}(x) \frac{\partial^2 u}{\partial x_i \partial x_j} + H(x, u, Du) = 0 \quad \text{dans } \Omega , \qquad (1.2)$$

où les $a_{i,j}$ $(1 \leq i, j \leq N)$ sont des fonctions continues sur Ω. Les théories classiques supposent le plus souvent que l'équation est non dégénérée, i.e. que la matrice $(a_{i,j})_{i,j}$ vérifie:

$$\sum_{i,j} a_{i,j}(x) p_i p_j \geq \nu |p|^2 , \quad \forall p \in I\!\!R^N , \qquad (1.3)$$

pour un certain $\nu > 0$ indépendant de x. Mais le cas où la matrice $(a_{i,j})_{i,j}$ a une ou des valeurs propres nulles est moins bien connu. Pour les équations elliptiques dégénérées, les seuls problèmes bien compris sont ceux où la dégénérescence provient de la solution elle-même, comme dans l'équation des milieux poreux

$$\frac{\partial u}{\partial t} - \Delta(u^m) = 0 \quad \text{dans } \Omega \times (0, T) ,$$

ou de son gradient, comme dans le cas du p-Laplacien

$$-\mathrm{div}(|Du|^{p-2}Du) + H(x, u, Du) = 0 \quad \text{dans } \Omega \ ;$$

mais le cas où la dégénérescence provient de la variable x pose des problèmes plus délicats pour lesquels (1.1) apparaît comme un cas extrême.

La notion de solution de viscosité s'introduit de manière plus naturelle dans le cadre des équations elliptiques fortement non linéaires du deuxième ordre: nous avons donc choisi de présenter sa définition dans ce cadre plus général. De même, nous formulerons et nous démontrerons les résultats de stabilité dans le cadre des équations du deuxième ordre car les preuves sont exactement les mêmes que dans le cas du premier ordre.

Par contre, les généralisations des résultats d'unicité que nous donnerons et les applications des solutions de viscosité au contrôle stochastique posent des problèmes spécifiques et nécessitent un formalisme plus lourd. Nous n'aborderons évidemment aucun de ces deux thèmes dans ce livre mais nous tenterons de décrire, dans les notes bibliographiques de fins de sections, les difficultés supplémentaires qui apparaissent, le type de techniques utilisées pour les résoudre (quand on sait le faire!) et le développement de la théorie dans ces directions.

Nous allons commencer par discuter les problèmes qu'ont posés les équations de Hamilton-Jacobi du premier ordre et qui ont conduit à l'introduction de la notion de solution de viscosité: ils étaient essentiellement de quatre types.

1.1 Premier type de problème : le sens de l'équation

Dans l'étude d'un problème de contrôle optimal, une étape essentielle est de montrer que la fonction-valeur est solution de l'équation, dite de Bellman, associée. Cette étape, bien que non triviale, peut être réalisée si on suppose que la fonction-valeur est de classe C^1 (cas déterministe) ou C^2 (cas stochastique). Mais cette régularité n'est que rarement satisfaite: il faut donc définir une notion de solution faible.

Considérons un exemple simple. Soit u la fonction définie sur $I\!R^N \times (0, +\infty)$ par:

$$u(x, t) = \inf_{|y-x| \le t} [u_0(y)] \ , \tag{1.4}$$

où u_0 est une fonction continue. La notation $|.|$ désigne ici, et dans toute la suite du livre, la norme euclidienne standard sur $I\!R^N$ i.e.

$$|p| = \left(\sum_{i=1}^N p_i^2 \right)^{1/2} \ ,$$

pour tout $p = (p_1, p_2, \cdots, p_N) \in I\!R^N$.

En raisonnant formellement, on se rend compte que u doit être solution de l'équation:

$$\frac{\partial u}{\partial t} + |Du| = 0 \quad \text{dans } I\!R^N \times (0, +\infty) \ . \tag{1.5}$$

(Voir l'exercice ci-dessous). Mais u n'est a priori qu'une fonction continue et donc $\frac{\partial u}{\partial t}$ et $|Du|$ ne sont pas définis sauf éventuellement au sens des distributions mais la non-linéarité du terme $|Du|$ rend cette approche peu naturelle et mal commode à utiliser. En quel sens "utilisable" u vérifie-t-elle alors cette équation?

La réponse classique à ce type de question fut de considérer la notion de solutions généralisées i.e. de solutions dans $W_{loc}^{1,\infty}$ qui vérifient l'équation au sens presque partout. Sur notre exemple, si on veut que u soit dans $W_{loc}^{1,\infty}$, il faut que u_0 le soit aussi, ce qui représente déjà une restriction. Il est à noter que le cas où u_0 est discontinu n'est pas déraisonnable pour les applications. Nous verrons plus loin que ce défaut de généralité n'est pas le défaut majeur des solutions généralisées.

Le même problème se pose pour (1.2): si, dans le cas où (1.3) a lieu, on peut espérer obtenir des solutions de classe C^2 via la théorie de Schauder, qu'advient-il dans le cas dégénéré i.e. si $\nu = 0$? Quel sens faut-il donner à l'équation? Quelle notion de solution faible faut-il utiliser?

Bien entendu, le choix d'une notion de solution faible n'est pas anodin car il détermine les propriétés de l'équation: on pourra constater les problèmes qu'a posés la notion de solutions généralisées.

Exercice: *On pose:*
$$\varphi(x) = \inf_{y \in C} \psi(x, y)\,,$$
où ψ est une fonction numérique de classe C^1 sur $\mathbb{R}^N \times \mathbb{R}^p$ et C est un sous-ensemble compact de $\mathbb{R}^p$. On suppose qu'au point $x_0 \in \mathbb{R}^N$, il existe un unique $y_0 \in C$ pour lequel $\varphi(x_0) = \psi(x_0, y_0)$.

1. *Montrer que φ est différentiable au point x_0 et que:*
$$\frac{\partial \varphi}{\partial x}(x_0) = \frac{\partial \psi}{\partial x}(x_0, y_0)\,.$$

2. *Utiliser ce résultat pour montrer que, "si tout se passe bien", la fonction u définie par (1.4) est bien solution de l'équation (1.5).*

3. *Donner des exemples de situations où "tout se passe bien".*

4. *Montrer, par un contre-exemple, que la condition d'unicité du y_0 qui atteint l'infimum est nécessaire pour avoir la différentiabilité de φ en x_0.*

5. *Peut-on affaiblir l'hypothèse de compacité sur C?*

1.2 Deuxième type de problème : le sens des conditions aux limites

La première motivation est toujours le contrôle optimal: pour décrire le problème, considérons encore une fois un exemple simple.

La fonction distance au bord d'un ouvert Ω est définie par:

$$d(x) = \inf_{y \in \partial\Omega} \left(|y - x| \right) .$$

En utilisant le résultat de l'exercice précédent, on montre aisément que d est formellement solution de l'équation:

$$|Dd| = 1 \quad \text{dans } \Omega .$$

De plus, d vérifie la condition aux limites:

$$d = 0 \quad \text{sur } \partial\Omega .$$

On est dans le cadre classique d'un problème de Dirichlet: équation à l'intérieur de l'ouvert + valeur de la fonction prescrite sur la frontière. Examinons maintenant la fonction:

$$v(x) = \inf_{y \in \partial\Omega} \left(|y - x| + \varphi(y) \right) ,$$

où φ est une fonction continue (on suppose dans ce cas que l'ouvert Ω est convexe pour être dans un cadre de contrôle optimal). En répétant l'argument désormais habituel de l'exercice, on "prouve" facilement que:

$$|Dv| = 1 \quad \text{dans } \Omega ,$$

mais quelle condition de bord doit-on lui associer? En effet, tant que φ satisfait la "condition de compatibilité" :

$$\forall x, y \in \partial\Omega , \quad \varphi(x) \leq \varphi(y) + |y - x| ,$$

on a une "vraie" condition de Dirichlet:

$$v = \varphi \quad \text{sur } \partial\Omega .$$

Mais si cette condition n'est pas satisfaite, on construit facilement des exemples où v n'est pas égal à φ sur le bord. Comme v présente un intérêt dans la théorie du contrôle, cette question n'est pas purement académique.

Plus généralement, le problème des conditions aux limites à prescrire pour (1.2) dans le cas dégénéré est fondamental: il est bien connu, par exemple, que l'on ne peut pas toujours résoudre le problème de Dirichlet, que dans ce type de questions les propriétés du bord (en particulier sa courbure) jouent un rôle essentiel...etc mais aucune théorie complète n'existe.

Une façon un peu différente d'envisager cette question est la suivante: considérons pour (1.2) le problème approché, plus régulier car fortement elliptique:

$$-\varepsilon \Delta u_\varepsilon - \sum_{i,j} a_{i,j}(x) \frac{\partial^2 u_\varepsilon}{\partial x_i \partial x_j} + H(x, u_\varepsilon, Du_\varepsilon) = 0 \quad \text{dans } \Omega ,$$

associé à la condition de Dirichlet:

$$u_\varepsilon = \varphi \quad \text{sur } \partial\Omega \ .$$

Pour ce problème non dégénéré, on peut raisonnablement espérer trouver une solution u_ε dans $C^2(\Omega) \cap C(\overline{\Omega})$. Mais alors quel est le comportement de u_ε quand ε tend vers 0? Quel est le problème limite? en particulier, quel est sa condition de bord? Cette question semble évidemment particulièrement intéressante si le problème de Dirichlet obtenu en faisant simplement $\varepsilon = 0$ n'a pas de solution.

1.3 Troisième type de problème : l'unicité des solutions

L'exemple classique, et très simple, qui apparaît quand on veut présenter ce problème est le suivant:

$$|u'| = 1 \quad \text{dans }]0, 1[\ , \tag{1.6}$$

avec la condition aux limites:

$$u(0) = u(1) = 0 \ . \tag{1.7}$$

On va sur cet exemple simple construire une infinité de solutions généralisées.

Première solution généralisée:

$$u^+(x) = 1/2 - |1/2 - x| \ .$$

On voit clairement sur un dessin que u^+ est la solution généralisée maximale alors que $u^- = -u^+$ est la solution généralisée minimale (exercice!). Pour construire une infinité de solutions, il suffit d'alterner pentes 1 et pentes -1: en particulier, on peut construire une suite $(u_n)_n$ de solutions qui converge uniformément vers 0 en procédant de la manière suivante: $u_n(0) = 0$, $u_n'(x) = 1$ si $x \in]\dfrac{2k}{2^n}, \dfrac{2k+1}{2^n}[$ et $u_n'(x) = -1$ si $x \in]\dfrac{2k+1}{2^n}, \dfrac{2k+2}{2^n}[$ pour k compris entre 0 et $2^{n-1} - 1$.

Cet exemple montre combien la notion de solutions généralisées qui, du point de vue des équations aux dérivées partielles (EDP) classiques, semble très naturelle, est en fait inadaptée à ce type de problèmes; une non-unicité aussi forte est incompatible avec une utilisation raisonnable de ces solutions dans les applications: il faut un critère supplémentaire pour les trier et pour pouvoir dire, si possible, quelle est la "bonne solution".

Sur cet exemple, les candidats pour être la "bonne solution" du point de vue du contrôle optimal sont u^+ et u^-: en effet, l'équation que l'on résout ainsi que la condition aux limites sont la version monodimensionnelle du problème associé à la distance au bord d'un ouvert que nous avons considéré au cours de la section précédente. On vérifie facilement que $u^+(.) = d(., \partial]0, 1[)$. Quant à u^-, il vaut:

$$-d(., \partial]0, 1[) = \sup_{y \in \partial\Omega} \left(-|y - x| \right) \ ,$$

la distance négative au bord qui est aussi naturelle que la précédente; il faudra aussi trouver un moyen de les différencier.

Exercice : *Montrer par un argument simple que le problème (1.6)-(1.7) n'a pas de solution de classe C^1.*

1.4 Quatrième type de problème : les passages à la limite

Une motivation essentielle est le passage à la limite dans des problèmes de perturbations singulières dont l'exemple le plus simple (à formuler!) est la méthode de <u>viscosité évanescente</u>: trouver le comportement quand $\varepsilon \to 0$ de la solution u_ε de l'équation:

$$- \varepsilon \Delta u_\varepsilon + H(x, u_\varepsilon, Du_\varepsilon) = 0 \quad \text{dans } \Omega , \qquad (1.8)$$

associée à des conditions aux limites de Dirichlet ou de Neumann. Ces questions interviennent naturellement dans les problèmes de Grandes Déviations, dans la théorie des perturbations de problèmes de contrôle déterministe... etc. Une autre motivation importante pour ces problèmes de passage à la limite est, bien sûr, la convergence de schémas numériques pour les équations du premier ou du deuxième ordre.

L'exemple de la suite $(u_n)_n$ dans la section précédente montre qu'il existe une suite de solutions généralisées de l'équation $|u'| = 1$ qui converge uniformément vers 0; or 0 n'est pas solution généralisée de l'équation.

Deux remarques sur cet exemple: la convergence uniforme est la notion de convergence associée de manière naturelle aux problèmes de contrôle qui sont généralement posés dans l'espace des fonctions continues; dans tous les exemples explicites que nous avons donnés au cours de la discussion des deux premiers problèmes, la convergence uniforme des données $(u_0, \varphi \dots)$ implique la convergence uniforme de la fonction associée $(u, v \dots)$. Mais l'exemple de la suite $(u_n)_n$ montre que cette convergence n'est pas suffisante pour passer à la limite dans l'équation si on travaille avec des solutions généralisées. Il s'agit encore d'un défaut majeur de cette notion de solutions.

La deuxième remarque est qu'un passage à la limite dans l'équation $|u'| = 1$ en termes de solutions généralisées requiert la convergence presque partout du gradient: ce n'est pas le cas pour la suite $(u_n)_n$ car la suite $(u_n')_n$ de ses dérivées converge vers 0 dans L^∞ faible $*$ mais ne converge vers 0 dans aucun L^p puisque $\|u_n'\|_{L^p} \equiv 1$.

Plus généralement, il est bien connu que si l'on veut passer à la limite dans (1.8) en termes de solutions généralisées, il faut obtenir la convergenc presque partout du gradient de u_ε, la difficulté essentielle étant de passer à la limite dans la non-linéarité H. Mais, dans les applications, on ne sait pas prouver, en général, que ce type de convergence a lieu: la situation standard est "u_ε borné dans $W_{loc}^{1,\infty}$" ce qui implique bien une convergence uniforme de suites extraites par le théorème d'Ascoli mais pas la convergence presque partout du gradient, même pour une suite extraite. Il faudrait donc posséder une notion de solution faible qui permette de passer à la limite dans (1.8) avec seulement la convergence uniforme de la suite $(u_\varepsilon)_\varepsilon$.

Notes bibliographiques de l'introduction

Dans les notes bibliographiques de fins de sections, nous donnerons, bien entendu, des références où le lecteur pourra trouver les "versions originales" des résultats que nous présentons ainsi que certaines de leurs généralisations omises ici. Mais nous tenterons également de décrire l'état de l'art sur les problèmes analogues dans le cas du deuxième ordre et, éventuellement, nous mentionnerons des travaux utilisant d'autres théories. Nous ne prétendons, bien entendu, à aucune exhaustivité.

On ne peut commencer ces notes bibliographiques qu'en citant les trois compléments indispensables à la lecture de ce cours: tout d'abord le livre de P.L Lions[128] dont nous nous sommes beaucoup inspiré; il offre un panorama complet des solutions de viscosité continues pour les équations du premier ordre et constitue également un lien avec les approches classiques. Le "guide de l'utilisateur" de M.G Crandall, H. Ishii et P.L Lions[54] procure une description complète de la théorie des solutions de viscosité pour les équations du deuxième ordre (existence, unicité, conditions aux limites, passage à la limite...); c'est l'article de référence incontournable sur le sujet. Enfin les liens avec le contrôle aussi bien déterministe que stochastique et le traitement des problèmes de perturbations singulières sont décrits dans le livre de W.H Fleming et H.M Soner[84]; ce livre contient également la théorie des solutions de viscosité pour les équations du deuxième ordre.

Il paraît difficile d'aborder ce cours sans une connaissance préliminaire des équations elliptiques. Citons comme ouvrages de références sur le sujet: L. Bers, F. John et M. Schechter[43], D. Gilbarg et N.S Trudinger[94] et O.A Ladyzhenskaya et N.N Ural'tseva[124]. Dans A. Bensoussan[38], A. Bensoussan et J.L Lions[39, 40], l'étude des équations elliptiques est orientée plus particulièrement vers les problèmes de contrôle stochastique.

Comme nous l'avons signalé dans l'introduction, relativement peu d'articles existent sur les équations elliptiques dégénérées: mentionnons les travaux de J.J Kohn et L. Nirenberg[118], A.V Ivanov[111] et le livre de O.A Oleinik et E.V Radkevic[140] où sont développées des approches EDP et ceux de D.W Stroock et S.R.S Varadhan[150] et de M.I Freidlin[90] où les auteurs utilisent des méthodes probabilistes. La plupart de ces travaux concernent des équations linéaires.

Pour l'étude des équations de Hamilton-Jacobi du premier ordre avec des techniques de solutions généralisées, nous renvoyons à S. H Benton[42], E.D Conway et E. Hopf[50], A. Douglis[64], W.H Fleming[78, 79, 80], A. Friedman[91], E. Hopf[98] et S.N Kruzkov[119, 120, 121, 122]. Comme nous l'avons mentionné plus haut, le livre de P.L Lions[128], qui contient des généralisations des résultats de ces travaux, fait le lien avec la théorie des solutions de viscosité.

2 SOLUTIONS DE VISCOSITE CONTINUES DES EQUATIONS DU PREMIER ORDRE

2.1 Solutions de viscosité: présentation et définition

Bien que le but de ce cours demeure les équations du premier ordre, nous allons présenter la notion de solution de viscosité pour les équations fortement non linéaires elliptiques (ou paraboliques) du deuxième ordre car la définition s'introduit de manière plus naturelle dans ce cadre plus général.

Quand on s'intéresse aux équations elliptiques, deux approches complémentaires peuvent être envisagées: la plus couramment utilisée est l'**approche variationnelle** décrite dans tous les cours d'équations aux dérivées partielles: on définit d'abord une notion de solution "faible" en utilisant les espaces de Sobolev, puis on établit l'existence et l'unicité d'une solution faible via un théorème de type Lax-Milgram; enfin on démontre des résultats de régularité locale ou globale pour prouver que la solution "faible" est en fait une solution "forte" i.e. qu'elle est de classe C^2 et qu'elle vérifie l'équation au sens usuel en tout point. On peut remarquer qu'en fait cette approche est très "linéaire" même si elle permet de traiter de nombreux problèmes non linéaires: elle n'est vraiment efficace que dans les problèmes où le terme linéaire dominant (typiquement le laplacien) impose ses bonnes propriétés à une "perturbation" d'ordre inférieur, éventuellement non linéaire (ce qui donne lieu aux fameuses "conditions naturelles de croissance").

La deuxième **approche** est celle dite **de Schauder** où, contrairement à l'approche variationnelle, on cherche a priori une solution "forte", "classique": il s'avère que les bons espaces sont ici les espaces de Hölder $C^{0,\alpha}$ pour les coefficients et on cherche la solution dans $C^{2,\alpha}$. Il est frappant de constater que, si la première approche autorise a priori tous les types de régularité pour la solution $(\cdots, H^{-100}, \cdots, H^{-1}, \cdots, H^1, \cdots, H^2, \cdots, H^{100}, \cdots)$, on est, au contraire, très limité dans cette deuxième approche où n'apparaît pas, en particulier, de notion de solution faible évidente. Par contre, un point commun essentiel avec la première approche est qu'il s'agit (peut-être encore plus!) d'une approche de type "linéaire" au sens expliqué plus haut.

A la vue de cette description – à l'évidence très caricaturale –, on remarque qu'il manque d'une part une notion de solution faible reliée "naturellement" à l'approche de type Schauder et, d'autre part, une théorie vraiment "non linéaire" des équations elliptiques pour laquelle un terme du deuxième ordre jouerait un rôle identique à celui d'un terme du premier ordre ce qui devrait permettre de traiter de la même manière le cas de (1.2) que la matrice $(a_{i,j})_{i,j}$ soit dégénérée ou non.

On peut voir la notion de solutions de viscosité comme une réponse – peut-être partielle – à ces deux questions: d'abord l'espace naturel pour chercher des solutions est l'espace des fonctions continues (typiquement $C^{0,\alpha}$) donc l'espace naturel pour une notion de solution faible dans l'approche de type Schauder. Ensuite elle s'applique à des équations fortement non linéaires elliptiques et les résultats de bases (existence, unicité, stabilité...) ne dépendent pas du caractère dégénéré ou non dégénéré de l'équation.

On va donc considérer des équations elliptiques du type:

$$H(x, u, Du, D^2u) = 0 \quad \text{dans } \Omega , \qquad (2.1)$$

où Ω est un ouvert de $I\!\!R^N$ et H est une fonction numérique continue sur $\Omega \times I\!\!R \times I\!\!R^N \times S^N$. La notation S^N désigne l'espace vectoriel des matrices $N \times N$ symétriques. Si u est une fonction régulière, on note Du son gradient $(Du = (\frac{\partial u}{\partial x_1}, \cdots, \frac{\partial u}{\partial x_N}))$ et D^2u sa matrice hessienne $(D^2u = (\frac{\partial^2 u}{\partial x_i \partial x_j})_{i,j})$.

L'équation est dite elliptique si et seulement si la condition d'**ellipticité** suivante est satisfaite:

$$H(x, u, p, M_1) \leq H(x, u, p, M_2) \quad \text{si } M_2 \leq M_1 , \qquad (2.2)$$

pour tout $x \in \Omega$, $u \in I\!\!R$, $p \in I\!\!R^N$ et $M_1, M_2 \in S^N$.

On désigne par $\leq$ l'ordre partiel sur S^N dont on rappelle qu'il est défini par:

$$M_2 \leq M_1 \Longleftrightarrow (M_2 p, p) \leq (M_1 p, p) \quad \forall p \in I\!\!R^N ,$$

où $(.,.)$ est le produit scalaire usuel sur $I\!\!R^N$. Cette définition équivaut encore à dire que toutes les valeurs propres de $M_2 - M_1$ sont négatives (c'est un exercice!).

La notion de solution de viscosité repose sur le **Principe du Maximum** à partir duquel elle s'introduit naturellement. Nous le formulons de la manière suivante:

Théorème 2.1 : Principe du Maximum.
$u \in C^2(\Omega)$ est solution classique de (2.1) si et seulement si :

$\forall \phi \in C^2(\Omega)$, si $x_0 \in \Omega$ est un point de maximum local de $u - \phi$, on a :

$$H(x_0, u(x_0), D\phi(x_0), D^2\phi(x_0)) \leq 0 ,$$

et :

$\forall \phi \in C^2(\Omega)$, si $x_0 \in \Omega$ est un point de minimum local de $u - \phi$ on a :

$$H(x_0, u(x_0), D\phi(x_0), D^2\phi(x_0)) \geq 0 .$$

$\square$

Ce théorème fournit une définition équivalente de la notion de solution classique (d'un intérêt a priori limité!): la remarque essentielle est que la deuxième formulation ne fait intervenir aucune régularité de u et donc on l'utilisera pour définir la notion de solution de viscosité.

Avant cela donnons une preuve rapide de ce théorème. Supposons d'abord que $u \in C^2(\Omega)$ est solution classique de (2.1). Si ϕ est une fonction de classe C^2 et si $x_0 \in \Omega$ est un point de maximum de $u - \phi$, il est bien connu que les propriétés suivantes ont lieu:

$$Du(x_0) = D\phi(x_0) \,,$$

et:

$$D^2u(x_0) \leq D^2\phi(x_0) \,.$$

En utilisant l'ellipticité de l'équation, on obtient:

$$H(x_0, u(x_0), D\phi(x_0), D^2\phi(x_0)) \leq H(x_0, u(x_0), Du(x_0), D^2u(x_0)) = 0 \,,$$

et la première propriété est démontrée. La deuxième s'obtient de manière analogue.

Réciproquement, si u est de classe C^2, on peut prendre $\phi = u$ dans les deux propriétés et donc, comme tout point $x_0 \in \Omega$ est à la fois un point de maximum et de minimum local de $u - u$, $H(x_0, u(x_0), Du(x_0), D^2u(x_0))$ est à la fois négatif et positif en tout point de Ω. Finalement $H(x, u(x), Du(x), D^2u(x)) = 0$ dans Ω et la preuve est complète. □

On peut maintenant donner la définition de solution de viscosité dans le cas continu.

Définition 2.1 : Solution de Viscosité
$u \in C(\Omega)$ est solution de viscosité de (2.1) si et seulement si :

$\forall \phi \in C^2(\Omega)$, si $x_0 \in \Omega$ est un point de maximum local de $u - \phi$, on a :

$$H(x_0, u(x_0), D\phi(x_0), D^2\phi(x_0)) \leq 0 \,, \tag{2.3}$$

et :
$\forall \phi \in C^2(\Omega)$, si $x_0 \in \Omega$ est un point de minimum local de $u - \phi$ on a :

$$H(x_0, u(x_0), D\phi(x_0), D^2\phi(x_0)) \geq 0 \,. \tag{2.4}$$

Si u ne vérifie que (2.3) (resp.(2.4)), on dira que u est une sous-solution de viscosité (resp. une sursolution de viscosité). □

Dorénavant on parlera simplement de sous-solution, de sursolution et de solution étant bien entendu qu'elles seront toujours de viscosité.

Le rôle de l'ellipticité est vraiment central dans cette définition; c'est la raison pour laquelle nous avons voulu introduire la notion de solution de viscosité dans le cadre des équations du deuxième ordre: quand H est indépendant de D^2u, on ne voit pas très bien d'où viennent les inégalités dans (2.3) et (2.4).

Une manière plus classique de les justifier, dans le cas des équations du premier ordre, consiste à remarquer que les solutions obtenues par la méthode de viscosité évanescente satisfont (2.3) et (2.4): c'est ce qui a motivé la terminologie "solution de viscosité". Le lecteur trouvera une démonstration de cette affirmation dans la section consacrée au résultat de stabilité.

Toujours dans le cas des équations du premier ordre, il est curieux de noter que les solutions de $H = 0$ ne sont pas nécessairement solutions de $-H = 0$: le signe de l'hamiltonien compte! On peut comprendre ce phénomène de la manière heuristique suivante: l'équation $H = 0$ possède plusieurs solutions généralisées et les approximations de cette équation par $-\varepsilon\Delta + H = 0$ (qui conduit à une solution de $H = 0$) et par $\varepsilon\Delta + H = 0$ (qui conduit à une solution de $-H = 0$) sélectionnent, en général, deux solutions différentes.

Remarquons enfin que les équations paraboliques ne sont qu'un cas particulier des équations elliptiques telles que nous les avons définies: on remplace simplement la variable x par la variable (x,t), Du et D^2u désignant alors le gradient et la matrice hessienne de u par rapport à la nouvelle variable (x,t).

Le but de ce cours est bien entendu de montrer comment cette notion de solution résout les quatre problèmes présentés dans l'introduction. En guise de motivation supplémentaire pour le lecteur, nous allons tout de suite le faire pour l'exemple du premier problème.

On veut prouver que la fonction définie sur $I\!\!R^N \times (0, +\infty)$ par:

$$u(x,t) = \inf_{|y-x| \leq t} [u_0(y)] \ ,$$

est solution de viscosité de l'équation:

$$\frac{\partial u}{\partial t} + |Du| = 0 \quad \text{dans } I\!\!R^N \times (0, +\infty) \ .$$

On utilise pour cela le lemme suivant:

Lemme 2.1 : *On pose:*

$$S(t)u_0(x) = \inf_{|y-x| \leq t} [u_0(y)] \ .$$

$(S(t))_{t\geq 0}$ *est un semi-groupe monotone sur* $C(I\!\!R^N)$ *i.e. les deux propriétés suivantes ont lieu:*

$$S(t + s) = S(t) \circ S(s) \ , \quad \forall t, s \geq 0 \ ,$$

$$S(t)u_0 \leq S(t)v_0 \ , \quad \text{si } u_0 \leq v_0 \ ,$$

pour tout u_0 et v_0 dans $C(I\!\!R^N)$. $\square$

La démonstration (facile) du lemme est laissée en exercice. Montrons comment on en déduit le résultat: on prouve seulement que u est sous-solution, l'autre partie du résultat s'obtient de manière analogue. Soit $\phi \in C^2(I\!\!R^N \times (0, +\infty))$

et soit (x, t) un point de maximum local de $u - \phi$. D'après le l mme, S est un semi-groupe, donc les égalités suivantes ont lieu:

$$u(x, t) = S(t)u_0(x) = S(h)S(t - h)u_0(x) = S(h)u(., t - h)(x) \, ,$$

pour tout h tel que $0 < h < t$. On a finalement:

$$u(x, t) = \inf_{|y - x| \leq h} [u(y, t - h)] \, .$$

Or (x, t) étant un point de maximum local de $u - \phi$, on a aussi:

$$u(y, t - h) - \phi(y, t - h) \leq u(x, t) - \phi(x, t) \, ,$$

si $h > 0$ suffisamment petit, pour tout $y \in {I\!\!R}^N$ tel que $|y - x| \leq h$. On injecte alors cette inégalité dans l'égalité précédente:

$$u(x, t) \leq \inf_{|y - x| \leq h} [\phi(y, t - h) + u(x, t) - \phi(x, t)] \, ,$$

et donc:

$$\phi(x, t) \leq \inf_{|y - x| \leq h} [\phi(y, t - h)] \, .$$

On utilise alors un développement de Taylor au premier ordre de ϕ au point (x, t):

$$0 \leq \inf_{|y - x| \leq h} \left[-\frac{\partial \phi}{\partial t}(x, t)h + (D\phi(x, t), y - x) + o(|y - x|) + o(h) \right] \, .$$

Dans cette inégalité, il est tout d'abord clair que le $o(|y - x|)$ peut être majoré par un $o(h)$. On fait alors passer l'infimum dans le premier membre, on utilise la propriété $-\inf(- \cdots) = \sup(\cdots)$ et, en divisant par h, on obtient finalement:

$$\frac{\partial \phi}{\partial t}(x, t) + \sup_{|y - x| \leq h} \left[(D\phi(x, t), \frac{y - x}{h}) \right] + o(1) \leq 0 \, .$$

On remarque d'abord que le supremum se calcule explicitement, puis on fait tendre h vers 0 et le résultat est démontré. □

L'argument ci-dessus, qui utilise de manière fondamentale la propriété de semi-groupe de S et sa monotonie, est un cas particulier d'un principe plus général, LE PRINCIPE DE LA PROGRAMMATION DYNAMIQUE. Le principe de la programmation dynamique est une étape essentielle pour montrer que la fonction-valeur d'un problème de contrôle est solution de l'équation de Hamilton-Jacobi-Bellman associée. On le présentera plus en détail dans les parties consacrées aux problèmes de contrôle.

Dans l'exemple que nous venons de traiter, nous avons supposé la fonction-test ϕ de classe C^2 car c'est la régularité requise dans la définition 2.1 mais la démonstration n'utilise que son caractère C^1. En fait, dans le cas d'équations du premier ordre, on peut se restreindre à des fonctions-test de classe C^1. On a le résultat général suivant:

Proposition 2.1 : *On obtient une définition équivalente de sous-solution, de sursolution et de solution de viscosité en remplaçant dans la définition 2.1:*

1. *"$\phi \in C^2(\Omega)$" par "$\phi \in C^k(\Omega)$" ($2 < k < +\infty$) ou par "$\phi \in C^\infty(\Omega)$" dans le cas d'équations du deuxième ordre,*

2. *"$\phi \in C^2(\Omega)$" par "$\phi \in C^1(\Omega)$" dans le cas d'équations du premier ordre,*

3. *"maximum local" ou "minimum local" par "maximum local strict" ou "minimum local strict" ou par "maximum global" ou "minimum global" ou encore par "maximum global strict" ou "minimum global strict".*

$\square$

Cette proposition est très utile en pratique car elle permet de simplifier de nombreuses preuves: on utilise, en particulier, la définition avec des points de "maximum global" ou "minimum global" pour éviter des arguments assez lourds de localisation.

Nous laissons la démonstration de cette proposition en exercice au lecteur: elle repose sur des arguments classiques d'analyse, le point le plus délicat étant évidemment le passage du local au global.

Remarque 2.1 : *Pour prouver la partie non triviale de l'équivalence dans les points 1. et 2. de la proposition 2.1, le lecteur pourra se ramener au cas où les points de maximum ou de minimum local sont des points de maximum ou de minimum local strict, régulariser la fonction-test et utiliser le lemme 2.2 dont l'énoncé est plus loin dans le texte.*

Terminons cette section avec un exercice.
Exercice:

1. *Montrer que l'équation (1.2) est elliptique ssi la matrice $(a_{i,j})_{i,j}$ vérifie:*

$$\sum_{i,j} a_{i,j}(x) p_i p_j \geq 0 \quad , \quad \forall p \in \mathbb{R}^N .$$

(On ne suppose pas que la matrice $(a_{i,j})_{i,j}$ est symétrique.)

2. *Soit u_0 une fonction bornée, uniformément continue sur $\mathbb{R}^N$. Montrer que la fonction u définie par:*

$$u(x,t) = \inf_{y \in \mathbb{R}^N} \left(u_0(y) + \frac{|y - x|^2}{4t} \right) ,$$

est continue et qu'elle est solution de viscosité de l'équation:

$$\frac{\partial u}{\partial t} + |Du|^2 = 0 \quad \text{dans } \mathbb{R}^N \times (0, +\infty) .$$

Notes bibliographiques de la section 2 1

Le Principe du Maximum est un outil fondamental dans l'étude des équations elliptiques et paraboliques. Nous renvoyons, bien entendu, en premier lieu aux références données dans les notes bibliographiques de l'introduction. Nous signalons également le livre de M. Protter et H. Weinberger[143] qui lui est entièrement consacré.

La notion de solution de viscosité a été introduite par M.G Crandall et P.L Lions[55]: ce premier article s'inspirait fortement du traitement des lois de conservation par S.N Kruzkov[122]. Rappelons qu'en dimension 1, la dérivée de la solution d'une équation de Hamilton-Jacobi est solution d'une équation hyperbolique non linéaire. La forme actuelle de la définition apparaît pour la première fois dans l'article de M.G Crandall, L.C Evans et P.L Lions[51], toujours dans le cadre du premier ordre; la définition et les preuves de [55] y sont simplifiées.

Les premières extensions aux équations elliptiques du deuxième ordre et leurs applications au contrôle stochastique sont considérées dans P.L Lions[129, 130, 131]. Mais l'étude des équations du deuxième ordre se heurte à une difficulté majeure: la technique assez simple des preuves d'unicité du premier ordre ne semble pas s'étendre aux équations du deuxième ordre et la théorie se trouve bloquée...(à suivre!)

2.2 Propriétés générales des solutions de viscosité

Il paraît difficile, a priori, de vérifier qu'une fonction donnée explicitement est solution de viscosité d'une équation en utilisant la définition introduite dans la partie précédente. Nous allons commencer par donner une définition équivalente plus locale qui permet cette vérification d'une manière plus classique, i.e. qui s'apparente à un calcul de dérivée.

Définition 2.2 : Sur et sous-différentiel d'une fonction continue
Soit $u \in C(\Omega)$. On appelle surdifférentiel de u au point $x \in \Omega$ le sous-ensemble convexe fermé de $I\!\!R^N$ noté $D^+u(x)$ et défini par:

$$D^+u(x) = \{p \in I\!\!R^N; \ \limsup_{y \to x} \frac{u(y) - u(x) - (p, y - x)}{|y - x|} \le 0\} \ .$$

On appelle sous-différentiel de u au point $x \in \Omega$ le sous-ensemble convexe fermé de $I\!\!R^N$ noté $D^-u(x)$ et défini par:

$$D^-u(x) = \{p \in I\!\!R^N; \ \liminf_{y \to x} \frac{u(y) - u(x) - (p, y - x)}{|y - x|} \ge 0\} \ .$$

$\square$

Ces sous-ensembles peuvent éventuellement être vides, même tous les deux à la fois comme dans le cas de la fonction $x \mapsto \sqrt{|x|} \sin(\frac{1}{x^2})$ prolongée en 0 par 0 (faire la preuve en exercice!).

Dans le cas où u est convexe, le sous-différentiel de u coïncide avec celui défini en analyse convexe. On rappelle que, dans ce cas, il est défini par:

$$\partial u(x) = \{p \in I\!\!R^N; \ u(y) \ge u(x) + (p, y - x) \ , \ \forall y \in I\!\!R^N\} \ .$$

Pour se familiariser avec ces objets, on propose l'exercice suivant:

Exercice :

1. *Calculer, en tout point x de $I\!\!R$, le surdifférentiel et le sous-différentiel de l'application $x \mapsto |x|$. Même question si $x \in I\!\!R^N$ quand $|x|$ désigne la norme euclidienne standard de x? la norme 1? la norme infinie?*

2. *Montrer que, si u est différentiable en x, alors $D^+u(x) = D^-u(x) = \{Du(x)\}$.*

3. *Réciproquement, montrer que, si $D^+u(x)$ et $D^-u(x)$ sont tous les deux différents du vide, alors u est différentiable en x et $D^+u(x) = D^-u(x) = \{Du(x)\}$.*

Passons maintenant aux liens des sur et sous-différentiels avec les solutions de viscosité.

Théorème 2.2 :

(i) $u \in C(\Omega)$ est sous-solution de l'équation (1.1) ssi, pour tout $x \in \Omega$:

$$\forall p \in D^+u(x), \quad H(x, u(x), p) \leq 0 . \tag{2.5}$$

(ii) $u \in C(\Omega)$ est sursolution de l'équation (1.1) ssi, pour tout $x \in \Omega$:

$$\forall p \in D^-u(x), \quad H(x, u(x), p) \geq 0 . \tag{2.6}$$

$\square$

Evidemment u est solution s'il satisfait à la fois (2.5) et (2.6). Pour mettre cette nouvelle définition en pratique, un exercice:

Exercice :

1. *Calculer les sur et sous-différentiels de la fonction $u : x \mapsto 1/2 - |1/2 - x|$ pour tout $x \in [0, 1]$.*

2. *En déduire que cette fonction est solution de l'équation:*

$$|u'| = 1 \quad \text{dans }]0, 1[.$$

3. *Que dire de $-u$?*

4. *Montrer, par des arguments simples, que u est l'unique solution de cette équation vérifiant $u(0) = u(1) = 0$ (on pourra utiliser une régularisation d u basée sur celle de $|t|$ en $(t^2 + \varepsilon^2)^{1/2}$).*

5. *Montrer que $-u$ est l'unique solution de:*

$$1 - |u'| = 0 \quad \text{dans }]0, 1[\quad, \quad u(0) = u(1) = 0 .$$

(On remarque ainsi que le choix de l'hamiltonien $|p| - 1$ ou $1 - |p|$ permet de différencier les solutions u et $-u$.)

Avant de donner la démonstration du théorème 2.2, nous commençons par en tirer un certain nombre de conséquences.

Corollaire 2.1 :

(i) *Si $u \in C^1(\Omega)$ vérifie $H(x, u(x), Du(x)) = 0$ dans Ω alors u est une solution de viscosité de (1.1).*

(ii) *Si $u \in C(\Omega)$ est une solution de viscosité de (1.1) et si u est différentiable au point x_0 alors:*

$$H(x_0, u(x_0), Du(x_0)) = 0 .$$

(iii) *Si $u \in C(\Omega)$ est une solution de viscosité de (1.1) et si φ est une fonction de classe C^1 sur $\mathbb{R}$ telle que $\varphi' > 0$ sur $\mathbb{R}$ alors la fonction v définie par $v = \varphi(u)$ est solution de:*

$$K(x, v, Dv) = 0 \quad \text{dans } \Omega ,$$

où $K(x, z, p) = H(x, \varphi^{-1}(z), (\varphi^{-1})'(z)p)$.

$\square$

La preuve de ce corollaire est simple en utilisant la nouvelle définition, le premier exercice de cette section et les techniques de base de l'analyse classique; nous la laisserons donc en exercice.

Nous avons formulé le corollaire en terme de "solution" mais, bien sûr, on a des résultats analogues en remplaçant le mot "solution" par "sous-solution" ou "sursolution".

De nombreuses variantes sont possibles pour le résultat (iii): tous les changements de fonctions sont autorisés pourvu que l'on préserve les signes dans les inégalités de sur et sous-différentiels ou, si l'on préfère, pourvu que l'on ne transforme pas les minima en maxima ou inversement. Citons, par exemple, les transformations: $v = u + \psi$, ψ de classe C^1 ou $v = \chi u + \psi$, χ, ψ de classe C^1 et $\chi \geq \alpha > 0 \cdots$ etc.

Dans le cas de "renversement de signes", on a la proposition suivante:

Proposition 2.2 : $u \in C(\Omega)$ *est sous-solution (resp. sursolution) de* (1.1) *ssi* $v = -u$ *est sursolution (resp. sous-solution) de:*

$$-H(x, -v, -Dv) = 0 \quad dans \ \Omega \ .$$

$\square$

Cette proposition, dont la preuve est encore laissée en exercice, nous permet maintenant de ne démontrer que (i) dans la **Preuve du théorème 2.2.**

Commençons par prouver que (2.5) implique que u est sous-solution de viscosité. Soit ϕ une fonction-test de classe C^1 et x_0 un point de maximum local de $u - \phi$. Il existe donc $r > 0$ tel que:

$$\forall x \in B(x_0, r), \quad u(x) - \phi(x) \leq u(x_0) - \phi(x_0) \ .$$

On utilise alors la différentiabilité de ϕ au point x_0 :

$$\phi(x) = \phi(x_0) + (D\phi(x_0), x - x_0) + o(|x - x_0|) \ .$$

En combinant ces deux dernières propriétés, on obtient:

$$u(x) - u(x_0) - (D\phi(x_0), x - x_0) \leq o(|x - x_0|) \ ,$$

ce qui implique que $D\phi(x_0)$ est dans $D^+u(x_0)$ et donc, par (2.5), on a l'inégalité désirée:

$$H(x_0, u(x_0), D\phi(x_0)) \leq 0 \ .$$

Pour démontrer l'implication réciproque, il suffit de montrer que, si p appartient à $D^+u(x_0)$, il existe une fonction ϕ de classe C^1 telle que: $D\phi(x_0) = p$ et $u - \phi$ a un maximum local en x_0. Par exemple, $u(x_0) = \phi(x_0)$ et $u \leq \phi$ dans un voisinage de x_0.

Notons tout d'abord qu'il s'agit d'un problème purement local: si une telle fonction ϕ existe dans $B(x_0, r) \subset \Omega$ pour un certain $r > 0$, on considère une fonction ψ de classe C^1 dans $B(x_0, r)$ qui est à support compact dans $B(x_0, r)$

et qui vérifie $\psi \equiv 1$ dans $B(x_0, r/2)$; la fonction $\psi\phi$ prolongée par 0 en dehors de $B(x_0, r)$ est dans $C^1(\Omega)$ et répond à la question.

Nous allons donc construire ϕ dans un voisinage de x_0. Quitte à remplacer u par:

$$\overline{u}(x) = u(x + x_0) - u(x_0) - (p, x)\,,$$

on peut supposer que $u(x_0) = 0$ et $p = 0$. On écrit alors $0 \in D^+u(0)$ sous la forme:

$$u(x) \leq |x|\rho(x)\,,$$

dans un voisinage de 0, où $\rho(x) \to 0$ quand $x \to 0$. (Prendre $\rho(x) = \left(\dfrac{u(x)}{|x|}\right)^+$.)

Un bon candidat pour ϕ serait la fonction $x \mapsto |x|\rho(x)$ mais cette fonction n'est pas régulière. Il "suffit" alors de la régulariser et pour cela on va régulariser ρ.

On se ramène d'abord au cas où ρ ne dépend que de $|x|$ et est croissant par rapport à $|x|$ en posant:

$$\overline{\rho}(|x|) = \sup_{|y| \leq |x|} \rho(y)\,.$$

Comme $\overline{\rho} \geq \rho$, l'inégalité $u(x) \leq |x|\overline{\rho}(|x|)$ a clairement lieu dans un voisinage de 0. Puis on régularise $\overline{\rho}$ en posant:

$$\tilde{\rho}(|x|) = \frac{1}{|x|} \int_{|x|}^{2|x|} \overline{\rho}(t)dt\,.$$

Comme $\overline{\rho}$ est croissant, $\overline{\rho}(|x|) \leq \tilde{\rho}(|x|) \leq \overline{\rho}(2|x|)$ ce qui nous permet d'affirmer d'une part que l'on conserve l'inégalité $u(x) \leq |x|\tilde{\rho}(|x|)$ dans un voisinage de 0 et, d'autre part, que $\tilde{\rho}(|x|) \to 0$ quand $|x| \to 0$ puisque $\overline{\rho}(|x|) \to 0$ quand $|x| \to 0$. De plus, pour $x \neq 0$ petit, $\tilde{\rho}$ est continu car $\overline{\rho}$ est borné au voisinage de 0 toujours grâce au fait que $\overline{\rho}(|x|) \to 0$ quand $|x| \to 0$.

On s'est ainsi ramené au cas où la fonction ρ est continue dans un voisinage de 0. On répète alors exactement la même démonstration pour un tel ρ: on obtient ainsi une fonction $\tilde{\rho}$, définie dans un voisinage de 0, qui est de classe C^1 en dehors de 0 (mais pas forcément en 0) et qui satisfait la propriété $\tilde{\rho}(0_+) = 0$ et l'inégalité $u(x) \leq |x|\tilde{\rho}(|x|)$ dans un voisinage de 0. On pose alors

$$\phi(x) = |x|\tilde{\rho}(x) = \int_{|x|}^{2|x|} \overline{\rho}(t)dt \quad \text{pour } x \neq 0\,,$$

que l'on prolonge en 0 en posant $\phi(0) = 0$. Cette fonction vérifie toutes les propriétés souhaitées: en particulier, on montre aisément que ϕ est de classe C^1 (même en 0) et que $D\phi(0) = 0$. □

Notes bibliographiques de la section 2.2

La formulation utilisant la notion de sur et sous-différentiels de fonctions continues apparaît dès le premier article de M.G Crandall et P.L Lions[55] (voir également M.G Crandall, L.C Evans et P.L Lions[51]). Son intérêt pour les équations du premier ordre semble limité à montrer que la notion de solution de viscosité est locale et à simplifier (à peine!) quelques preuves. En fait, une des grandes forces des solutions de viscosité est la définition par "fonctions-test" qui permet justement d'éviter de travailler avec ces sur et sous-différentiels (le lecteur non convaincu est invité à démontrer le résultat de stabilité de la section suivante en utilisant la définition par les sur et sous-différentiels!).

La situation est radicalement différente pour les équations du deuxième ordre: les "semi-jets" (des sur et sous-différentiels d'ordre 2 dont la définition est celle qu'on pense) jouent un rôle fondamental dans les preuves d'unicité (voir [54]).

Il est naturel d'avoir un premier contact avec ces notions de sur et sous-différentiels via l'analyse convexe: le lecteur intéressé pourra consulter I. Ekeland et R. Temam[68] et R.T Rockaffellar[144]. Pour l'approche des équations de Hamilton-Jacobi-Bellman et des problèmes de contrôle déterministe par des méthodes d'analyse non régulière reposant sur des notions de sur et sous-différentiels de ce type ou d'autres types, nous renvoyons à J.P Aubin et H. Frankowska[3], F.H Clarke[47, 48, 49], H. Frankowska[89] et U.G Haussmann[95, 96].

2 3   Le résultat de stabilité

Les résultats de stabilité sont, avec les résultats d'unicité, les deux types de résultats fondamentaux pour les solutions de viscosité. La terminologie n'est pas très heureuse mais elle est désormais classique. Il s'agit, en fait, de conditions suffisantes générales pour le passage à la limite dans les équations elliptiques. Comme le résultat que nous donnons ici ne pose pas de difficulté supplémentaire dans le cas du deuxième ordre, on le présente dans ce cas-là.

Théorème 2.3 : *On suppose que, pour $\varepsilon > 0$, $u_\varepsilon \in C(\Omega)$ est une sous-solution (resp. une sursolution) de l'équation:*

$$H_\varepsilon(x, u_\varepsilon, Du_\varepsilon, D^2 u_\varepsilon) = 0 \quad dans \ \Omega \ , \tag{2.7}$$

où $(H_\varepsilon)_\varepsilon$ est une suite de fonctions continues satisfaisant la condition d'ellipticité. Si $u_\varepsilon \to u$ dans $C(\Omega)$ et si $H_\varepsilon \to H$ dans $C(\Omega \times \mathbb{R} \times \mathbb{R}^N \times \mathcal{S}^N)$ alors u est une sous-solution (resp. une sursolution) de l'équation:

$$H(x, u, Du, D^2 u) = 0 \quad dans \ \Omega \ .$$

□

Nous rappelons tout d'abord que la convergence dans les espaces de fonctions continues $C(\Omega)$ ou $C(\Omega \times \mathbb{R} \times \mathbb{R}^N \times \mathcal{S}^N)$ est la convergence uniforme sur tout compact.

Ce théorème est d'un intérêt fondamental car il permet de passer à la limite dans une équation avec une non-linéarité sur le gradient (et même sur la dérivée seconde!) en connaissant seulement la convergence localement uniforme de la suite $(u_\varepsilon)_\varepsilon$, ce qui bien sûr n'implique aucune convergence forte (par exemple presque partout) ni du gradient ni de la matrice hessienne. En d'autres termes, le quatrième problème décrit dans l'introduction est résolu.

Une caractéristique inhabituelle de ce résultat est de considérer séparément la convergence de l'équation – ou plus exactement de l'hamiltonien H_ε – et celle de la solution u_ε: un raisonnement classique conduirait à une question du type "est-ce que la convergence de u_ε est assez forte pour passer à la limite dans l'égalité $H_\varepsilon(x, u_\varepsilon, Du_\varepsilon, D^2 u_\varepsilon) = 0$?" ; dans ce cas, la convergence nécessaire sur u_ε dépend donc des propriétés de H_ε. Ici ce n'est pas du tout le cas: les convergences requises pour H_ε et pour u_ε sont fixées a priori.

L'exemple d'application le plus classique de ce résultat est la méthode de viscosité évanescente:

$$-\varepsilon \Delta u_\varepsilon + H(x, u_\varepsilon, Du_\varepsilon) = 0 \quad dans \ \Omega \ .$$

Dans ce cas, l'hamiltonien H_ε est donné par:

$$H_\varepsilon(x, u, p, M) = -\varepsilon \mathrm{Tr}(M) + H(x, u, p) \ ,$$

et sa convergence dans $C(\Omega \times \mathbb{R} \times \mathbb{R}^N \times \mathcal{S}^N)$ vers $H(x, u, p)$ est triviale. Si u_ε converge uniformément vers u, alors le théorème 2.3 implique que u est solution de:

$$H(x, u, Du) = 0 \quad \text{dans } \Omega \, .$$

Les solutions de (1.1) obtenues par la méthode de viscosité évanescente sont donc des solutions de viscosité, ce qui justifie la terminologie.

En pratique, on applique plutôt le théorème 2.3 à une sous-suite de $(u_\varepsilon)_\varepsilon$ qu'à la suite elle-même. Quand on veut passer à la limite dans une équation du type (2.7), on procède généralement comme suit:

1. On prouve que u_ε est localement borné dans L^∞, uniformément par rapport à $\varepsilon > 0$.

2. On prouve que u_ε est localement borné dans un espace de Hölder $C^{0,\alpha}$ pour un certain $0 \leq \alpha < 1$ ou dans $W^{1,\infty}$, uniformément par rapport à $\varepsilon > 0$.

3. Grâce aux deux premières étapes, on a la compacité de la suite $(u_\varepsilon)_\varepsilon$ dans $C(K)$ pour tout $K \subset\subset \Omega$ par le théorème d'Ascoli.

4. On applique le résultat de stabilité à une sous-suite convergente de $(u_\varepsilon)_\varepsilon$ obtenue par un procédé d'extraction diagonale.

Cette méthode ne sera réellement complète que lorsque nous possèderons un résultat d'unicité: en effet, le raisonnement ci-dessus montre que toute sous-suite convergente de la suite $(u_\varepsilon)_\varepsilon$ converge vers UNE solution de viscosité de l'équation limite. S'il n'existe qu'une seule solution de cette équation alors toute sous-suite convergente de la suite $(u_\varepsilon)_\varepsilon$ converge vers LA solution de viscosité de l'équation limite que l'on note u. Par un argument classique de compacité et de séparation, ceci implique que toute la suite $(u_\varepsilon)_\varepsilon$ converge vers u (exercice!).

Mais, pour avoir l'unicité et justifier ce raisonnement, il faut imposer des conditions aux limites et, accessoirement, savoir aussi passer à la limite dans ces conditions aux limites...

Donnons un exemple d'application de cette méthode:

Exemple : Cet exemple est nécessairement un peu formel: notre but est de montrer un mécanisme type de passage à la limite par solutions de viscosité et non pas de détailler la manière d'obtenir les estimations dont nous avons besoin. Nous allons, en particulier, utiliser le Principe du Maximum dans $I\!\!R^N$ sans démonstration.

Soit, pour $\varepsilon > 0$, $u_\varepsilon \in C^2(I\!\!R^N) \cap W^{1,\infty}(I\!\!R^N)$, l'unique solution de l'équation:

$$-\varepsilon \Delta u_\varepsilon + H(Du_\varepsilon) + u_\varepsilon = f(x) \quad \text{dans } I\!\!R^N \, ,$$

où H est une fonction localement lipschitzienne sur $I\!\!R^N$, $H(0) = 0$ et f appartient à $W^{1,\infty}(I\!\!R^N)$. Par le Principe du Maximum, on a:

$$-||f||_\infty \leq u_\varepsilon \leq ||f||_\infty \quad \text{dans } I\!\!R^N \, ,$$

car $-||f||_\infty$ et $||f||_\infty$ sont respectivement sous- et sursolution de l'équation. De plus, si $h \in \mathbb{R}^N$, comme $u_\varepsilon(.+h)$ est solution d'une équation analogue où $f(.)$ est remplacé par $f(.+h)$ dans le second membre, le Principe du Maximum implique également:

$$||u_\varepsilon(.+h) - u_\varepsilon(.)||_\infty \le ||f(.+h) - f(.)||_\infty \quad \text{dans } \mathbb{R}^N ,$$

et, comme f est lipschitzien, le second membre est majoré par $C|h|$ où C est la constante de lipschitz de f. Il en résulte que:

$$||u_\varepsilon(.+h) - u_\varepsilon(.)||_\infty \le C|h| \quad \text{dans } \mathbb{R}^N .$$

Comme cette inégalité est vraie pour tout h, elle implique que u_ε est lipschitzien de constante de lipschitz C.

D'après le théorème d'Ascoli et le classique argument d'extraction diagonale, on peut extraire de la suite $(u_\varepsilon)_\varepsilon$ une sous-suite encore notée $(u_\varepsilon)_\varepsilon$ qui converge vers une fonction continue u qui est, par le théorème 2.3, solution de l'équation:

$$H(Du) + u = f(x) \quad \text{dans } \mathbb{R}^N .$$

On vient donc d'effectuer un passage à la limite dans un problème de perturbation singulière: encore une fois, il ne deviendra complet que lorsque nous saurons que u est l'unique solution de cette équation, ce qui impliquera que toute la suite $(u_\varepsilon)_\varepsilon$ converge vers u par un argument classique de séparation. $\square$

Nous passons maintenant à la **Preuve du théorème 2.3**. On ne prouve le résultat que dans le cas des sous-solutions, l'autre cas se montre de manière identique.

Soit $\phi \in C^2(\Omega)$ et soit $x_0 \in \Omega$ un point de maximum local de $u - \phi$. Quitte à retrancher à $u - \phi$ un terme de la forme $\chi(x) = |x - x_0|^4$, on peut toujours supposer que x_0 est un point de maximum local <u>strict</u>. On utilise alors le lemme suivant qui fait l'objet d'un exercice:

Lemme 2.2 : *Soit $(v_\varepsilon)_\varepsilon$ une suite de fonctions continues sur un ouvert Ω qui converge dans $C(\Omega)$ vers v. Si $x_0 \in \Omega$ est un point de maximum local strict de v, il existe une suite de points de maximum local de v_ε, notée $(x_\varepsilon)_\varepsilon$, qui converge vers x_0.* $\square$

On utilise le lemme 2.2 avec $v_\varepsilon = u_\varepsilon - (\phi + \chi)$ et $v = u - (\phi + \chi)$. Comme u_ε est une sous-solution de (2.7) et comme x_ε est un point de maximum de $u_\varepsilon - (\phi + \chi)$, on a, par définition:

$$H_\varepsilon\Big(x_\varepsilon, u_\varepsilon(x_\varepsilon), D\phi(x_\varepsilon) + D\chi(x_\varepsilon), D^2\phi(x_\varepsilon) + D^2\chi(x_\varepsilon)\Big) \le 0 .$$

Il suffit alors de passer la limite dans cette inégalité: comme $x_\varepsilon \to x_0$, on utilise la régularité des fonctions-test ϕ et χ qui implique:

$$D\phi(x_\varepsilon) + D\chi(x_\varepsilon) \to D\phi(x_0) + D\chi(x_0) = D\phi(x_0) ,$$

et:

$$D^2\phi(x_\varepsilon) + D^2\chi(x_\varepsilon) \to D^2\phi(x_0) + D^2\chi(x_0) = D^2\phi(x_0) \ .$$

De plus, grâce à la convergence localement uniforme de u_ε, on a:

$$u_\varepsilon(x_\varepsilon) \to u(x_0) \ ,$$

et celle de H_ε donne finalement:

$$H_\varepsilon\Big(x_\varepsilon, u_\varepsilon(x_\varepsilon), D\phi(x_\varepsilon) + D\chi(x_\varepsilon), D^2\phi(x_\varepsilon) + D^2\chi(x_\varepsilon)\Big)$$
$$\to H\Big(x_0, u(x_0), D\phi(x_0), D^2\phi(x_0)\Big) \ .$$

On a donc:

$$H\Big(x_0, u(x_0), D\phi(x_0), D^2\phi(x_0)\Big) \le 0 \ .$$

Ce qui termine la démonstration.   □

Notes bibliographiques de la section 2.3

Le résultat de stabilité continue est une conséquence assez simple de la définition (cf. M.G Crandall et P.L Lions[55], M.G Crandall, L.C Evans et P.L Lions[51]) et son extension au cas du deuxième ordre ne pose aucun problème. Notons que ce résultat est très proche de techniques développées par L.C Evans[71, 72] pour les opérateurs monotones, techniques basées sur l'astuce de Minty.

Dans P.L Lions[128], le lecteur trouvera son utilisation systématique pour obtenir des résultats d'existence pour les équations du premier ordre, pour traiter des problèmes de perturbations singulières...etc Notre exemple en est directement issu.

La compacité des suites de solutions est généralement obtenue grâce à des techniques de type Bernstein: si u_ε est solution d'une équation elliptique non linéaire, $|Du_\varepsilon|^2$ est une sous-solution d'une équation elliptique linéaire et le Principe du Maximum donne une estimation de $|Du_\varepsilon|^2$. Le lecteur intéressé pourra consulter D.Gilbarg et N.S Trudinger[94] et J. Serrin[146] pour une description complète de la méthode.

Cette technique est développée de façon systématique dans [128]; un des buts recherchés est d'avoir des estimations uniformes en ε dans la méthode de viscosité évanescente. Dans P.L Lions[132], des résultats de type effets régularisants dans des équations d'évolution du premier ordre sont également obtenus par cette méthode.

Dans [74], L.C Evans et H. Ishii utilisent des techniques analogues pour traiter des problèmes de Grandes Déviations (voir également M. Bardi[4] et W.H Fleming et P.E Souganidis[85]).

Plus récemment, l'auteur a développé une méthode de "Bernstein faible" pour les équations elliptiques dans le cadre des solutions de viscosité: des estimations de gradient sont obtenues sans dériver l'équation dans [15] et la méthode est appliquée pour redémontrer les estimations de lipschitz intérieures pour l'équation de courbure moyenne dans [16].

2.4 Les premiers résultats d'unicité cas des ouverts bornés

Comme nous l'avons vu dans la partie précédente, les résultats d'unicité sont fondamentaux pour conclure après un passage à la limite: c'est une utilisation essentielle. Dans les problèmes de contrôle, ils permettront aussi d'identifier la fonction-valeur comme l'unique solution de l'équation de Hamilton-Jacobi-Bellman associée.

Nous allons présenter ici quelques-uns de ces résultats pour (1.1) dans des cas qui demeurent encore simples. On supposera, en particulier, que l'ouvert Ω est borné.

Par abus de langage, on a l'habitude de dire que l'on a un **résultat d'unicité** dès lors que l'énoncé suivant est vrai:

Si $u, v \in C(\overline{\Omega})$ sont respectivement sous- et sursolutions de (1.1) et si $u \leq v$ sur $\partial\Omega$ alors:

$$u \leq v \quad sur \ \overline{\Omega} .$$

Il s'agit donc d'un résultat de type **Principe du Maximum**; il implique immédiatement l'unicité dans le cas où (1.1) est associé à des conditions aux limites de Dirichlet:

$$u = \varphi \quad \text{sur } \partial\Omega . \tag{2.8}$$

En effet, si u_1 et u_2 sont deux solutions de (1.1)-(2.8) dans $C(\overline{\Omega})$, en particulier, u_1 est une sous-solution et u_2 est une sursolution; comme $u_1 = u_2 = \varphi$ sur $\partial\Omega$, on en déduit:

$$u_1 \leq u_2 \quad \text{sur } \overline{\Omega} .$$

Puis on intervertit les rôles de u_1 et de u_2 pour obtenir l'inégalité opposée et donc finalement $u_1 = u_2$ sur $\overline{\Omega}$.

2.4.1 Le premier résultat d'unicité

Pour formuler le premier résultat d'unicité, on utilise les hypothèses suivantes:

(H1)
$$H(x, u, p) - H(x, v, p) \geq \gamma_R(u - v) , \qquad (\gamma_R > 0)$$

pour tout $x \in \Omega$, $-R \leq v \leq u \leq R$ et $p \in I\!\!R^N$ ($\forall\, 0 < R < +\infty$).

(H2)
$$|H(x, u, p) - H(y, u, p)| \leq m_R(|x - y|(1 + |p|)) ,$$

où $m_R(t) \to 0$ quand $t \to 0$, pour tout $x, y \in \Omega$, $-R \leq u \leq R$ et $p \in I\!\!R^N$ ($\forall\, 0 < R < +\infty$).

Le résultat est le suivant:

Théorème 2.4 : *Sous les hypothèses* (H1)-(H2), *on a un résultat d'unicité pour* (1.1). *De plus, le résultat reste vrai si on remplace* (H2) *par* "$u \in W^{1,\infty}(\Omega)$" *ou par* "$v \in W^{1,\infty}(\Omega)$". □

Le Principe du Maximum, classique pour les équations elliptiques non linéaires du deuxième ordre, s'étend donc aux solutions de viscosité des équations de Hamilton-Jacobi du premier ordre.

L'hypothèse (H1) est naturelle dans ce type de résultat: dans le cas du deuxième ordre, c'est une hypothèse standard qui permet d'éviter, en particulier, la non-unicité provenant de l'existence de valeurs propres. Dans le cas du premier ordre, elle exclut toute application du théorème 2.4 à des équations du type lois de conservation qui ne rentrent pas du tout dans le cadre de la théorie que nous présentons.

L'hypothèse (H2) est moins classique. Nous remarquons tout d'abord que, si H est une fonction lipschitzienne en x pour tout $u \in \mathbb{R}$ et pour tout $p \in \mathbb{R}^N$, (H2) est satisfaite si:

$$|\frac{\partial H}{\partial x}(x, u, p)| \le C_R(1 + |p|) ,$$

où $C_R > 0$, pour tout $x \in \Omega$, $-R \le u \le R$ et $p \in \mathbb{R}^N$ ($\forall \, 0 < R < +\infty$). Cette version de (H2) est sans doute plus parlante.

Pour justifier (H2), considérons le cas de l'équation de transport

$$- b(x).Du + \gamma u = f(x) \quad \text{dans } \Omega . \tag{2.9}$$

Il est clair que l'hypothèse (H1) est satisfaite si $\gamma > 0$. Quant à (H2), il faut, d'une part, que b soit un champ de vecteurs lipschitzien sur Ω et, d'autre part, que la fonction f soit uniformément continue sur Ω.

Dans cet exemple, l'hypothèse de lipschitz sur b est la plus restrictive et la plus importante pour avoir (H2): nous verrons dans la preuve du théorème 2.4 le rôle central du terme $|x - y|.|p|$ dans (H2) qui provient justement de cette hypothèse de lipschitz. Or il est bien connu que les propriétés de l'équation (2.9) sont liées à celles du système dynamique

$$\dot{x}(t) = b(x(t)) . \tag{2.10}$$

En effet, on peut théoriquement calculer les solutions de (2.9) en résolvant cette équation différentielle ordinaire: il s'agit de la <u>méthode des caractéristiques</u>. L'hypothèse de lipschitz sur b, qui est naturelle pour avoir existence et surtout unicité pour (2.10), apparaît donc comme naturelle pour avoir unicité pour (2.9).

Nous renvoyons le lecteur aux notes bibliographiques de la fin de cette section pour des références sur la méthode des caractéristiques ou aux sections consacrées aux problèmes de contrôle optimal où les liens entre (2.9) et (2.10) sont étudiés dans un cadre plus général.

Remarque 2.2 : *Dans le théorème 2.4, aucune hypothèse n'est faite sur le comportement de H en p (si on excepte les restrictions provenant de (H2)). Par exemple, on a un résultat d'unicité pour l'équation*

$$H(Du) + \gamma u = f(x) \quad dans \; \Omega \;,$$

si $\gamma > 0$ et si f est uniformément continue sur Ω, pour toute fonction continue H.

Le théorème 2.4 comporte de nombreuses variantes en jouant sur (H2) et la régularité des solutions: pour se rendre compte du lien entre ces hypothèses, on propose l'exercice suivant (à faire, bien entendu, après avoir lu la preuve du théorème 2.4).

Exercice : *Par quelle hypothèse doit-on remplacer (H2) pour avoir un résultat d'unicité vrai dans $C^{0,\alpha}(\Omega)$?*

Un corollaire classique et très utile du théorème 2.4 est le:

Corollaire 2.2 : *Sous les hypothèses du théorème 2.4, si $u, v \in C(\overline{\Omega})$ sont respectivement sous et sursolutions de (1.1) alors:*

$$\max_{\overline{\Omega}}(u - v)^+ \leq \max_{\partial \Omega}(u - v)^+ \;.$$

De plus, le résultat reste vrai si on remplace (H2) par "$u \in W^{1,\infty}(\Omega)$" ou par "$v \in W^{1,\infty}(\Omega)$".   □

La preuve du Corollaire est immédiate en remarquant simplement que si on pose $C = \max_{\partial \Omega}(u - v)^+$, $v + C$ est encore une sursolution de (1.1) grâce à (H1) et $u \leq v + C$ sur $\partial \Omega$. Le théorème 2.4 implique alors $u \leq v + C$ sur $\overline{\Omega}$, ce qui est le résultat désiré.

Remarque 2.3 : *Comme le montre la preuve ci-dessus, ce type de corollaires est une conséquence immédiate de tout résultat d'unicité dès que H est croissant (au sens large) par rapport à u. Bien que nous ne les reformulerons plus, il doivent être vus comme accompagnant de manière automatique chaque résultat d'unicité.*

Passons maintenant à la

Preuve du théorème 2.4 : Un principe de base pour les solutions de viscosité est le suivant: "*ce qui est vrai pour les solutions classiques est vrai pour les solutions de viscosité*". Principe dont il faut se méfier mais que l'on va appliquer ici pour donner une première idée de la preuve: supposons que u, v respectivement sous et sursolution de (1.1) sont de classe C^1 dans Ω et qu'elles sont continues jusqu'au bord. On s'intéresse au $\max_{\overline{\Omega}}(u - v)$. Le résultat revient à prouver que ce maximum est négatif. Or ce maximum est atteint en un point x_0. Deux cas se présentent:

1. $x_0 \in \partial\Omega$. Alors $u(x_0) \le v(x_0)$ et donc $\max\limits_{\overline{\Omega}}(u-v) \le 0$; ce que l'on voulait.

2. $x_0 \in \Omega$. Comme x_0 est un point de maximum de $u-v$, on a l'égalité:

$$Du(x_0) = Dv(x_0) \,.$$

De plus:

$$H(x_0, u(x_0), Du(x_0)) \le 0 \ \text{ et } \ H(x_0, v(x_0), Dv(x_0)) \ge 0 \,.$$

On soustrait ces deux égalités et on utilise l'égalité des gradients:

$$H(x_0, u(x_0), Du(x_0)) - H(x_0, v(x_0), Du(x_0)) \le 0 \,.$$

Si $R = \text{Max}(\|u\|_\infty, \|v\|_\infty)$, on pose $\gamma = \gamma_R$ et on utilise (H1) dans l'inégalité obtenue:

$$\gamma(u(x_0) - v(x_0)) \le H(x_0, u(x_0), Du(x_0)) - H(x_0, v(x_0), Du(x_0)) \le 0 \,,$$

ce qui donne le résultat puisque $\gamma > 0$. $\qquad\qquad\qquad\qquad\qquad\qquad\qquad$ $\square$

Passons maintenant à la démonstration du résultat général. On définit R et γ comme ci-dessus et on pose $m = m_R$ donné par (H2). Le but de la preuve est encore de montrer que $M = \max\limits_{\overline{\Omega}}(u-v)$ est négatif. Supposons, par l'absurde, que $M > 0$: comme $u \le v$ sur $\partial\Omega$, le maximum ne peut être atteint sur le bord. Mais u et v n'étant pas régulières, on ne peut pas reproduire l'argument donné précédemment. L'idée pour résoudre cette difficulté est le "dédoublement de variables". On introduit la "fonction-test":

$$\psi_\varepsilon(x,y) = u(x) - v(y) - \frac{|x-y|^2}{\varepsilon^2} \,.$$

A cause du terme de "pénalisation" $\dfrac{|x-y|^2}{\varepsilon^2}$ qui impose aux points de maximum (x,y) de ψ_ε de vérifier $x \sim y$ si ε est petit, on peut penser que le maximum de ψ_ε, noté M_ε, ressemble au maximum de $u-v$.

Cette idée est justifiée par le:

Lemme 2.3 : *Les propriétés suivantes ont lieu:*

1. *$M_\varepsilon \to M$ quand $\varepsilon \to 0$.*

2. *Si $(x_\varepsilon, y_\varepsilon)$ est un point de maximum de ψ_ε, on a:*

$$\frac{|x_\varepsilon - y_\varepsilon|^2}{\varepsilon^2} \to 0 \qquad \text{quand } \varepsilon \to 0 \,,$$

$$u(x_\varepsilon) - v(y_\varepsilon) \to M \qquad \text{quand } \varepsilon \to 0 \,.$$

3. x_ε , $y_\varepsilon \in \Omega$ si ε est suffisamment petit.   □

Nous n'avons énoncé dans ce lemme que les propriétés dont nous aurons besoin pour conclure et qui resteront vraies dans le cas de solutions bornées discontinues. Le lecteur audacieux pourra montrer en **exercice** que le résultat du lemme reste vrai si on suppose seulement que u est s.c.s et que v est s.c.i.

Terminons la preuve du théorème en utilisant le lemme. On se place dans le cas où ε est suffisamment petit pour que le point 3. du lemme ait lieu. Comme $(x_\varepsilon, y_\varepsilon)$ est un point de maximum de ψ_ε, x_ε est un point de maximum de la fonction:

$$x \mapsto u(x) - \varphi_\varepsilon^1(x) \,,$$

où:

$$\varphi_\varepsilon^1(x) = v(y_\varepsilon) + \frac{|x - y_\varepsilon|^2}{\varepsilon^2} \,;$$

or u est sous-solution de viscosité de (1.1) et $x_\varepsilon \in \Omega$, donc:

$$H\left(x_\varepsilon, u(x_\varepsilon), D\varphi_\varepsilon^1(x_\varepsilon)\right) = H\left(x_\varepsilon, u(x_\varepsilon), \frac{2(x_\varepsilon - y_\varepsilon)}{\varepsilon^2}\right) \leq 0 \,.$$

De même, y_ε est un point de maximum de la fonction:

$$y \mapsto -v(y) + \varphi_\varepsilon^2(y) \,,$$

où:

$$\varphi_\varepsilon^2(x) = u(x_\varepsilon) - \frac{|x_\varepsilon - y|^2}{\varepsilon^2} \,;$$

donc y_ε est un point de minimum de la fonction $v - \varphi_\varepsilon^2$; or v est sursolution de viscosité de (1.1) et $y_\varepsilon \in \Omega$, donc:

$$H\left(y_\varepsilon, v(y_\varepsilon), D\varphi_\varepsilon^2(y_\varepsilon)\right) = H\left(y_\varepsilon, v(y_\varepsilon), \frac{2(x_\varepsilon - y_\varepsilon)}{\varepsilon^2}\right) \geq 0 \,.$$

On soustrait alors les deux inégalités de viscosité obtenues:

$$H\left(x_\varepsilon, u(x_\varepsilon), \frac{2(x_\varepsilon - y_\varepsilon)}{\varepsilon^2}\right) - H\left(y_\varepsilon, v(y_\varepsilon), \frac{2(x_\varepsilon - y_\varepsilon)}{\varepsilon^2}\right) \leq 0 \,.$$

On se retrouve dans une situation analogue au cas C^1, le terme $p_\varepsilon = \dfrac{2(x_\varepsilon - y_\varepsilon)}{\varepsilon^2}$ jouant le rôle de "$Du = Dv$" au point de maximum: notons que le fait de conserver cette égalité est une propriété essentielle dans la preuve.

La seule différence – d'importance! – est celle du point courant: x_ε pour u, y_ε pour v. On fait apparaître dans l'inégalité ci-dessus le terme $H(x_\varepsilon, v(y_\varepsilon), p_\varepsilon)$ en l'ajoutant et en le retranchant; l'inégalité se réécrit alors:

$$H(x_\varepsilon, u(x_\varepsilon), p_\varepsilon) - H(x_\varepsilon, v(y_\varepsilon), p_\varepsilon) \leq H(y_\varepsilon, v(y_\varepsilon), p_\varepsilon) - H(x_\varepsilon, v(y_\varepsilon), p_\varepsilon) \,.$$

Il reste à appliquer (H1) au membre de gauche et (H2) à celui de droite:

$$\gamma(u(x_\varepsilon) - v(y_\varepsilon)) \leq m(|x_\varepsilon - y_\varepsilon|(1 + |p_\varepsilon|)) \, .$$

Et donc:

$$\gamma M_\varepsilon \leq m \left(|x_\varepsilon - y_\varepsilon| + \frac{2|x_\varepsilon - y_\varepsilon|^2}{\varepsilon^2} \right) - \gamma \frac{|x_\varepsilon - y_\varepsilon|^2}{\varepsilon^2} \, .$$

On fait tendre alors ε vers 0 en utilisant le lemme, ce qui conduit à:

$$\gamma M \leq 0 \, ,$$

une contradiction et la preuve est complète. □

Nous prouvons maintenant le lemme. Comme $(x_\varepsilon, y_\varepsilon)$ est un point de maximum de ψ_ε, on a, pour tout $x, y \in \overline{\Omega}$:

$$u(x) - v(y) - \frac{|x - y|^2}{\varepsilon^2} \leq u(x_\varepsilon) - v(y_\varepsilon) - \frac{|x_\varepsilon - y_\varepsilon|^2}{\varepsilon^2} = M_\varepsilon \, .$$

On choisit $x = y$ dans le premier membre:

$$u(x) - v(x) \leq M_\varepsilon \, , \quad \forall\, x \in \overline{\Omega} \, ,$$

et donc en passant au maximum sur x, on obtient l'inégalité $M \leq M_\varepsilon$.

Comme u, v sont bornés, on a aussi en procédant de manière analogue:

$$M \leq u(x_\varepsilon) - v(y_\varepsilon) - \frac{|x_\varepsilon - y_\varepsilon|^2}{\varepsilon^2} \leq 2R - \frac{|x_\varepsilon - y_\varepsilon|^2}{\varepsilon^2} \, .$$

En se rappelant que l'on a supposé $M > 0$, on en déduit:

$$\frac{|x_\varepsilon - y_\varepsilon|^2}{\varepsilon^2} \leq 2R \, .$$

On introduit alors m_v un module de continuité de v dont on rappelle qu'il peut être défini par:

$$m_v(t) = \sup_{|x-y| \leq t} |v(x) - v(y)| \, .$$

Comme v est continu et donc uniformément continu sur $\overline{\Omega}$ qui est compact, $m_v(t) \to 0$ quand $t \to 0$. On utilise ce module de continuité de la manière suivante:

$$M \leq M_\varepsilon = u(x_\varepsilon) - v(y_\varepsilon) - \frac{|x_\varepsilon - y_\varepsilon|^2}{\varepsilon^2} \leq u(x_\varepsilon) - v(x_\varepsilon) + m_v(|x_\varepsilon - y_\varepsilon|)$$
$$\leq M + m_v(|x_\varepsilon - y_\varepsilon|) \, ,$$

les deux dernières inégalités étant obtenues grâce à la positivité du terme de pénalisation et grâce au fait que $M = \max_{\overline{\Omega}} (u - v)$.

De l'estimation du terme de pénalisation qui équivaut à:

$$|x_\varepsilon - y_\varepsilon| \leq \sqrt{2R}\,\varepsilon \,,$$

et de la croissance de m_v, on déduit:

$$M \leq M_\varepsilon \leq M + m_v(\sqrt{2R}\,\varepsilon)\,.$$

Le premier point du lemme est ainsi prouvé.

Alors, l'inégalité:

$$M_\varepsilon = u(x_\varepsilon) - v(y_\varepsilon) - \frac{|x_\varepsilon - y_\varepsilon|^2}{\varepsilon^2} \leq u(x_\varepsilon) - v(y_\varepsilon) \leq M + m_v(\sqrt{2R}\,\varepsilon)\,,$$

montre en premier lieu que $u(x_\varepsilon) - v(y_\varepsilon)$ tend vers M car M_ε et $M + m_v(\sqrt{2R}\,\varepsilon)$ tendent vers M. Comme $M_\varepsilon = u(x_\varepsilon) - v(y_\varepsilon) - \dfrac{|x_\varepsilon - y_\varepsilon|^2}{\varepsilon^2}$ et $u(x_\varepsilon) - v(y_\varepsilon)$ tendent vers M, forcément $\dfrac{|x_\varepsilon - y_\varepsilon|^2}{\varepsilon^2}$ doit tendre vers 0.

Enfin, supposons, par exemple, que x_ε appartient à $\partial\Omega$, on aurait alors

$$u(x_\varepsilon) - v(y_\varepsilon) \leq u(x_\varepsilon) - v(x_\varepsilon) + m_v(|x_\varepsilon - y_\varepsilon|) \leq m_v(\sqrt{2R}\,\varepsilon)\,,$$

car $u \leq v$ sur $\partial\Omega$. Comme $u(x_\varepsilon) - v(y_\varepsilon)$ converge vers $M > 0$, on a un contradiction pour ε suffisamment petit. Et on raisonne de manière analogue pour le cas $y_\varepsilon \in \partial\Omega$. Ce qui termine la preuve du lemme. $\qquad\square$

Exercice :

1. *Montrer que l'on a l'estimation plus précise du terme de pénalisation:*

$$\frac{|x_\varepsilon - y_\varepsilon|^2}{\varepsilon^2} \leq m_v(|x_\varepsilon - y_\varepsilon|)\,.$$

2. *En déduire l'hypothèse "naturelle" que l'on doit utiliser à la place de (H2) pour avoir un résultat d'unicité dans $C^{0,\alpha}(\Omega)$.*

Nous terminons par la preuve de la deuxième partie du théorème. On va détailler la preuve dans le cas où $u \in W^{1,\infty}(\Omega)$, l'autre cas se traite de façon analogue. Cette preuve consiste à montrer que l'on a:

$$|p_\varepsilon| \leq \|Du\|_\infty \,.$$

Si ce résultat est acquis, on conclut facilement car la convergence vers 0 du terme $H(y_\varepsilon, v(y_\varepsilon), p_\varepsilon) - H(x_\varepsilon, v(x_\varepsilon), p_\varepsilon)$ est une conséquence immédiate de l'uniforme continuité de H sur tout compact.

Montrons maintenant que cette estimation de $|p_\varepsilon|$ est vraie. Elle résulte du lemme suivant:

Lemme 2.4 : *Si u est une fonction lipschitzienne sur un ouvert $\mathcal{O}$ alors, quel que soit $x \in \mathcal{O}$, tout élément de $D^+u(x)$ et de $D^-u(x)$ a une norme plus petite que la constante de lipschitz de u.* $\qquad\square$

La preuve de ce lemme est laissée en exercice car elle ne présente aucune difficulté.

Pour l'appliquer à notre problème, on considère une boule B de centre x_ϵ, incluse dans Ω. Sur B qui est convexe (mais pas forcément sur Ω), la fonction u est lipschitzienne de constante de lipschitz $\|Du\|_\infty$; dans le cas où u est de classe C^1, c'est le théorème des accroissements finis. Si u est seulement $W^{1,\infty}$, c'est un exercice de régularisation!!! On applique alors le lemme en remarquant que $p_\epsilon \in D^+u(x_\epsilon)$, ce qui découle de la preuve du théorème 2.2. La preuve du théorème 2.4 est alors complète. $\square$

Les arguments présentés dans les démonstrations ci-dessus sont fondamentaux: dans **TOUS** les résultats d'unicité, ils apparaissent de la même façon.

1. "Dédoublement des variables" : c'est un argument inévitable pour pouvoir utiliser que u et v sont respectivement sous et sursolution de viscosité; bien entendu, le terme "simple" de pénalisation $\dfrac{|x-y|^2}{\varepsilon^2}$ peut (et même doit) être remplacé par un terme plus adapté $\varphi_\epsilon(x,y)$ dès que l'on veut prendre en compte des difficultés supplémentaires (domaines non bornés, autres types de conditions aux limites ...etc)

2. Convergence du maximum pénalisé vers le maximum de $u-v$: ce n'est généralement un obstacle que dans le cas de solutions discontinues.

3. Estimation sur $|D\varphi_\epsilon(x_\epsilon, y_\epsilon)|$: c'est un point essentiel car il est relié à (H2). En effet, dans la preuve ci-dessus, la clé de voûte est la convergence vers 0 du terme $|x_\epsilon - y_\epsilon|.|D\varphi_\epsilon(x_\epsilon, y_\epsilon)|$.

Ajoutons à cette mini-recette que l'on peut introduire d'autres paramètres en plus du paramètre de pénalisation ε: on le verra en particulier dans le cas d'ouverts non bornés où l'on utilisera un paramètre de pénalisation de l'infini pour assurer l'existence de points de maximum dans ce domaine non compact. Il faut néanmoins être prudent quant à l'introduction d'autres paramètres: les points 2. et 3. peuvent alors générer de vraies difficultés voire être faux.

2.4.2 Le cas des hamiltoniens coercifs ou pseudo-coercifs

On va d'abord examiner, dans cette section, l'équation (1.1) dans le cas où H est coercif, i.e quand H satisfait:

(H3) $H(x,u,p) \to +\infty$ quand $|p| \to +\infty$,

uniformément pour $x \in \Omega$, $u \in [-R, R]$ ($\forall 0 < R < +\infty$).

On a alors le résultat suivant:

Théorème 2.5 : *Sous les hypothèses (H1)-(H3), on a un résultat d'unicité pour (1.1).* $\square$

La coercivité de H remplace donc (H2). On va donner deux preuves de ce résultat: la première consiste à modifier directement la démonstration du théorème 2.4, l'autre consiste à montrer que, dès que (H3) a lieu, toute sous-solution est dans $W^{1,\infty}(\Omega)$ et à utiliser la deuxième partie du théorème 2.4.

1ère preuve : La seule modification dans la preuve du théorème 2.4 consiste à remarquer que, grâce à (H3), l'inégalité:

$$H(x_\varepsilon, u(x_\varepsilon), p_\varepsilon) \leq 0 \ ,$$

implique que $|p_\varepsilon| \leq C$ où la constante C ne dépend de H et de $\|u\|_\infty$ via (H3) mais pas de ε. La convergence vers 0 du terme $H(y_\varepsilon, v(y_\varepsilon), p_\varepsilon) - H(x_\varepsilon, v(y_\varepsilon), p_\varepsilon)$ est alors simplement assurée par l'uniforme continuité de H sur les compacts puisque H est continu.   □

2ème preuve : On va prouver le lemme suivant:

Lemme 2.5 : *Si* (H3) *a lieu toute sous-solution de* (1.1), *continue sur* $\overline{\Omega}$, *est dans* $W^{1,\infty}(\Omega)$.

□

Preuve du lemme 2.5 : Soit $x \in \Omega$. On va d'abord montrer que, pour K assez grand (dépendant éventuellement de x), on a:

$$\forall y \in \overline{\Omega} \ , \qquad u(y) - K|y - x| \leq u(x) \ .$$

Pour cela, considérons le $\max_{\overline{\Omega}} \big(u(y) - K|y - x|\big)$. Si $K > \dfrac{2\|u\|_\infty}{d(x, \partial\Omega)}$, le maximum ne peut être atteint sur le bord; en effet, si $y \in \partial\Omega$:

$$u(y) - K|y - x| \leq u(y) - Kd(x, \partial\Omega) < u(y) - 2\|u\|_\infty \ ;$$

or $u(y) - 2\|u\|_\infty \leq -\|u\|_\infty \leq u(x)$ et donc:

$$\max_{\partial\Omega} \big(u(y) - K|y - x|\big) < u(x) \leq \max_{\overline{\Omega}} \big(u(y) - K|y - x|\big) \ .$$

D'autre part, si K est assez grand, le max ne peut être atteint en $y \neq x \in \Omega$ sinon:

$$H\Big(y, u(y), K\frac{y - x}{|y - x|}\Big) \leq 0 \ ,$$

ce qui contredirait (H3). Finalement le maximum est atteint en x, ce que l'on voulait.

Le résultat précédent étant vrai pour tout $x \in \Omega$ et la dépendance de K par rapport à x étant connue, il en résulte que u est localement lipschitzien dans Ω. Mais alors, par le théorème de Rademacher, u est différentiable presque partout dans Ω et en utilisant le corollaire 2.1, on obtient:

$$H(x, u(x), Du(x)) \leq 0 \quad \text{p.p dans } \Omega \ .$$

En utilisant encore une fois (H3), on obtient une borne sur Du dans $L^\infty(\Omega)$ et la conclusion.   □

Nous voudrions surtout insister sur l'idée technique de la première preuve: au lieu de faire tout de suite la différence des deux inégalités de viscosité, on a commencé par déduire certaines propriétés de ces inégalités prises séparément. On va voir maintenant comment généraliser cette idée.

On va d'abord s'intéresser à un exemple:

$$|\sigma(x)Du|^2 + u = f(x) \quad \text{dans } \Omega , \tag{2.11}$$

où σ, f sont des fonctions lipschitziennes sur $\overline{\Omega}$, σ est une matrice $p \times N$, $p \leq N$.

Si $p = N$ et si σ est inversible en tout point de $\overline{\Omega}$, l'hypothèse (H3) est satisfaite. Mais, dans le cas contraire, non seulement (H3) n'est pas satisfaite mais (H2) ne l'est pas non plus: on n'a donc pas – a priori – de résultat d'unicité pour (2.11). Si on examine la preuve du théorème 2.4, les inégalités de viscosité sont les suivantes:

$$|\sigma(x_\varepsilon)p_\varepsilon|^2 + u(x_\varepsilon) \leq f(x_\varepsilon) ,$$

et:

$$|\sigma(y_\varepsilon)p_\varepsilon|^2 + v(y_\varepsilon) \geq f(y_\varepsilon) .$$

Le problème essentiel à résoudre est l'estimation de la différence:

$$|\sigma(y_\varepsilon)p_\varepsilon|^2 - |\sigma(x_\varepsilon)p_\varepsilon|^2 .$$

On remarque d'abord que, u et f étant bornés, la première inégalité de viscosité implique que le terme $|\sigma(x_\varepsilon)p_\varepsilon|$ est borné indépendamment de ε. Le terme $|\sigma(y_\varepsilon)p_\varepsilon|$ l'est aussi: en effet, comme σ est une fonction lipschitzienne, on a:

$$|\sigma(y_\varepsilon)p_\varepsilon| - |\sigma(x_\varepsilon)p_\varepsilon| \leq C.|x_\varepsilon - y_\varepsilon|.|p_\varepsilon| ,$$

et on utilise d'une part le fait que le terme $|\sigma(x_\varepsilon)p_\varepsilon|$ est borné et d'autre part le lemme 2.3 qui implique que $|x_\varepsilon - y_\varepsilon|.|p_\varepsilon| \to 0$. On conclut alors facilement car:

$$\begin{aligned}
|\sigma(y_\varepsilon)p_\varepsilon|^2 - |\sigma(x_\varepsilon)p_\varepsilon|^2 &= (|\sigma(y_\varepsilon)p_\varepsilon| + |\sigma(x_\varepsilon)p_\varepsilon|)(|\sigma(y_\varepsilon)p_\varepsilon| - |\sigma(x_\varepsilon)p_\varepsilon|) \\
&\leq C'.|x_\varepsilon - y_\varepsilon|.|p_\varepsilon| ,
\end{aligned}$$

grâce encore une fois au caractère lipschitzien de σ et grâce au fait que $|\sigma(x_\varepsilon)p_\varepsilon|$ et $|\sigma(y_\varepsilon)p_\varepsilon|$ sont bornés. Il est clair alors que l'on peut conclure.

Dans ce cadre-là, ce n'est plus une estimation de $|p_\varepsilon|$ mais d'une fonction de p_ε que donne l'équation: d'où la terminologie pseudo-coercif pour l'hamiltonien correspondant. La généralisation de tous ces cas (classique, coercif, pseudo-coercif...) est la suivante:

Pour tout $R > 0$, on a:

(H4) $|H(x, u, p) - H(y, u, p)| \leq m_R(|x - y|(1 + |p|)) Q_R(x, y, u, p),$

tout $x, y \in \Omega$, $-R \leq u \leq R$ et $p \in \mathbb{R}^N$, où $m_R(t) \to 0$ quand $t \to 0$ et:

$$Q_R(x, y, u, p) = \max\left(\Phi_R(H(x, u, p)), \Phi_R(H(y, u, p))\right) ,$$

où Φ_R est n'importe quelle fonction continue de $I\!\!R$ dans $I\!\!R^+$.

La version "localement lipschitzienne" de cette hypothèse est peut-être plus parlante:

$$(\text{H4})' \qquad |\frac{\partial H}{\partial x}(x, u, p)| \leq C_R(1 + |p|)\Phi_R\left(H(x, u, p)\right) ,$$

pour tout $x \in \Omega$, $-R \leq u \leq R$ et $p \in I\!\!R^N$, où $C_R > 0$ et où Φ_R est n'importe quelle fonction continue de $I\!\!R$ dans $I\!\!R^+$ ($\forall\, 0 < R < +\infty$).

L'hypothèse (H4) est clairement une généralisation de (H2) puisque (H2) correspond au cas $\Phi_R \equiv 1$. De même, on vérifie facilement que l'hamiltonien "pseudo-coercif" de l'équation (2.11) satisfait (H4) dès que σ est lipschitzienne.

Le rapport entre (H3) et (H4) peut paraître moins évident: en fait, si H est continue sur $\overline{\Omega} \times I\!\!R \times I\!\!R^N$ et si (H3) a lieu uniformément pour $x \in \overline{\Omega}$, on a aussi

$$\frac{H(x, u, p)}{1 + [H(x, u, p)]^2} \to 0 \quad \text{quand } |p| \to +\infty ,$$

uniformément pour $x \in \overline{\Omega}$, $u \in [-R, R]$ ($\forall\, 0 < R < +\infty$) et le fait que H satisfait (H4) avec $\Phi_R(t) = 1 + t^2$ est une conséquence facile de cette propriété et de la continuité de H sur $\overline{\Omega} \times I\!\!R \times I\!\!R^N$. Nous laissons la vérification de cette affirmation en exercice au lecteur.

Ces hypothèses sont somme toute naturelles car, si on utilise formellement le fait que l'équation a lieu, on est toujours amené à raisonner au voisinage de $H = 0$ et donc (H4), (H4)' ne sont pas vraiment plus générale que (H2). Voyons maintenant comment on se ramène au cas du théorème 2.4. On utilise le lemme suivant:

Lemme 2.6 : *Soit u une fonction continue dans Ω, bornée sur $\overline{\Omega}$ et soient $\gamma > 0$ et M vérifiant $M > \|u\|_\infty$. u est une sous-solution (resp. sursolution) de (1.1) ssi u est une sous-solution (resp. sursolution) de l'équation:*

$$\text{Max}(-\gamma M, \text{Min}(H(x, u, Du) - \gamma u, \gamma M)) + \gamma u = 0 \quad dans\ \Omega . \qquad (2.12)$$

De plus, si H satisfait (H4), l'hamiltonien $\tilde{H}$ défini par:

$$\tilde{H}(x, t, p) = \text{Max}(-\gamma M, \text{Min}(H(x, t, p) - \gamma t, \gamma M)) + \gamma t ,$$

satisfait (H2).   □

Le procédé de troncature du lemme 2.6 permet essentiellement de se ramener au cas où H est borné ce qui rend assez intuitive la deuxième partie du lemme; la forme curieuse de la troncature est due au fait que l'on veut préserver (H1).

Ce résultat est valable dans n'importe quel ouvert Ω, borné ou pas: nous l'utiliserons plus loin pour obtenir des résultats d'existence dans $I\!\!R^N$.

L'idée heuristique de cette troncature est très simple: si on réécrit l'équation $H = 0$ sous la forme:

$$(H(x, u, Du) - \gamma u) + \gamma u = 0 \quad \text{dans } \Omega ,$$

on voit immédiatement que:

$$-\gamma \|u\|_\infty \leq H(x, u, Du) - \gamma u \leq \gamma \|u\|_\infty .$$

Le procédé de troncature du lemme 2.6 ne change rien à l'équation puisque $M > \|u\|_\infty$.

Donnons une démonstration rapide de ce lemme dans le cas "sous-solution" en utilisant la définition par surdifférentiels.

Si $u \in C(\Omega)$ est sous-solution de (1.1) alors pour tout $x \in \Omega$ et pour tout $p \in D^+u(x)$, on a:

$$H(x, u(x), p) \leq 0 .$$

Donc:

$$\text{Min}(H(x, u(x), p) - \gamma u(x), \gamma M) + \gamma u(x) \leq H(x, u(x), p) \leq 0 .$$

Et comme $M > \|u\|_\infty$, on ne change pas le signe de la première expression en prenant le maximum du premier terme avec $-\gamma M$ et donc u est une sous-solution de (2.12).

Réciproquement, si u est une sous-solution de (2.12). Alors, pour tout $x \in \Omega$ et pour tout $p \in D^+u(x)$, on a:

$$\text{Max}(-\gamma M, \text{Min}(H(x, u(x), p) - \gamma u(x), \gamma M)) + \gamma u(x) \leq 0 ,$$

et donc:

$$\text{Min}(H(x, u(x), p) - \gamma u(x), \gamma M) + \gamma u(x) \leq 0 .$$

Mais, en utilisant encore le fait que $M > \|u\|_\infty$, on a nécessairement:

$$H(x, u(x), p) \leq 0 .$$

La deuxième partie du lemme est laissée en exercice au lecteur.

Bien sûr, pour obtenir le résultat d'unicité, on utilise le lemme avec γ défini comme dans la preuve du théorème 2.4, i.e. $\gamma = \gamma_R$ avec $R = \max(\|u\|_\infty, \|v\|_\infty)$, ce qui assure, en particulier, que le terme $\text{Max}(-\gamma M, \text{Min}(H(x, t, p) - \gamma t, \gamma M))$ reste croissant en t.   □

Énonçons finalement le résultat:

Théorème 2.6 : *Sous les hypothèses (H1)-(H4), on a un résultat d'unicité pour (1.1). De plus, le résultat reste vrai si on remplace (H4) par "$u \in W^{1,\infty}(\Omega)$" ou par "$v \in W^{1,\infty}(\Omega)$".*   □

Terminons cette section par un exercice:

Exercice :

1. *Montrer que l'hamiltonien de (2.11) satisfait (H4)' et qu'il en est de même pour l'équation:*

$$|\sigma(x)Du|^2 - (b(x), Du) + u = f(x) \quad \text{dans } \Omega,$$

   si σ, b et f sont lipschitziens.

2. *Montrer que (H4)' implique (H4).*

2.4.3 Premières extensions

On va s'intéresser dans cette partie à deux cas non couverts par les résultats de la section précédente: le cas d'équations stationnaires où il n'y a pas une dépendance explicite de l'équation par rapport à u; il s'agit typiquement de l'exemple de l'introduction $|u'| = 1$ et, plus généralement, de:

$$H(x, Du) = 0 \quad \text{dans } \Omega. \tag{2.13}$$

Le deuxième cas sera celui des équations d'évolution où l'on va traiter d'abord le cas d'une équation qui ne dépend pas de u:

$$\frac{\partial u}{\partial t} + H(x, t, Du) = 0 \quad \text{dans } \Omega \times (0, T). \tag{2.14}$$

Si nous avons rapproché ces deux cas, c'est qu'ils procèdent – en tout cas pour l'unicité – d'idées techniques tout à fait analogues.

Dans le premier cas, nous utilisons les hypothèses suivantes:

(H5) $H(x, p)$ est convexe en p, pour tout $x \in \Omega$.

Il existe une fonction ϕ de classe C^1 sur Ω, continue sur $\overline{\Omega}$ telle que:

(H6) $H(x, D\phi(x)) \leq \alpha < 0$ sur Ω.

On a le résultat suivant:

Théorème 2.7 : *Sous les hypothèses* (H4)-(H5)-(H6), *on a un résultat d'unicité pour (2.13).*   □

Ce type de résultat se généralise au cas où H dépend de u et satisfait (H1) avec $\gamma_R \equiv 0$: nous laissons l'énoncé précis de cette généralisation et sa démontration au lecteur.

Passons maintenant au cas de (2.14). Pour les problèmes d'évolution, l'énoncé du résultat d'unicité change légèrement de forme. Il se formule de la manière suivante:

Si $u, v \in C(\overline{\Omega} \times [0, T])$ sont respectivement sous- et sursolutions de (2.14) et si $u \leq v$ sur $\partial\Omega \times [0, T] \cup \overline{\Omega} \times \{0\}$ alors:

$$u \leq v \quad sur \ \overline{\Omega} \times [0, T] \, .$$

La condition "$u \leq v$ sur le bord" doit donc être comprise ici au sens du bord parabolique i.e. $\partial\Omega \times [0, T] \cup \overline{\Omega} \times \{0\}$ et pas au sens classique du bord de l'ouvert $\Omega \times (0, T)$.

Par contre, il n'y a aucune hypothèse nouvelle sur l'hamiltonien; H est continue sur $\overline{\Omega} \times (0, T) \times \mathbb{R}^N$ et on précise simplement le sens de (H2): on suppose que, pour tout t, la fonction $(x, p) \mapsto H(x, t, p)$ satisfait (H2) avec une fonction m_R indépendante de t (et aussi de R puisque H ne dépend pas de u). Le résultat est alors le suivant:

Théorème 2.8 : *Sous l'hypothèse* (H2), *on a un résultat d'unicité pour* (2.14).

□

Nous n'avons pas formulé dans ces théorèmes de variantes pour les cas où la sursolution ou la sous-solution est plus régulière ("$u \in W^{1,\infty}(\Omega)$" ou "$v \in W^{1,\infty}(\Omega)$"). Nous pensons que ces généralisations sont, très probablement, devenues un exercice de routine pour le lecteur.

Démonstration du théorème 2.7 : Pour prouver ce résultat, on peut utiliser deux techniques: la première consiste à se ramener – plus ou moins – au cas du théorème 2.4 en faisant des changements de variables ad hoc de telle sorte que la nouvelle équation dépende de u. La deuxième méthode consiste à accepter la difficulté et à travailler directement sur l'équation d'origine: c'est cette deuxième approche que nous allons détailler et nous renvoyons aux exercices proposés à la fin de la démonstration pour l'autre méthode.

Soit u une sous-solution de (2.13), on a le lemme suivant:

Lemme 2.7 : *Pour* $0 < \mu < 1$, *la fonction* u_μ *définie par:*

$$u_\mu(x) = \mu u + (1 - \mu)\phi \quad sur \ \overline{\Omega} \, ,$$

est une sous solution de:

$$H(x, Du) = (1 - \mu)\alpha \quad dans \ \Omega \, .$$

□

Dans le cas où u est de classe C^1, la preuve du lemme est triviale: on utilise d'abord la convexité de H

$$H(x, \mu Du + (1 - \mu)D\phi) \leq \mu H(x, Du) + (1 - \mu)H(x, D\phi) \, ,$$

puis on conclut en se souvenant que $H(x, Du) \leq 0$ et $H(x, D\phi) \leq \alpha < 0$. Dans le cas où u est seulement continu, on utilise l'exercice:

Exercice : *Montrer qu'en tout point $x \in \Omega$, les propriétés suivantes ont lieu:*

$$D^+ u_\mu(x) = \{\mu p + (1 - \mu)D\phi(x) \; ; \; p \in D^+ u(x)\} \, ,$$

et:

$$D^- u_\mu(x) = \{\mu p + (1 - \mu)D\phi(x) \; ; \; p \in D^- u(x)\} \, .$$

La preuve du lemme est alors analogue à celle du cas C^1. On revient à la preuve du théorème: elle consiste à reproduire les arguments de la preuve du théorème 2.4 en considérant la sous-solution u_μ au lieu de u et une sursolution quelconque v. Quitte à remplacer ϕ par $\phi - C$ où $C > 0$ est une constante suffisamment grande pour que $\phi - C \leq v$ sur $\partial\Omega$, on peut supposer que $u_\mu \leq v$ sur $\partial\Omega$; il est à noter que C ne dépend pas de μ mais seulement de v et de ϕ sur le bord.

En procédant exactement comme dans la preuve du théorème 2.4, on se retrouve avec les deux inégalités de viscosité:

$$H(x_\varepsilon, p_\varepsilon) \leq (1 - \mu)\alpha \, ,$$

et:

$$H(y_\varepsilon, p_\varepsilon) \geq 0 \, .$$

Soit alors $M > (1 - \mu)|\alpha|$. Les inégalités précédentes restent vraies si on remplace l'hamiltonien H par l'hamiltonien $\tilde{H}$ défini par:

$$\tilde{H}(x, p) = \max\left(-M, \min\left(H(x, p), M\right)\right) \, .$$

De plus, comme H satisfait (H4), on montre aisément que $\tilde{H}$ satisfait (H2).

Après soustraction des inégalités pour $\tilde{H}$, on obtient:

$$-m(|x_\varepsilon - y_\varepsilon|(1 + |p_\varepsilon|)) \leq H(x_\varepsilon, p_\varepsilon) - H(y_\varepsilon, p_\varepsilon) \leq (1 - \mu)\alpha \, ,$$

où m est le module de continuité donné par (H2) pour $\tilde{H}$.

En faisant tendre ε vers 0, cette inégalité conduit à $0 \leq (1 - \mu)\alpha$, une contradiction puisque $\alpha < 0$. On a donc $u_\mu \leq v$ sur $\overline{\Omega}$ et on conclut en faisant tendre μ vers 1. $\qquad \square$

L'esprit de ce résultat est très clair: on a le droit d'avoir $\gamma = 0$ dans (H1) pourvu que l'on ait une inégalité stricte quelque part. Les hypothèses (H5) et (H6) servent simplement à générer cette inégalité stricte.

Avant de traiter le cas d'évolution, donnons l'autre méthode en exercice.

Exercice :

1. *Montrer que, si u est sous-solution (resp. sursolution) de:*

$$|u'| = 1 \quad \text{dans }]0,1[,$$

   alors $v = -e^{-u}$ est sous-solution (resp. sursolution) de:

$$|v'| + v = 0 \quad \text{dans }]0,1[.$$

2. *Conclure. ("$v = -e^{-u}$" est le changement de variable dit de Kruzkov.)*

   Plus généralement, on suppose que (H6) a lieu et que, pour tout $x \in \Omega$, l'ensemble $C_x = \{p \in \mathbb{R}^N; H(x,p) < 0\}$ est strictement étoilé par rapport à $D\phi(x)$, i.e.

$$\forall p \in \overline{C}_x , \ \forall 0 < \lambda < 1 , \ H(x, \lambda p + (1-\lambda)D\phi(x)) < 0 .$$

3. *On pose:*

$$G(x,p) = \inf\{\lambda > 0 ; \ H(x, \lambda^{-1}p + (1 - \lambda^{-1})D\phi(x)) < 0\} .$$

   Montrer que G est bien défini et vérifie:

$$H(x,p) \leq 0 \iff G(x,p) \leq 1 ,$$

   et:

$$\forall \mu > 0 , \quad G(x, \mu p + (1-\mu)D\phi(x)) = \mu G(x,p) .$$

4. *En déduire que les équations (2.13) et:*

$$G(x, Du) = 1 \quad \text{dans } \Omega , \tag{2.15}$$

   ont les mêmes sous et sursolutions de viscosité.

5. *Appliquer le changement de variable de type Kruzkov:*

$$v = \phi - e^{-(u-\phi)} ,$$

   et conclure.

6. *Etudier l'équation:*

$$(|u'| - 1)(|u'| - 2) = 0 \quad \text{dans }]0,1[,$$

   avec $u(0) = u(1) = 0$ et montrer que le cadre ci-dessus est optimal.

Passons au cas d'évolution.

Démonstration du théorème 2.8 : Encore une fois, on peut utiliser d ux techniques pour résoudre la difficulté liée à l'absence de u dans l'équation; nous en donnons une ici et nous renvoyons à l'exercice proposé à la fin de la preuve pour l'autre méthode.

Mais ici deux autres difficultés apparaissent:

1. Pour la première fois nous rencontrons une difficulté de bord: comme nous l'avons vu plus haut, l'hypothèse "$u \leq v$ sur le bord" doit être comprise au sens de bord parabolique i.e.

$$u \leq v \quad \text{sur } \partial \Omega \times [0, T] \cup \overline{\Omega} \times \{0\} .$$

mais que fait-on sur $\Omega \times \{T\}$? On ne sait a priori rien sur cette partie du bord. Alors, que se passe-t-il si nos points de maximum se trouvent justement là?

2. On n'a pas d'hypothèses sur le comportement de H en t: comment faut-il gérer le dédoublement de variable?

Au lieu de refaire entièrement la démonstration, on va brièvement décrire les idées à ajouter à la preuve du théorème 2.4.

1ère difficulté : Absence de u dans l'équation.

L'idée est très simple: on rend la sous-solution "stricte" en lui retranchant αt où $\alpha > 0$ sera destiné ensuite à tendre vers 0. On remplace donc u par:

$$u_\alpha(x, t) = u(x, t) - \alpha t ,$$

dans la preuve d'unicité. Ainsi le cas de (2.14) apparaît comme un cas particulier de (2.13) où il est trivial de générer une inégalité stricte.

2ème difficulté : Condition aux limites.

On a le lemme suivant:

Lemme 2.8 : *Si $u \in C(\overline{\Omega} \times [0, T])$ est sous-solution (resp. sursolution) de (2.14) dans $\Omega \times (0, T)$, alors u est sous-solution (resp. sursolution):*

$$\frac{\partial u}{\partial t} + H(x, t, Du) = 0 \quad \text{dans } \Omega \times (0, T] . \tag{2.16}$$

$\square$

Nous n'avons défini les notions de sous et sursolutions que dans des ouverts: le résultat du lemme a donc besoin d'être explicité pour les points de $\Omega \times \{T\}$. Il signifie simplement que les points de cette partie du bord doivent être traités comme des points intérieurs; par exemple, pour le cas sous-solution, on doit avoir:

$\forall \phi \in C^2(\Omega \times (0, T])$, si (x_0, T) ($x_0 \in \Omega$) est un point de maximum local de $u - \phi$, on a :

$$\frac{\partial \phi}{\partial t}(x_0, T) + H(x_0, T, D\phi(x_0, T)) \leq 0 .$$

C'est notre première rencontre avec une condition aux limites "au sens de viscosité": on expliquera mieux le caractère naturel de cette condition aux limites dans la partie concernant les problèmes de contrôle optimal avec temps de sortie.

Preuve du lemme : Donnons la preuve dans le cas des sous-solutions, celui des sursolutions se traitant de manière analogue. Soit $\phi \in C^2(\Omega \times (0,T])$ et soit (x_0, T) $(x_0 \in \Omega)$ un point de maximum local de $u - \phi$. Quitte à remplacer ϕ par $\phi + |x - x_0|^2 + (t - T)^2$, ce qui ne change pas ses dérivées premières au point (x_0, T), on peut supposer que (x_0, T) est un point de maximum local strict. Nous allons "faire rentrer" le point de maximum dans $\Omega \times (0,T)$; pour cela, on considère la fonction:

$$\chi_\eta(x,t) = u(x,t) - \phi(x,t) - \frac{\eta}{T - t} \, ,$$

où $\eta > 0$ est destiné à tendre vers 0. Par des arguments similaires à ceux employés dans la preuve du résultat de stabilité, on peut montrer (exercice!) qu'il existe une suite de points (x_η, t_η) de maximum local de χ_η qui converge vers (x_0, T). De plus, à cause du terme $\frac{\eta}{T - t}$, $\chi_\eta(x,t) \to -\infty$ quand $t \to T$, ce qui implique que $t_\eta < T$. L'inégalité de viscosité a donc lieu au point (x_η, t_η), au moins pour η suffisamment petit:

$$\frac{\eta}{(T - t)^2} + \frac{\partial \phi}{\partial t}(x_\eta, t_\eta) + H(x_\eta, t_\eta, D\phi(x_\eta, t_\eta)) \le 0 \, .$$

A cause de la positivité du premier terme, on a donc aussi:

$$\frac{\partial \phi}{\partial t}(x_\eta, t_\eta) + H(x_\eta, t_\eta, D\phi(x_\eta, t_\eta)) \le 0 \, ,$$

et on conclut en faisant tendre η vers 0.   □

3ème difficulté : Dépendance en t de H.

A la fin de la section précédente, on a évoqué la possibilité d'introduire d'autres paramètres dans la fonction-test ψ_ε: c'est ce que l'on va faire ici. La nouvelle fonction-test $\psi_{\varepsilon,\eta}$ est construite de la façon suivante: si u, v sont respectivement les sous et sursolutions considérées, on pose:

$$\psi_{\varepsilon,\eta}(x,y,t,s) = u(x,t) - v(y,s) - \frac{|x - y|^2}{\varepsilon^2} - \frac{(t - s)^2}{\eta^2} \, .$$

On a donc dédoublé les variables spatiales et temporelles de manières différentes: dans la preuve, on voit que lorsqu'on soustrait les deux inégalités de viscosité pour u et v, le terme commun correspondant à $\frac{\partial u}{\partial t} = \frac{\partial v}{\partial t}$ c'est-à-dire $\frac{2(t - s)}{\eta^2}$ s'élimine et on peut faire tendre tout d'abord η vers 0. Ce passage à la limite utilise seulement la continuité uniforme de H par rapport à toutes les variables pour p borné. Ensuite on raisonne comme dans le cas stationnaire.

La démonstration du théorème 2.8 est ainsi complète.   □

L'exercice suivant montre comment résoudre autrement la première difficulté discutée ci-dessus et comment traiter une dépendance plus générale en u:

Exercice :

1. *Montrer que, si u est sous-solution (resp. sursolution) de (2.14) alors $v = ue^{-\gamma t}$ ($\gamma \in \mathbb{R}$) est sous-solution (resp. sursolution) de:*

$$\frac{\partial v}{\partial t} + \gamma v + e^{-\gamma t} H(x, t, e^{\gamma t} Dv) = 0 \quad \text{dans } \Omega \times (0, T).$$

   Conclure.

2. *En utilisant ce changement de fonction, formuler et démontrer un résultat d'unicité pour l'équation:*

$$\frac{\partial u}{\partial t} + H(x, t, u, Du) = 0 \quad \text{dans } \Omega \times (0, T).$$

   (On montrera que, si H satisfait (H1) avec $\gamma_R \in \mathbb{R}$ non nécessairement positif, l'analogue du corollaire 2.2 se formule de la manière suivante:

$$\max_{\overline{\Omega}} (u-v)^+(x, t) \leq \max\left(\max_{\overline{\Omega}} e^{-\gamma t}(u-v)^+(x, 0), \max_{\partial\Omega \times [0,t]} e^{-\gamma(t-s)}(u-v)^+(x, s)\right)$$

   pour tout $t \leq T$, où $\gamma = \gamma_R$ avec $R = \text{Max}(\|u\|_\infty, \|v\|_\infty).$)

Dans le cas des problèmes d'évolution, la variable t semble jouer un rôle particulier: c'est, bien sûr, lié à la présence du terme linéaire $\dfrac{\partial u}{\partial t}$ et à l'absence d'interaction entre les variables t, x et $\dfrac{\partial u}{\partial t}$. Ceci implique que l'on n'a pas, en les variables (x, t), l'analogue du terme "$|x_\varepsilon - y_\varepsilon|.|p_\varepsilon|$" qui joue un rôle central dans le cas stationnaire.

Mais cette affirmation – contrairement aux apparences – est complètement fausse!!! On s'est simplement placé ci-dessus dans un cadre trop simple. Pour appréhender les hypothèses optimales, il faut raisonner par analogie avec le cas stationnaire et se demander quel doit être l'analogue de (H2) – puis de (H4) –. On oublie ainsi le caractère évolutif.

Commençons par (H2). L'hamiltonien est ici $\tilde{H}$ donné par:

$$\tilde{H}(x, t, p_t, p) = p_t + H(x, t, p),$$

où p_t correspond à $\dfrac{\partial u}{\partial t}$. Si on veut avoir l'analogue de (H2) et si on suppose que H est localement lipschitzien, ce qui simplifie les écritures, on doit avoir:

$$\left|\frac{\partial \tilde{H}}{\partial x}(x, t, p_t, p)\right| \leq C(1 + |p| + |p_t|),$$

et:

$$\left|\frac{\partial \tilde{H}}{\partial t}(x, t, p_t, p)\right| \leq C(1 + |p| + |p_t|),$$

pour une certaine constante $C > 0$. Comme $\dfrac{\partial \tilde{H}}{\partial x} = \dfrac{\partial H}{\partial x}$ et $\dfrac{\partial \tilde{H}}{\partial t} = \dfrac{\partial H}{\partial t}$, H ne dépendant pas de p_t, on peut conclure hâtivement qu'il faut supprimer le terme

$|p_t|$ dans les estimations ci-dessus. En fait, comme dans le cas stationnaire, il ne faut pas oublier que l'équation a lieu et donc $\tilde{H} = 0$ ce qui équivaut à $p_t = -H(x, t, p)$. Les hypothèses "naturelles" sont donc:

$$|\frac{\partial H}{\partial x}(x, t, p)| \le C(1 + |p| + |H(x, t, p)|) , \qquad (2.17)$$

et:

$$|\frac{\partial H}{\partial t}(x, t, p)| \le C(1 + |p| + |H(x, t, p)|) . \qquad (2.18)$$

Elles s'écrivent sous forme "module de continuité":

(H7) $|H(x, t, p) - H(y, s, p)| \le m\big((|x - y| + |t - s|)(1 + |p| + Q(x, y, t, s, p))\big),$
pour tout $x, y \in \overline{\Omega}$, $t, s \in [0, T]$ et $p \in \mathbb{R}^N$, où $m(t) \to 0$ quand $t \to 0$ et:

$$Q(x, y, t, s, p) = \max(|H(x, t, p)|, |H(y, s, p)|) .$$

On a donc la variante "naturelle" du théorème 2.8:

Théorème 2.9 : *Sous l'hypothèse* (H7), *on a un résultat d'unicité pour* (2.14).

$\square$

On obtient ainsi une meilleure hypothèse sur le comportement de H en x au détriment de celui en t. L'étape suivante consisterait à s'intéresser à l'analogue de (H4): mais, dans ce cas, on est amené à considérer simplement (2.14) comme un cas particulier de (2.13) et à utiliser les conditions de structure correspondantes. Ceci ne présente aucun intérêt particulier pour notre exposé, mais, par contre, les résultats que l'on en déduit sont utiles en pratique.

Il convient de souligner que l'importance de ces généralisations est due au fait que les hamiltoniens qui apparaissent dans le cadre des Grandes Déviations satisfont (H7) ou (H4) mais jamais (H2) (voir l'exercice ci-dessous).

Comme c'est souvent le cas pour les équations de Hamilton-Jacobi, on a encore un exemple du fait que l'unicité est le résultat d'un savant dosage entre les différentes hypothèses sur la dépendance de H en x, t, u, p. La conséquence de cette remarque est très claire: aucun résultat n'est passe-partout, il faut connaître les preuves et savoir les adapter.

Exercice :

1. *Montrer que (2.17)-(2.18) implique* (H7).

2. *Montrer que l'équation (qui intervient dans la théorie des Grandes Déviations):*

$$\frac{\partial u}{\partial t} + \sigma(x, t)|Du|^2 - (b(x, t), Du) = 0 \quad \text{dans } \Omega \times (0, T) ,$$

où σ et b sont des fonctions lipschitziennes et où la fonction σ est à valeurs réelles et vérifie $\sigma(x, t) \ge \nu > 0$ sur $\Omega \times (0, T)$, satisfait (H7) *et donc jouit de propriétés d'unicité.*

3. *Utiliser des idées "stationnaires" pour traiter le cas de:*

$$\frac{\partial u}{\partial t} + |\sigma(x,t)Du|^2 - (b(x,t), Du) = 0 \quad \text{dans } \Omega \times (0,T) \, ,$$

où σ, b sont lipschitziens sur $\overline{\Omega} \times [0,T]$.

Notes bibliographiques de la section 2.4

La section 2.4 présente diverses variations sur le thème des conditions de structure que l'on doit imposer à l'hamiltonien pour avoir un résultat d'unicité dans un ouvert borné: dans l'esprit sinon exactement, les théorèmes 2.4, 2.5, 2.7 et 2.8 figuraient déjà dans les premiers articles ([55], [51] et [128]).

Les résultats d'unicité donnés dans cette section sont optimaux: en particulier, un contre-exemple à l'unicité quand l'hypothèse (H2) n'est pas satisfaite, est décrit dans l'article de M.G Crandall et P.L Lions[55]. Il concerne le cas d'une équation de transport

$$\frac{\partial u}{\partial t} + b(x).Du = 0 \quad \text{dans } I\!\!R^N \times (0,\infty) \, ,$$

où b ne satisfait pas l'hypothèse de lipschitz qui est nécessaire pour avoir (H2). Ce contre-exemple est basé sur la non-unicité pour l'équation différentielle $\dot{x}(t) = b(x(t))$ et l'utilisation de la méthode des caractéristiques. Précisons qu'un contre-exemple analogue peut être construit dans un ouvert borné ou pour une équation stationnaire.

La méthode des caractéristiques classique pour les équations de transport et pour les équations de lois de conservation scalaires consiste à chercher des trajectoires $x(.)$ le long desquelles la solution de l'équation est constante i.e. $u(t, x(t)) = \text{constante}$: dans le cas de l'équation de transport ci-dessus, il est clair que les solutions de $\dot{x}(t) = b(x(t))$ satisfont cette propriété, ce qui permet (théoriquement) de résoudre cette équation explicitement.

Dans le cadre des équations de Hamilton-Jacobi du type (2.14), il est plus naturel de chercher des trajectoires $x(.)$ telles que $Du(t, x(t)) = \text{constante}$, ce qui permet (dans les meilleurs cas) de construire une solution pour des temps petits. Nous renvoyons le lecteur intéressé par la méthode des caractéristiques au livre de P.L Lions[128] où elle est présentée en détails.

Il est facile de voir pourquoi la preuve du théorème 2.4 ne peut pas s'étendre au cas du deuxième ordre: considérer la fonction-test comme une fonction de x seulement puis comme une fonction de y seulement conduit formellement à:

$$D^2 u(x) \leq \frac{2}{\varepsilon^2} Id \quad \text{et} \quad -\frac{2}{\varepsilon^2} Id \leq D^2 v(y) \, ,$$

et on a perdu l'inégalité $D^2 u \leq D^2 v$ au point de maximum. Pour r´soudre cette difficulté, il faut en fait considérer la fonction-test par rapport au coupl de variables (x, y); on obtient alors (toujours formellement!):

$$\left(\begin{array}{cc} D^2 u(x) & 0 \\ 0 & -D^2 v(y) \end{array} \right) \leq \frac{2}{\varepsilon^2} \left(\begin{array}{cc} Id & -Id \\ -Id & Id \end{array} \right),$$

ce qui redonne bien, en particulier, $D^2 u(x) \leq D^2 v(y)$ (exercice!). Mais cette inégalité est délicate à justifier: il faut reparler de sur et sous-différentiels d'ordre 2 (les semi-jets!), utiliser le Principe du Maximum d'Alexandrov après avoir régularisé u et v de manière adéquate... Nous renvoyons à [54] pour les détails.

R. Jensen [112] fut le premier à comprendre comment résoudre cette difficulté; ses arguments furent simplifiés et ses résultats furent améliorés successivement dans R. Jensen, P.L Lions et P.E Souganidis[114], P.L Lions et P.E Souganidis[138], R. Jensen[113], H. Ishii[107], H. Ishii et P.L Lions[110]. Des progrès essentiels dans l'obtention et l'utilisation de l'inégalité matricielle ci-dessus ont été faits dans [107]. La version finale qui est décrite dans [54] provient des derniers raffinements de M.G Crandall et H. Ishii[52].

Le théorème 2.7 figure également dans [55]; une preuve simplifiée en est donnée dans H. Ishii[105] et l'exercice qui traite d'hamiltoniens non convexes est tiré de [12]. Le théorème 2.6 est une amélioration des conditions de structure de P.L Lions et l'auteur[26], le lemme 2.6 étant issu de [10].

2.5 Résultats d'unicité dans $I\!\!R^N$

On s'intéresse au problème posé dans tout l'espace:

$$H(x, u, Du) = 0 \quad \text{dans } I\!\!R^N , \qquad (2.19)$$

où H est toujours une fonction continue.

Evidemment, une différence fondamentale dans ce contexte est l'absence de bord et donc de conditions aux limites: elles seront remplacées par des restrictions sur le comportement des solutions à l'infini. L'énoncé typique que l'on voudrait avoir est le suivant:

Si $u, v \in C(I\!\!R^N)$ sont respectivement sous et sursolution de (2.19) alors:

$$u \leq v \quad \text{dans } I\!\!R^N .$$

Mais on n'aura quasiment jamais un résultat aussi fort, il faudra rajouter des conditions de croissance à l'infini sur u et v.

On va commencer par donner un résultat d'unicité peu habituel mais qui est une conséquence facile du théorème 2.4 et qui s'applique au cas standard du contrôle déterministe en horizon infini.

On suppose que l'hamiltonien H est localement lipschitzien par rapport à toutes les variables et satisfait les hypothèses suivantes:

(H8) $\quad 0 < \gamma \leq \dfrac{\partial H}{\partial u}(x, u, p) \leq \Gamma,$

pour certaines constantes γ, Γ et pour tout $x \in I\!\!R^N$, $u \in I\!\!R$ et $p \in I\!\!R^N$.

(H9) $\quad |\dfrac{\partial H}{\partial x}(x, u, p)| \leq C(1 + |p|) ,$

pour une certaine constante $C > 0$ et pour tout $x \in I\!\!R^N$, $u \in I\!\!R$ et $p \in I\!\!R^N$.

(H10) $\quad |\dfrac{\partial H}{\partial p}(x, u, p)| \leq K ,$

pour une certaine constante $K > 0$ et pour tout $x \in I\!\!R^N$, $u \in I\!\!R$ et $p \in I\!\!R^N$.

Le résultat est le suivant:

Théorème 2.10 : *Sous les hypothèses (H8)-(H9)-(H10), on a un résultat d'unicité pour (2.19) dans la classe des solutions continues qui vérifient:*

$$u(x).e^{-\eta|x|} \to 0 \quad quand \ |x| \to +\infty , \qquad (2.20)$$

pour un certain $\eta < \dfrac{\gamma}{K}$. $\qquad\qquad\qquad\qquad\qquad\qquad\qquad\qquad\quad \square$

Ce théorème comporte (bien entendu!) de nombreuses variantes en jouant sur les hypothèses sur H et la condition de croissance (2.20) des solutions à l'infini: nous laissons le soin au lecteur de les formuler. Nous ne donnerons qu'une seule variante très classique à la fin de cette section.

La condition de croissance est optimale comme le montre l'exemple:

$$-|u'| + u = 0 \quad \text{dans } I\!R \, ,$$

pour lequel 0, e^x et e^{-x} sont solutions. Remarquons que, sur cet exemple, le théorème s'applique aux solutions telles que:

$$u(x).e^{-\eta|x|} \to 0 \quad \text{quand } |x| \to +\infty \, ,$$

pour un certain $\eta < 1$ donc ni à e^x ni à e^{-x}.

Preuve du théorème 2.10 : On va utiliser le théorème 2.4 ou plus précisément le corollaire 2.2 dans l'ouvert $\Omega = B_R$, la boule de centre 0 et de rayon R. Pour cela, on introduit le changement de fonction:

$$\tilde{u}(x) = u(x)e^{-\eta\xi(x)} \, ,$$

où η satisfait les propriétés requises dans le théorème et $\xi(x) = (|x|^2 + 1)^{1/2}$. Si u est sous-solution (resp. sursolution) de (2.19), $\tilde{u}$ est sous-solution (resp. sursolution) de:

$$e^{-\eta\xi(x)}H(x, e^{\eta\xi(x)}\tilde{u}, e^{\eta\xi(x)}D\tilde{u} + \eta e^{\eta\xi(x)}\tilde{u}D\xi(x)) = 0 \quad \text{dans } I\!R^N \, . \qquad (2.21)$$

Pour appliquer le corollaire 2.2, il suffit de montrer que les hypothèses (H1) et (H2) sont satisfaites par l'hamiltonien de la nouvelle équation. On note $\tilde{H}(x,t,q)$ l'hamiltonien de l'équation (2.21). Pour vérifier (H1), on calcule $\dfrac{\partial \tilde{H}}{\partial t}$:

$$\frac{\partial \tilde{H}}{\partial t}(x,t,q) = \left[\frac{\partial H}{\partial u} + \eta(\frac{\partial H}{\partial p}, D\xi(x))\right] (x, e^{\eta\xi(x)}t, e^{\eta\xi(x)}q + \eta e^{\eta\xi(x)}tD\xi(x)) \, .$$

Vu le choix de η et le fait que $|D\xi(x)| \leq 1$ dans $I\!R^N$, $\dfrac{\partial \tilde{H}}{\partial t} \geq \beta > 0$ dans $I\!R^N \times I\!R \times I\!R^N$ et (H1) est satisfaite.

Pour (H2), un calcul un peu plus fastidieux mais trivial de $\dfrac{\partial \tilde{H}}{\partial x}(x,t,q)$ montre que (H2) a lieu; remarquons simplement que l'on doit prouver:

$$|\frac{\partial \tilde{H}}{\partial x}(x,t,q)| \leq C(1 + |q|) \, ,$$

pour une certaine constante $C > 0$, <u>pour u et x bornés</u> car on veut utiliser le corollaire 2.2 dans B_R. Seul le comportement en q de $\dfrac{\partial \tilde{H}}{\partial x}(x,t,q)$ est en question. Remarquons enfin que (H9) implique en particulier:

$$|H(x, u, p)| \leq C'(1 + |p|) \,,$$

si $x \in B_R$ et si u est borné, pour une certaine constante C'.

Si $u, v \in C(I\!R^N)$ sont respectivement sous et sursolutions de (2.19), on leur associe $\tilde{u}$ et $\tilde{v}$ comme ci-dessus; d'après le corollaire 2.2, on a:

$$\max_{B_R}(\tilde{u} - \tilde{v})^+ \leq \max_{\partial B_R}(\tilde{u} - \tilde{v})^+ \,.$$

Mais, d'après (2.20),

$$\max_{\partial B_R}(\tilde{u} - \tilde{v})^+ = \max_{\partial B_R} e^{-\eta \xi(x)}(u(x) - v(x))^+ \to 0 \,,$$

quand $R \to +\infty$. On fait alors tendre R vers l'infini dans l'inégalité obtenue précédemment: on en déduit $(\tilde{u} - \tilde{v})^+ = 0$ dans $I\!R^N$, puis $\tilde{u} \leq \tilde{v}$ dans $I\!R^N$ et enfin $u \leq v$ dans $I\!R^N$. □

On a déjà vu dans les sections précédentes qu'un résultat d'unicité est la conséquence d'un équilibre entre les propriétés des solutions et celles de l'hamiltonien: on va maintenant considérer des solutions dans l'espace BUC($I\!R^N$), l'espace des fonctions bornées uniformément continues sur $I\!R^N$. On met donc une hypothèse plus forte sur les solutions ce qui doit moralement nous permettre de diminuer les contraintes sur H.

Si on se souvient de la preuve du théorème 2.4 (sinon on la relit!), cet espace de solutions est naturel: en effet, on a utilisé comme ingrédients essentiels dans cette preuve, outre les propriétés de H, le caractère borné et le module de continuité des solutions.

On a besoin de l'hypothèse suivante:

Pour tout $R > 0$, on a:

(H11) $H(x, u, p)$ est uniformément continu sur $I\!R^N \times [-R, R] \times \overline{B}_R$.

Le résultat est le suivant:

Théorème 2.11 : *Sous les hypothèses* (H1)-(H4)-(H11), *on a un résultat d'unicité dans* BUC($I\!R^N$) *pour* (2.19). *De plus, le résultat reste vrai si on remplace* (H4) *par* "$u \in W^{1,\infty}(I\!R^N)$" *ou par* "$v \in W^{1,\infty}(I\!R^N)$" □

Dans cet énoncé, la condition de croissance à l'infini sur les solutions est cachée dans l'espace BUC($I\!R^N$): c'est le fait que ces solutions sont bornées à l'infini. En fait, l'uniforme continuité ne joue pas un rôle aussi important que cela semble être le cas mais là nous anticipons un peu.

On va juste donner un aperçu très rapide de la preuve qui se calque sur celle du théorème 2.4. On s'intéresse à $M = \sup_{I\!R^N}(u - v)$. La difficulté provient ici de la non-compacité du domaine: pour approcher ce "sup" par un "max" (donc atteint), on construit la fonction-test de la manière suivante:

$$\psi_{\varepsilon, \alpha}(x, y) = u(x) - v(y) - \frac{|x - y|^2}{\varepsilon^2} - \alpha(|x|^2 + |y|^2) \,.$$

On a, outre la "pénalisation" habituelle due au dédoublement des variables, introduit un terme de "pénalisation" de l'infini pour que le maximum soit atteint. Le lemme suivant est à la base de la démonstration:

Lemme 2.9 : *On note $M_{\varepsilon,\alpha}$ le maximum de $\psi_{\varepsilon,\alpha}$. Les propriétés suivantes ont lieu:*

1. $M_{\varepsilon,\alpha} \to M$ quand $(\varepsilon,\alpha) \to 0$.

2. Si $(x_{\varepsilon,\alpha}, y_{\varepsilon,\alpha})$ est un point de maximum de $\psi_{\varepsilon,\alpha}$, on a:

$$u(x_{\varepsilon,\alpha}) - v(y_{\varepsilon,\alpha}) \to M \quad \text{quand } (\varepsilon,\alpha) \to 0 \, ,$$

$$\frac{|x_{\varepsilon,\alpha} - y_{\varepsilon,\alpha}|^2}{\varepsilon^2} \to 0 \quad \text{quand } (\varepsilon,\alpha) \to 0 \, ,$$

$$\alpha(|x_{\varepsilon,\alpha}|^2 + |y_{\varepsilon,\alpha}|^2) \to 0 \quad \text{quand } (\varepsilon,\alpha) \to 0 \, .$$

$\square$

Ce lemme se démontre essentiellement comme le lemme 2.3 du théorème 2.4 donc nous le laissons au lecteur.

Après les manipulations habituelles, on se retrouve avec l'inégalité:

$$H(x_{\varepsilon,\alpha}, u(x_{\varepsilon,\alpha}), p_{\varepsilon,\alpha} + 2\alpha x_{\varepsilon,\alpha}) - H(x_{\varepsilon,\alpha}, v(y_{\varepsilon,\alpha}), p_{\varepsilon,\alpha} + 2\alpha x_{\varepsilon,\alpha}) \leq$$
$$H(y_{\varepsilon,\alpha}, v(y_{\varepsilon,\alpha}), p_{\varepsilon,\alpha}) - H(x_{\varepsilon,\alpha}, v(y_{\varepsilon,\alpha}), p_{\varepsilon,\alpha}) +$$
$$H(y_{\varepsilon,\alpha}, v(y_{\varepsilon,\alpha}), p_{\varepsilon,\alpha} - 2\alpha y_{\varepsilon,\alpha}) - H(y_{\varepsilon,\alpha}, v(y_{\varepsilon,\alpha}), p_{\varepsilon,\alpha}) +$$
$$H(x_{\varepsilon,\alpha}, v(y_{\varepsilon,\alpha}), p_{\varepsilon,\alpha}) - H(x_{\varepsilon,\alpha}, v(y_{\varepsilon,\alpha}), p_{\varepsilon,\alpha} + 2\alpha x_{\varepsilon,\alpha}) \, ,$$

où:

$$p_{\varepsilon,\alpha} = \frac{2(x_{\varepsilon,\alpha} - y_{\varepsilon,\alpha})}{\varepsilon^2} \, .$$

Il nous reste à appliquer (H2) au premier terme du membre de droite l'inégalité et (H11) aux deux autres. Nous affirmons que, si ε et α sont suffisamment petits, on a:

$$\gamma(u(x_{\varepsilon,\alpha}) - v(y_{\varepsilon,\alpha})) \leq m\left(|x_{\varepsilon,\alpha} - y_{\varepsilon,\alpha}|(1 + |p_{\varepsilon,\alpha}|)\right) +$$

$$n_\varepsilon(|2\alpha x_{\varepsilon,\alpha}|) + n_\varepsilon(|2\alpha y_{\varepsilon,\alpha}|) \, . \tag{2.22}$$

où la notation n_ε désigne un module de continuité de l'hamiltonien H sur l'ensemble $\mathbb{R}^N \times [-S_\varepsilon, S_\varepsilon] \times \overline{B}_{S_\varepsilon}$ où $S_\varepsilon = \max\left(R, \frac{1}{\varepsilon} + 1\right)$ et $R = \max(\|u\|_\infty, \|v\|_\infty)$. Un tel module de continuité existe d'après (H11).

Pour justifier (2.22) i.e. l'utilisation de (H11), nous devons estimer $|p_{\varepsilon,\alpha}|$, $|p_{\varepsilon,\alpha} + 2\alpha x_{\varepsilon,\alpha}|$ et $|p_{\varepsilon,\alpha} - 2\alpha y_{\varepsilon,\alpha}|$.

D'après le lemme 2.9, nous savons que $|p_{\varepsilon,\alpha}| = \frac{o(1)}{\varepsilon}$ puisque $\frac{|x_{\varepsilon,\alpha} - y_{\varepsilon,\alpha}|^2}{\varepsilon^2} \to 0$ quand $(\varepsilon,\alpha) \to 0$. De plus, on montre facilement que:

$$\alpha(|x_{\varepsilon,\alpha}|^2 + |y_{\varepsilon,\alpha}|^2) \leq 4R \, ,$$

et donc:
$$2\alpha|x_{\varepsilon,\alpha}| \, , \, 2\alpha|y_{\varepsilon,\alpha}| \leq 4\sqrt{\alpha R} \, .$$

On en déduit finalement que, pour ε et α suffisamment petits, on a les estimations suivantes:

$$|p_{\varepsilon,\alpha}| \, , \, |p_{\varepsilon,\alpha} + 2\alpha x_{\varepsilon,\alpha}| \, , \, |p_{\varepsilon,\alpha} - 2\alpha y_{\varepsilon,\alpha}| \leq \frac{1}{\varepsilon} + 4\sqrt{\alpha R} \leq S_{\varepsilon} \, .$$

L'inégalité (2.22) est ainsi justifiée.

Pour conclure, on fixe d'abord le paramètre ε et on fait tendre α vers 0: les deux termes $n_{\varepsilon}(|2\alpha x_{\varepsilon,\alpha}|)$ et $n_{\varepsilon}(|2\alpha y_{\varepsilon,\alpha}|)$ tendent alors vers 0 puisque $2\alpha|x_{\varepsilon,\alpha}|, 2\alpha|y_{\varepsilon,\alpha}| \leq 4\sqrt{\alpha R}$. Puis on fait tendre ε vers 0 en utilisant le lemme 2.9 et la preuve est complète.   □

Remarque 2.4 : *En combinant les techniques de cette section avec celles des sections précédentes, on obtient facilement des résultats d'unicité pour (1.1) dans le cas d'ouverts non bornés. Nous laissons la formulation de ces résultats ainsi que leurs preuves en exercices.*

Notes bibliographiques de la section 2.5

La présentation des résultats d'unicité dans $\mathbb{R}^N$ est ici peu habituelle: on commence généralement par le très classique théorème 2.11. Est-il besoin de préciser que ce résultat figurait déjà dans les premiers articles ([55], [51] et [128])? Le théorème 2.10 est tiré de M.G Crandall et P.L Lions[57].

Après les premiers résultats d'unicité dans $BUC(\mathbb{R}^N)$, les progrès réalisés ont surtout concerné la prise en compte de solutions non bornées: dans $UC(\mathbb{R}^N)$ d'abord (cf. M.G Crandall et P.L Lions[56], H. Ishii[101, 102, 103]) puis avec des conditions de croissance à l'infini plus générales (M.G Crandall et P.L Lions[57]). Il est à noter également des versions légèrement différentes des preuves d'unicité qui apparaissent dans chacun de ces articles. L'article de M.G Crandall, H. Ishii et P.L Lions[53] est un survey sur le sujet qui contient (déjà!) des résultats sur les solutions discontinues.

Dans le cas du deuxième ordre, l'unicité de solutions à croissance quadratique est obtenue dans M.G Crandall et P.L Lions[58].

2.6 Résultats d'existence

Dans cette partie, nous allons donner divers résultats d'existence de solutions pour des équations posées dans $I\!\!R^N$ puis montrer comment on peut les utiliser pour obtenir des résultats d'existence pour le problème de Dirichlet (au sens classique!) dans des ouverts bornés ou non bornés. Vu ce que l'on sera capable de faire avec des solutions discontinues, cette partie doit être plutôt comprise comme une revue de techniques de base pour les solutions de viscosité.

2.6.1 Cas des hamiltoniens coercifs dans $I\!\!R^N$

On s'intéresse à (2.19) dans le cas où H est coercif, i.e satisfait l'hypothèse:

(H3) $\qquad H(x, u, p) \to +\infty \qquad$ quand $|p| \to +\infty$,

uniformément pour $x \in I\!\!R^N$, $u \in [-R, R]$ ($\forall 0 < R < +\infty$).

On utilisera l'hypothèse suivante:

(H12) $\quad \exists M > 0$ tel que: $\quad H(x, -M, 0) \le 0 \le H(x, M, 0)$ dans $I\!\!R^N$.

Le résultat est le suivant:

Théorème 2.12 : *Sous les hypothèses* (H1)-(H3)-(H11)-(H12), *il existe une unique solution* $u \in W^{1,\infty}(I\!\!R^N)$ *de l'équation* (2.19). $\qquad\qquad$ □

Bien entendu, cet énoncé est un énoncé d'existence: l'unicité a lieu dans $\mathrm{BUC}(I\!\!R^N)$ en vertu du théorème 2.11; la solution est bien dans $\mathrm{BUC}(I\!\!R^N)$ puisqu'elle est dans $W^{1,\infty}(I\!\!R^N)$.

Preuve : On utilise la <u>méthode de Perron</u>. Soit S défini par:

$$S = \left\{ v \in W^{1,\infty}(I\!\!R^N) \,, \; v \text{ sous-solution de (2.19) et } -M \le v \le M \text{ dans } I\!\!R^N \right\}.$$

S est non vide car $-M \in S$; on définit alors u par:

$$u(x) = \sup_{v \in S} v(x) \,.$$

Le but de la preuve est de prouver que u est la solution de (2.19) que l'on cherche. Commençons par prouver que $u \in W^{1,\infty}(I\!\!R^N)$. Pour cela, on démontre le

Lemme 2.10 : *Si* (H3) *a lieu, toute sous-solution continue de* (2.19), *bornée dans* $I\!\!R^N$, *est dans* $W^{1,\infty}(I\!\!R^N)$. *De plus, si* $v \in S$, $||Dv||_\infty \le C$ *où la constante* C *ne dépend que de* H *et de* M. $\qquad\qquad$ □

La démonstration de ce lemme est tout à fait analogue à celle du lemme 2.5 donc nous la laissons en exercice au lecteur.

On en déduit facilement que $u \in W^{1,\infty}(\mathbb{R}^N)$: en effet, d'une part les inégalités $-M \leq u \leq M$ dans $\mathbb{R}^N$ sont une conséquence immédiate de la définition de u puisque $-M \leq v \leq M$ dans $\mathbb{R}^N$ pour tout $v \in \mathcal{S}$. D'autre part, pour tout $x, y \in \mathbb{R}^N$, on a:

$$
\begin{aligned}
u(x) - u(y) &= \sup_{v \in \mathcal{S}} v(x) - \sup_{v \in \mathcal{S}} v(y) \\
&\leq \sup_{v \in \mathcal{S}} (v(x) - v(y)) \\
&\leq C|x - y|,
\end{aligned}
$$

car, d'après le lemme 2.10, C est une constante de lipschitz pour tout $v \in \mathcal{S}$. Il est alors immédiat que u est C-lipschitzienne.

La deuxième étape consiste à prouver que u est une sous-solution. Pour cela, nous allons donner une série de lemmes.

Lemme 2.11 : *Si v_1 et v_2 sont deux sous-solutions continues de (2.19), alors $v = \sup(v_1, v_2)$ est une sous-solution continue de (2.19).*   □

Bien sûr, le corollaire immédiat du lemme qui va nous intéresser est que, si v_1, $v_2 \in \mathcal{S}$, alors $v = \sup(v_1, v_2) \in \mathcal{S}$. Prouvons le lemme en utilisant la formulation par surdifférentiels. Soit $x \in \mathbb{R}^N$, trois cas peuvent se produire:

1. $v_1(x) > v_2(x)$,

2. $v_1(x) < v_2(x)$,

3. $v_1(x) = v_2(x)$.

Dans les deux premier cas, la conclusion est immédiate car v vaut soit v_1 soit v_2 dans un voisinage de x et donc le surdifférentiel de v au point x est exactement celui de v_1 dans le premier cas et celui de v_2 dans le second cas. Si $v_1(x) = v_2(x)$, on a le résultat suivant:

$$D^+v(x) \subset D^+v_1(x) \cap D^+v_2(x).$$

En effet, soit $p \in D^+v(x)$, on a:

$$\frac{v_1(y) - v_1(x) - (p, y - x)}{|y - x|} \leq \frac{v(y) - v(x) - (p, y - x)}{|y - x|},$$

car $v_1 \leq v$ et $v_1(x) = v(x)$. En prenant la limsup quand y tend vers x, on conclut facilement car celle du membre de droite est négative puisque $p \in D^+v(x)$, donc celle du membre de gauche l'est aussi ce qui implique que $p \in D^+v_1(x)$. On procède de manière analogue pour v_2. Et la preuve du lemme est complète.   □

Nous continuons par le

Lemme 2.12 : *Si* $(v_n)_{n\geq 0}$ *est une suite d'éléments de* S *alors* $v = \sup\limits_{n\geq 0} v_n$ *est un élément de* S.   □

Preuve: Pour $n \geq 0$, on pose $w_n = \sup\limits_{p\leq n} v_p$. En utilisant le lemme 2.11 et en raisonnant par récurrence, il est immédiat que $w_n \in S$. En particulier, w_n satisfait:

$$-M \leq w_n \leq M \ , \ \|Dw_n\|_\infty \leq C \ ,$$

M et C étant indépendants de n. Il en résulte que w_n est une fonction lipschitzienne dans $I\!R^N$ de constante de lipschitz C. Un petit exercice élémentaire montre alors que $v = \sup\limits_{n\geq 0} w_n$ est aussi C−lipschitzienne. On applique alors le théorème de Dini qui nous dit que la suite $(w_n)_n$ qui converge simplement en croissant vers v converge en fait localement uniformément vers v. Le résultat du lemme est alors une conséquence du théorème de stabilité.   □

Enfin nous avons le

Lemme 2.13 : *Si* $(v_\alpha)_{\alpha\in A}$ *est une famille quelconque d'éléments de* S *alors* $v = \sup\limits_{\alpha\in A} v_\alpha$ *est un élément de* S.   □

Bien entendu, le fait que u est une sous-solution de (2.19) ou plus précisément que $u \in S$ est une conséquence immédiate de ce résultat en prenant $A = S$.

Preuve: Comme nous l'avons fait pour u à la suite du lemme 2.10, on vérifie facilement que $-M \leq v \leq M$ et que v est C−lipschitzienne. Pour prouver que v est une sous-solution de (2.19), on raisonne par surdifférentiels: soit $x \in I\!R^N$, il existe une suite $(\alpha_n)_n$ d'éléments de A telle que:

$$v(x) = \sup\limits_{n\geq 0} v_{\alpha_n}(x) \ .$$

D'après le lemme 2.12, $\tilde{v} = \sup\limits_{n\geq 0} v_{\alpha_n}$ est une sous-solution de (2.19). Or $v \geq \tilde{v}$ dans $I\!R^N$ et $v(x) = \tilde{v}(x)$ donc, par les mêmes arguments que dans la preuve du lemme 2.11, $D^+v(x) \subset D^+\tilde{v}(x)$ et la conclusion en découle immédiatement.   □

Il ne reste plus qu'à démontrer le

Lemme 2.14 : *u est une sursolution de (2.19).*   □

Preuve: On procède par l'absurde. Si u n'est pas une sursolution de (2.19), il existe $x \in I\!R^N$ et $\phi \in C^1(I\!R^N)$ tels que x est un point de minimum global de $u - \phi$ et:

$$H(x, u(x), D\phi(x)) < 0 \ . \tag{2.23}$$

Quitte à remplacer ϕ par $\phi + (u(x) - \phi(x))$ ce qui ne change pas son gradient, on peut supposer que $u(x) = \phi(x)$ et $u \geq \phi$ dans $I\!R^N$. On définit alors la fonction u_ε par:

$$\forall y \in I\!R^N \ , \quad u_\varepsilon(y) = \sup \left(u(y), \phi(y) + \varepsilon - |y - x|^2 \right) \ .$$

Nous prétendons que, pour $\varepsilon > 0$ suffisamment petit, u_ε est un élément de $\mathcal{S}$. Si tel est le cas, nous avons terminé car, comme $u_\varepsilon(x) = \phi(x) + \varepsilon > u(x)$, on a une contradiction avec la définition de u.

Tout d'abord, il est clair que $u_\varepsilon \geq -M$ car $u_\varepsilon \geq u \geq -M$. Remarquons ensuite que l'égalité $u_\varepsilon(y) = \phi(y) + \varepsilon - |y - x|^2$ n'est possible que si l'on a $|y - x|^2 \leq \varepsilon$ puisque $u \geq \phi$ dans $\mathbb{R}^N$. On en déduit immédiatement que u_ε est dans $W^{1,\infty}(\mathbb{R}^N)$ puisque u l'est d'après le lemme 2.10 et ϕ est régulière.

De plus, $u_\varepsilon \leq M$ pour ε assez petit; sinon cela signifierait que $u(x) = M$. On aurait alors:

$$\forall y \in \mathbb{R}^N , \quad \phi(y) \leq u(y) \leq M = u(x) = \phi(x) .$$

Et x étant un point de maximum de ϕ, cela donnerait finalement $D\phi(x) = 0$ et une contradiction car l'inégalité $H(x, M, 0) \geq 0$ et (2.23) auraient lieu en même temps.

Montrons enfin que u_ε est une sous-solution. En utilisant (2.23) et la continuité de H, on voit que la fonction $y \mapsto \phi(y) + \varepsilon - |y - x|^2$ est une sous-solution de $H = 0$ dans un voisinage de x. On utilise une nouvelle fois la remarque disant que l'égalité $u_\varepsilon(y) = \phi(y) + \varepsilon - |y - x|^2$ n'est possible que si $|y - x|^2 \leq \varepsilon$ et on conclut en appliquant le lemme 2.11 dans un petit voisinage de x puisqu'ailleurs $u_\varepsilon = u$. Ceci termine la preuve du lemme et du théorème. □

2.6.2 Le cas général dans $\mathbb{R}^N$

Le résultat est le suivant:

Théorème 2.13 : *Sous les hypothèses* (H1)-(H4)-(H11)-(H12), *il existe une unique solution* $u \in BUC(\mathbb{R}^N)$ *de l'équation* (2.19). □

Preuve : Le type de preuve utilisé est des plus classiques en EDP. Elle consiste en trois étapes:

1. Construction d'un problème approché: le but est de se ramener au cas d'un hamiltonien coercif.

2. Obtention de diverses estimations pour les solutions du problème approché: on estime ici, en particulier, leurs modules de continuité.

3. Passage à la limite grâce au résultat de stabilité et conclusion.

1ère étape : construction du problème approché.

On considère l'équation:

$$\varepsilon|Du_\varepsilon| + \tilde{H}(x, u_\varepsilon, Du_\varepsilon) + \gamma u_\varepsilon = 0 \quad \text{dans } \mathbb{R}^N , \tag{2.24}$$

où $\varepsilon > 0$ est destiné à tendre vers 0 et $\tilde{H}$ est défini par:

$$\tilde{H}(x,t,p) = \begin{cases} \text{Max}(-\gamma\overline{M}, \text{Min}(H(x,\overline{M},p) - \gamma\overline{M}, \gamma\overline{M})) & \text{si } t > \overline{M} , \\[2mm] \text{Max}(-\gamma\overline{M}, \text{Min}(H(x,t,p) - \gamma t, \gamma\overline{M})) & \text{si } -\overline{M} \leq t \leq \overline{M} , \\[2mm] \text{Max}(-\gamma\overline{M}, \text{Min}(H(x,-\overline{M},p) + \gamma\overline{M}, \gamma\overline{M})) & \text{si } t > \overline{M} , \end{cases}$$

où $\overline{M} > M$ donné par (H12) et $\gamma = \gamma_{\overline{M}}$ donné par (H1).

La construction de ce problème est motivée par le lemme 2.6: en effet, "si tout se passe bien", on montrera par passage à la limite l'existence d'une solution de l'équation:

$$\tilde{H}(x,u,Du) + \gamma u = 0 \quad \text{dans } \mathbb{R}^N , \tag{2.25}$$

qui vérifie $-M \leq u \leq M$ dans $\mathbb{R}^N$. Mais alors, grâce au lemme 2.6, nous saurons qu'elle est aussi solution de (2.19) puisque $\overline{M} > M \geq ||u||_\infty$.

Remarque 2.5 : *La construction d'un problème approché qui satisfait* (H3) *pour l'équation* (2.25) *ne pose aucun problème car l'hamiltonien $\tilde{H}$ est borné: il suffit d'ajouter un terme de perturbation du type $\varepsilon|Du_\varepsilon|$, ce que nous avons fait pour obtenir* (2.24). *Au contraire, il paraît beaucoup plus délicat de faire une telle construction directement sur l'équation* (2.19): *le terme de perturbation doit alors dépendre de H et le définir n'est pas chose facile. C'est à cause de cette (relative) simplicité que nous avons introduit* (2.24).

On vérifie facilement que les hypothèses du théorème 2.12 sont satisfaites par l'hamiltonien de l'équation (2.24); en particulier, $-M$ et M sont encore respectivement sous et sursolutions de (2.24). Il existe donc une unique solution $u_\varepsilon \in W^{1,\infty}(\mathbb{R}^N)$ de (2.24). De plus, par la construction faite dans la preuve du théorème 2.12 (ou par l'unicité), on a $-M \leq u_\varepsilon \leq M$ dans $\mathbb{R}^N$.

2ème étape : estimations des modules de continuité des u_ε.

Nous allons obtenir des estimations uniformes en ε du module de continuité de u_ε. Pour cela, on va décrire de manière générale comment on obtient un module de continuité pour la solution de (2.19).

On commence par le:

Lemme 2.15 : *Soit u une solution continue bornée de* (2.19). *On suppose que* (H1) *a lieu et on pose $\gamma = \gamma_R$ où $R = ||u||_\infty$. La fonction w, définie sur $\mathbb{R}^N \times \mathbb{R}^N$ par $w(x,y) = u(x) - u(y)$, est une sous-solution de:*

$$\gamma w + \min_{-R \leq t \leq R} [H(x,t,D_x w) - H(y,t,-D_y w)] = 0 \quad \text{dans } \{w > 0\} . \tag{2.26}$$

□

Donnons tout de suite une preuve rapide du lemme: tout se passe en fait comme pour le dédoublement de variable de la preuve d'unicité. Soit ψ une fonction de classe C^1 et (x_0, y_0) un point de maximum local de $w - \psi$ vérifiant $w(x_0, y_0) = u(x_0) - u(y_0) > 0$. En raisonnant comme dans la preuve du théorème 2.4, on est conduit aux inégalités de viscosité:

$$H(x_0, u(x_0), D_x\psi(x_0, y_0)) \leq 0 \,,$$

et:

$$H(y_0, u(y_0), -D_y\psi(x_0, y_0)) \geq 0 \,.$$

On soustrait alors ces deux inégalités puis on utilise (H1) en se rappelant que $u(x_0) - u(y_0) > 0$:

$$\gamma(u(x_0) - u(y_0)) + \Big[H(x_0, u(y_0), D_x\psi(x_0, y_0)) - H(y_0, u(y_0), -D_y\psi(x_0, y_0))\Big] \leq 0 \,.$$

Et on conclut facilement car $-R \leq u(y_0) \leq R$. □

Pour obtenir un module de continuité, il suffit alors de construire pour (2.26) une ou des sursolutions ad hoc.

Pour cela, on suppose que H satisfait (H2) et on pose $m = m_R$. Sans perte de généralité, on peut supposer que m vérifie:

$$\forall t, s > 0 \,, \quad m(t + s) \leq m(t) + m(s) \,,$$

et donc, pour tout $\eta > 0$, il existe $C(\eta) > 0$ tel que:

$$\forall t > 0 \,, \quad m(t) \leq \eta + C(\eta)t \,.$$

Ces deux affirmations faisant l'objet d'un exercice. On démontre alors le:

Lemme 2.16 : *Il existe des constantes $0 < \alpha(\eta) \leq 1$ et $K(\eta) > 0$ telles que, pour tout $\eta > 0$, la fonction Δ_η définie par:*

$$\Delta_\eta(x, y) = \frac{\eta}{\gamma} + K(\eta)|y - x|^{\alpha(\eta)} \,,$$

soit une sursolution de (2.26) sur le domaine $\{(x, y); 0 < |y - x| < 1\}$. De plus, on peut choisir $K(\eta)$ de telle sorte que $\Delta_\eta \geq w$ si $|y - x| = 1$. □

Preuve : Comme Δ_η est de classe C^1 sur le domaine considéré, on vérifie simplement que:

$$\gamma\Delta_\eta(x, y) + \min_{-R \leq t \leq R} [H(x, t, D_x\Delta_\eta(x, y)) - H(y, t, -D_y\Delta_\eta(x, y))] \geq 0 \,,$$

en tout point (x, y) tels que $0 < |y - x| < 1$. En utilisant (H2) et les propriétés de m rappelées plus haut, il suffit d'avoir:

$$\gamma\Delta_\eta(x, y) - \eta - C(\eta)|x - y|(1 + |D_x\Delta_\eta(x, y)|) \geq 0 \,,$$

car $D_x\Delta_\eta(x, y) = -D_y\Delta_\eta(x, y)$. On choisit alors $\alpha(\eta) = \inf(1, \frac{\gamma}{2C(\eta)})$. Des calculs très simples montrent alors que l'inégalité ci-dessus équivaut à:

$$\frac{\gamma}{2}K(\eta)|y - x|^{\alpha(\eta)} \geq C(\eta)|y - x| \,,$$

pour $0 < |y - x| < 1$. De plus, on veut que $\Delta_\eta \geq w$ si $|y - x| = 1$: il suffit pour cela d'avoir $K(\eta) \geq 2R$. Finalement, en choisissant:

$$K(\eta) = \sup\left(\frac{2C(\eta)}{\gamma}, 2R\right),$$

on a toutes les propriétés désirées.   □

On utilise alors un résultat d'unicité pour l'équation (2.26) dans le domaine $\mathcal{O} = \{w > 0\} \cap \{(x,y); 0 < |y - x| < 1\}$. En effet, w est une sous-solution de (2.26) dans ce domaine alors que Δ_η y est une sursolution; de plus, $w \leq \Delta_\eta$ sur le bord et on vérifie facilement que l'hamiltonien satisfait les hypothèses nécessaires. On a, en fait, pour tout $\eta > 0$:

$$w \leq \Delta_\eta \quad \text{dans } \mathbb{R}^N.$$

En effet, cette inégalité résulte de l'unicité dans l'ouvert $\mathcal{O}$, elle est triviale ailleurs.

Finalement, on a:

$$\forall x, y \in \mathbb{R}^N, \quad u(x) - u(y) \leq \Gamma(|y - x|),$$

où:

$$\Gamma(t) = \inf_{\eta > 0}\left\{\frac{\eta}{\gamma} + K(\eta)t^{\alpha(\eta)}\right\}.$$

C'est un exercice simple (mais à faire!) de montrer que $\Gamma(t) \to 0$ quand $t \to 0^+$. Donc Γ est un module de continuité uniforme pour u.

On revient à la preuve du théorème. Comme l'hamiltonien de l'équation (2.24) satisfait (H1) et (H2) avec γ et m indépendants de ε, il est clair, d'après ce qui précède, que l'on a pour les u_ε un module de continuité uniforme par rapport à $\varepsilon > 0$. On passe alors à la

3ème étape : passage à la limite et conclusion.

On applique le théorème d'Ascoli sur une suite exhaustive de compacts dans $\mathbb{R}^N$ puis on utilise un argument d'extraction diagonale: il existe donc une suite extraite de la suite $(u_\varepsilon)_\varepsilon$ qui converge uniformément sur tout compact de $\mathbb{R}^N$ vers une fonction u qui est dans $BUC(\mathbb{R}^N)$ par les estimations uniformes que l'on a. Par le résultat de stabilité, u est une solution de (2.25) et donc de (2.19) par le lemme 2.6. Et la preuve est complète.   □

Avant de donner des conséquences de ce résultat, un exercice de "régularité":

Exercice :

1. *On suppose que H satisfait (H8), (H9) et (H10). Montrer qu'une solution continue bornée de (2.19) (qui satisfait donc (2.20)) est alors:*

   dans $W^{1,\infty}(\mathbb{R}^N)$ si $\gamma > C$,

   - *dans $C^{0,\alpha}(\mathbb{R}^N)$ pour tout $0 < \alpha < 1$ si $\gamma = C$,*

- dans $C^{0,\alpha}(\mathbb{R}^N)$ avec $\alpha = \dfrac{\gamma}{C}$ si $\gamma < C$.

2. *Montrer que, pour tout $0 < \alpha < 1$, la fonction u_α définie par:*

$$u_\alpha(x) = \begin{cases} |x| - \dfrac{|x|^\alpha - |x|}{\alpha - 1} & \text{si } |x| \le 1, \\ 1 & \text{si } |x| > 1, \end{cases}$$

est l'unique solution de l'équation:

$$-|x|.|Du| + \alpha u = \alpha \min(|x|, 1) \quad \text{dans } \mathbb{R}^N.$$

Montrer de même que la fonction u_1 définie par:

$$u_1(x) = \begin{cases} |x| - |x| \log(|x|) & \text{si } |x| \le 1, \\ 1 & \text{si } |x| > 1, \end{cases}$$

est l'unique solution de l'équation quand $\alpha = 1$.

3. *En déduire que le résultat de la question 1. est optimal*

2.6.3 Application au problème de Dirichlet

Nous allons maintenant donner une application du théorème 2.13 au problème de Dirichlet. On associe donc à (1.1) la condition aux limites:

$$u = \varphi \quad \text{sur } \partial\Omega, \tag{2.27}$$

où φ est une fonction continue.

On ne pourra pas résoudre ce problème pour n'importe quelle fonction φ; pour les équations du premier ordre, des propriétés de <u>compatibilité des conditions aux limites</u> sont nécessaires pour résoudre un problème de Dirichlet. Un exemple simple permettant de comprendre pourquoi de telles propriétés sont nécessaires est le suivant:

$$|u'| = 1 \quad \text{dans }]0,1[\quad, \quad u(0) = 0, \; u(1) = 2.$$

Bien entendu, dans ce cas, il n'y a pas de solution à cause du théorème des accroissements finis. En fait, les conditions aux limites de Dirichlet "au sens classique" ne sont pas "naturelles" (au moins du point de vue du contrôle optimal) pour les équations de Hamilton-Jacobi. On verra plus tard comment les généraliser de façon naturelle.

Une manière simple quoique très académique d'être certain que la compatibilité des conditions aux limites a lieu est de faire l'hypothèse suivante:

(H13) Il existe $\underline{u}$ et $\overline{u}$ dans $BUC(\overline{\Omega})$ respectivement sous-solution et sursolution de viscosité de (1.1), vérifiant:

$$\underline{u} = \overline{u} = \varphi \quad \text{sur } \partial\Omega.$$

Le résultat est le suivant:

Théorème 2.14 : *Sous les hypothèses* (H1)-(H4)-(H11)-(H13), *il existe une unique solution* $u \in BUC(\overline{\Omega})$ *de* (1.1)-(2.27).   □

Il est curieux de constater que ce résultat ne nécessite aucune hypothèse particulière sur l'ouvert Ω: il peut être à la fois non borné et non régulier. Mais, en pratique, on aura souvent besoin de certaines propriétés de $\partial\Omega$ pour utiliser le théorème 2.14: en effet, la construction des sous et sursolutions $\underline{u}$ et $\overline{u}$ s'effectue généralement à l'aide de la fonction distance au bord et elle n'est réalisable que si cette fonction (et donc $\partial\Omega$) possède une certaine régularité.

Preuve : On va se ramener à utiliser le résultat dans $\mathbb{R}^N$ grâce à un raffinement du lemme 2.6. On considère des prolongements à $\mathbb{R}^N$ de $\underline{u}$, $\overline{u}$ et φ que l'on note de la même manière, qui sont dans $BUC(\mathbb{R}^N)$ et qui vérifient:

$$\underline{u} = \overline{u} = \varphi \quad \text{dans } \mathbb{R}^N - \Omega .$$

On pose $R = \max\left(\|\underline{u}\|_\infty, \|\overline{u}\|_\infty\right)$ et $\gamma = \gamma_R$ donné par (H1).

On considère enfin l'équation:

$$\text{Max}(-\gamma\overline{u}, \text{Min}(H(x, u, Du) - \gamma u, -\gamma\underline{u})) + \gamma u = 0 \quad \text{dans } \mathbb{R}^N . \qquad (2.28)$$

On vérifie facilement que l'hamiltonien de l'équation (2.28) satisfait les hypothèses du théorème 2.13 et donc comme (H12) est satisfait par $M = R$, il existe une unique solution $u \in BUC(\mathbb{R}^N)$ de (2.28). De plus, comme $\underline{u}$ et $\overline{u}$ sont encore respectivement sous et sursolution de viscosité de (2.28), on a, par le résultat d'unicité:

$$\underline{u} \le u \le \overline{u} \quad \text{dans } \mathbb{R}^N .$$

Il reste à prouver que la restriction de u à $\overline{\Omega}$ est solution de (1.1)-(2.27).

De l'inégalité $\underline{u} \le u \le \overline{u}$ dans $\mathbb{R}^N$, on tire tout d'abord le fait que $u = \varphi$ sur $\mathbb{R}^N - \Omega$; en effet, $\underline{u} = \overline{u} = \varphi$ dans $\mathbb{R}^N - \Omega$. Il en résulte immédiatement que la condition de Dirichlet (2.27) est satisfaite puisque u est continu.

La vérification du fait que u est solution de (1.1) est quasiment identique à la preuve du lemme 2.6: on refait le raisonnement seulement pour la propriété de sous-solution en utilisant la définition par surdifférentiels. Si $x \in \Omega$ et si $p \in D^+u(x)$, comme u est sous-solution de (2.28), on a:

$$\text{Max}(-\gamma\overline{u}(x), \text{Min}(H(x, u(x), p) - \gamma u(x), -\gamma\underline{u}(x))) + \gamma u(x) \le 0 .$$

Ce qui implique:

$$\text{Min}(H(x, u(x), p) - \gamma u(x), -\gamma\underline{u}(x)) + \gamma u(x) \le 0 ,$$

ou de manière équivalente:

$$\text{Min}(H(x, u(x), p), \gamma u(x) - \gamma\underline{u}(x)) \le 0 .$$

Deux cas sont possibles: si $u(x) > \underline{u}(x)$ alors $H(x, u(x), p) \le 0$. Si $u(x) = \underline{u}(x)$, on raisonne de la manière suivante: $\underline{u} \le u$ dans $\mathbb{R}^N$ et $\underline{u}(x) = u(x)$ donc d'après les arguments donnés dans la preuve du lemme 2.11, $D^+u(x) \subset D^+\underline{u}(x)$. Or, d'après (H13), $\underline{u}$ est une sous-solution de (1.1) donc $H(x, \underline{u}(x), p) \leq 0$ car la propriété $p \in D^+u(x)$ implique $p \in D^+\underline{u}(x)$. Comme $\underline{u}(x) = u(x)$, la preuve est complète. $\square$

Exercice : *Etudier les propriétés d'existence pour l'équation d'évolution:*

$$\frac{\partial u}{\partial t} + H(x, t, Du) = 0 \quad dans \ I\!\!R^N \times (0, +\infty) ,$$

associée à la condition initiale:

$$u(x, 0) = u_0 \quad dans \ I\!\!R^N ,$$

où u_0 est une fonction donnée. (On commencera par le cas $u_0 \in W^{1,\infty}(I\!\!R^N)$.)

Notes bibliographiques de la section 2.6

La méthode de Perron que nous présentons ici dans un cadre très simplifié a été introduite pour les équations de Hamilton-Jacobi par H. Ishii[104]: cette méthode très générale est valable pour les équations du deuxième ordre et pour des solutions discontinues. Un exercice situé plus loin dans le texte invite le lecteur à s'en convaincre.

Le lemme 2.15 est également dû à H. Ishii[103] qui le formule, de manière plus générale, pour $w(x, y) = u(x) - v(y)$ où u et v sont respectivement sous et sursolutions de (2.19). Outre son utilisation pour l'estimation de modules de continuité de solutions, il peut être aussi une étape dans la preuve de résultats d'unicité: c'est une des versions possibles qui est décrite en détails dans M.G Crandall, H. Ishii et P.L Lions[53]. D'autres techniques pour prouver des résultats de régularité sont proposées dans P.L Lions[128, 132, 134] ou dans [13] et [14] dans le cas du premier ordre et dans H. Ishii et P.L Lions[110] ou dans [15, 16] pour les équations du deuxième ordre.

Les premiers résultats d'existence de solutions continues sont obtenus dans P.L Lions[128, 134] via une méthode de régularisation elliptique. Des extensions sont ensuite obtenues par P.E Souganidis[151], par l'auteur[10] et par P.L Lions et l'auteur[26]. L'idée consistant à introduire l'équation (2.28), ce qui simplifie radicalement le traitement des conditions de Dirichlet classiques, est issue de [10].

3. PROBLEMES DE CONTROLE DETERMINISTE DANS $I\!R^N$

3 1 Problèmes de contrôle optimal déterministe en horizon infini: le cas standard

Nous allons décrire dans cette partie divers problèmes de contrôle optimal déterministe dont le point commun est l'absence de contrainte: la variable x décrivant l'état du système considéré est un élément de $I\!R^N$. Dans ce cadre, on montre relativement facilement que la "fonction-valeur" est continue: on pourra alors utiliser la théorie des solutions de viscosité pour prouver que cette "fonction-valeur" est l'unique solution du problème de Hamilton-Jacobi-Bellman associé.

3.1.1 Description du problème

On considère un système dont l'état est décrit par la solution y_x de l'équation différentielle ordinaire:

$$\begin{cases} \dot{y}_x(t) = b(y_x(t), v(t)) & \text{pour } t > 0 \, , \\ y_x(0) = x \in I\!R^N \, . \end{cases} \tag{3.1}$$

où b est une application continue de $I\!R^N \times V$ dans $I\!R^N$, V est un espace métrique compact, l'espace des contrôles et $v(.)$, le <u>contrôle</u>, est une fonction mesurable de $]0, +\infty[$ à valeurs dans V. L'équation (3.1) est souvent appelée <u>dynamique</u> du système. Pour assurer l'existence et l'unicité d'une solution y_x de (3.1) définie pour tout temps, on suppose:

$$\begin{cases} |b(x,v) - b(y,v)| \leq C|y - x| \, , \ |b(x,v)| \leq C \, , \\ b \text{ est continue de } I\!R^N \times V \text{ dans } I\!R^N \, . \end{cases} \tag{3.2}$$

où C est une constante indépendante de $v \in V$.

Il est bien clair que la trajectoire y_x dépend non seulement de x mais aussi du choix du contrôle $v(.)$. Pour alléger les notations, il est habituel d'omettre cette dépendance par rapport au contrôle. Nous utiliserons cette convention en essayant, bien entendu, de lever les éventuelles ambiguïtés qu'elle génère inévitablement.

On définit alors le critère (le coût):

$$J(x, v(.)) = \int_0^{+\infty} f(y_x(t), v(t))e^{-\lambda t}dt \, , \qquad (3.3)$$

où $\lambda > 0$ est le taux d'actualisation et f, le coût instantané, satisfait:

$$\begin{cases} |f(x,v) - f(y,v)| \leq C|y - x| \, , \ |f(x,v)| \leq C \, , \\ f \text{ est continue de } I\!R^N \times V \text{ dans } I\!R \, . \end{cases} \qquad (3.4)$$

Le but est de minimiser la fonctionnelle J en agissant sur le contrôle et d'essayer de calculer (quand il existe) le "contrôle optimal" qui donne le minimum de J. Pour résoudre ce problème, R. Bellman a eu l'idée d'introduire la fonction-valeur u définie par:

$$u(x) = \inf_{v(.) \in L^\infty((0, +\infty), V)} J(x, v(.)) \, . \qquad (3.5)$$

Pourquoi introduit-on cette fonction u? En effet, on pourrait se contenter de minimiser J pour x fixé. Mais, d'une part, ce problème n'est pas simple à résoudre en pratique car l'espace des contrôles $v(.)$ ne possède pas de "bonnes" propriétés de compacité et, d'autre part, on peut être amené à résoudre ce problème pour de nombreux points x.

L'idée de Bellman a été la suivante: supposons que u est une fonction régulière alors on prouve que u est solution de l'"équation de Bellman":

$$\sup_{v \in V} \{-b(x,v).Du + \lambda u - f(x,v)\} = 0 \quad \text{dans } I\!R^N \, . \qquad (3.6)$$

Continuons l'heuristique en supposant que le "sup" ci-dessus est atteint, pour tout $x \in I\!R^N$, en un seul $v \in V$; v ne dépend que de x via u, Du et les données du problème. S'il en dépend de manière régulière alors on montre que ce $v(x)$ est un contrôle optimal en "feed-back", i.e. c'est le contrôle que l'on doit utiliser lorsque l'on se trouve au point x. En d'autres termes, la trajectoire optimale, c'est-à-dire la trajectoire associée au contrôle optimal, est donnée par:

$$\dot{y}_x(t) = b(y_x(t), v(y_x(t))) \quad \text{pour } t > 0 \, . \qquad (3.7)$$

L'avantage de cette approche est double: d'abord il est très agr´able en pratique d'avoir ce type de contrôle optimal qui ne dépend que de l'état du système et pas de la variable t plus artificielle. En effet, le système peut être ainsi géré de manière automatique. Ensuite, on a résolu tous les problèmes de minimisation et on a calculé tous les contrôles optimaux à la fois par le simple calcul de u.

Malheureusement, en général, u est très peu régulier et l'heuristique ci-dessus ne sera pas valable. Mais, bien sûr, l'étude des propriétés de la fonction-valeur donne des renseignements importants sur le problème de contrôle.

3.1.2 Le Principe de la Programmation Dynamique

Il s'agit du résultat suivant:

Théorème 3.1 : *Sous les hypothèses (3.2)-(3.4) et $\lambda > 0$, la fonction-valeur u satisfait:*

$$u(x) = \inf_{v(.)} \left[\int_0^T f(y_x(t), v(t)) e^{-\lambda t} dt + u(y_x(T)) e^{-\lambda T} \right] \qquad (3.8)$$

pour tout $T > 0$.   □

Ce résultat est une des bases du contrôle optimal: il permet, en particulier, de relier la valeur de u au point x avec ses valeurs en des points voisins ce qui nous conduira à l'équation satisfaite par u.

Preuve : On note $\tilde{u}$ le deuxième membre de (3.8) où $T > 0$ est fixé. On va prouver successivement les inégalités $u \leq \tilde{u}$ et $\tilde{u} \leq u$.

Pour la première inégalité, on considère un contrôle quelconque $v(.)$ et on note $z = y_x(T)$. Pour $u(z)$, il existe un contrôle ε−optimal, $v^\varepsilon(.)$, i.e. satisfaisant:

$$u(z) + \varepsilon \geq \int_0^{+\infty} f(y_z^\varepsilon(t), v^\varepsilon(t)) e^{-\lambda t} dt \, ,$$

où y_z^ε est la trajectoire, issue de z, associée au contrôle $v^\varepsilon(.)$. On construit alors pour $u(x)$ un contrôle $\tilde{v}(.)$ de la manière suivante:

$$\tilde{v}(t) = \begin{cases} v(t) & \text{si } 0 \leq t \leq T, \\ v^\varepsilon(t - T) & \text{si } t > T. \end{cases}$$

Si $\tilde{y}_x$ est la trajectoire associée au contrôle $\tilde{v}$, on a alors:

$$u(x) \leq \int_0^{+\infty} f(\tilde{y}_x(t), \tilde{v}(t)) e^{-\lambda t} dt \, .$$

D'où l'on tire:

$$u(x) \leq \int_0^T f(\tilde{y}_x(t), v(t)) e^{-\lambda t} dt + \int_T^{+\infty} f(\tilde{y}_x(t), v^\varepsilon(t - T)) e^{-\lambda t} dt \, .$$

En faisant le changement de variable $s = t - T$ dans la deuxième intégrale, on obtient:

$$u(x) \leq \int_0^T f(\tilde{y}_x(t), v(t)) e^{-\lambda t} dt + e^{-\lambda T} \int_0^{+\infty} f(\tilde{y}_x(T + s), v^\varepsilon(s)) e^{-\lambda s} ds \, .$$

Or il est clair que $\tilde{y}_x(t) = y_x(t)$ si $0 \leq t \leq T$ car ces deux trajectoires sont issues du même point et elles sont associées au même contrôle $v(.)$ sur l'intervalle $[0, T]$. En particulier, on a $\tilde{y}_x(T) = y_x(T) = z$ et le même argument montre que $\tilde{y}_x(T + s) = y_z^\varepsilon(s)$ pour tout $s \geq 0$. Par conséquent, la deuxième intégrale dans l'inégalité précédente n'est autre que $J(z, v^\varepsilon(.))$. On en déduit finalement:

$$u(x) \leq \int_0^T f(y_x(t), v(t))e^{-\lambda t}dt + e^{-\lambda T}\left(u(y_x(T)) + \varepsilon\right).$$

Et on conclut en faisant tendre ε vers 0 puis en prenant l'infimum sur $v(.)$ qui est arbitraire sur $(0, T)$.

Pour l'inégalité opposée, on considère un contrôle v^ε, ε−optimal pour $u(x)$. On note y_x^ε la trajectoire associée. Grâce aux mêmes manipulations, on obtient:

$$u(x) + \varepsilon \geq \int_0^T f(y_x^\varepsilon(t), v^\varepsilon(t))e^{-\lambda t}dt + e^{-\lambda T}\int_0^{+\infty} f(y_x^\varepsilon(t+T), v^\varepsilon(t+T))e^{-\lambda t}dt.$$

On utilise alors simplement le fait que

$$\int_0^{+\infty} f(y_x^\varepsilon(t+T), v^\varepsilon(t+T))e^{-\lambda t}dt \geq u(y_x^\varepsilon(T)).$$

Et on conclut en remarquant que:

$$\int_0^T f(y_x^\varepsilon(t), v^\varepsilon(t))e^{-\lambda t}dt + e^{-\lambda T}u(y_x^\varepsilon(T)) \geq \tilde{u}(x).$$

$\square$

Le Principe de la Programmation Dynamique peut prendre diverses formes: outre celle que nous venons de voir, il y a la version "semi-groupe" de l'introduction; voyons-en une dernière en exercice:

Exercice : *On pose:*

$$u(x) = \inf\{\int_0^1 Q(\xi)|\dot{\xi}|^2 dt \; ; \; \xi \in H^1(0, 1, \mathbb{R}^N), \xi(0) = x, \xi(1) = 0\},$$

où $Q \geq \nu > 0$ dans $\mathbb{R}^N$ est une fonction lipschitzienne.

1. *Montrer que, pour tout $T \in (0, 1)$:*

$$u(x) = \inf\{\int_0^T Q(\xi)|\dot{\xi}|^2 dt + \frac{u(\xi(T))}{1-T} \; ; \; \xi \in H^1(0, 1, \mathbb{R}^N), \xi(0) = x\}.$$

2. *Prouver que u est continue.*

3. *En utilisant les sections suivantes, prouver que u est solution de:*

$$\frac{|Du|^2}{4Q(x)} = u \text{ dans } \mathbb{R}^N, u(0) = 0.$$

4. *Montrer que cette équation a une unique solution (on remarquera que toute solution est nécessairement positive, on fera le changement de fonction $u \to \sqrt{u}$ puis on pensera au changement de variable de type Kruzkov).*

3.1.3 Régularité de la fonction-valeur

Pour montrer que u est solution de viscosité de (3.6) puis qu'elle est l'unique solution de (3.6), il faut commencer par prouver que u est continue et même uniformément continue. C'est le but de cette section. On note:

$$\lambda_0 = \sup_{\substack{v \in V \\ x \neq x'}} \frac{(b(x,v) - b(x',v), x - x')}{|x - x'|^2} .$$

On a le

Théorème 3.2 : *Sous les hypothèses (3.2)-(3.4) et $\lambda > 0$, on a:*

$u \in W^{1,\infty}(\mathbb{R}^N)$ *si* $\lambda > \lambda_0$,

$u \in C^{0,\alpha}(\mathbb{R}^N) \cap L^\infty(\mathbb{R}^N)$ *pour tout* $0 < \alpha < 1$ *si* $\lambda = \lambda_0$,

- $u \in C^{0,\alpha}(\mathbb{R}^N) \cap L^\infty(\mathbb{R}^N)$ *avec* $\alpha = \frac{\lambda}{\lambda_0}$ *si* $\lambda < \lambda_0$.

$\square$

Preuve : On utilise le lemme:

Lemme 3.1 : *Soient $x, x' \in \mathbb{R}^N$ et $y_x, y_{x'}$ deux trajectoires issues respectivement de x et x' associées au même contrôle $v(.)$. Alors:*

$$\forall t > 0 , \quad |y_x(t) - y_{x'}(t)| \leq |x - x'|e^{\lambda_0 t} .$$

$\square$

La preuve de ce lemme est une conséquence facile du lemme de Gronwall et elle est donc laissée au lecteur. On revient à la preuve du théorème.

Comme f est borné et $\lambda > 0$, u est borné; plus précisément:

$$\|u\|_\infty \leq \frac{\|f\|_\infty}{\lambda} .$$

La seule difficulté réside dans l'estimation du module de continuité de u.

Traitons d'abord le cas $\lambda > \lambda_0$. Soient $x, x' \in \mathbb{R}^N$. En utilisant l'inégalité $\inf(\cdots) - \inf(\cdots) \leq \sup(\cdots - \cdots)$, on obtient:

$$u(x) - u(x') \leq \sup_{v(.)} \left(\int_0^{+\infty} [f(y_x(t), v(t)) - f(y_{x'}(t), v(t))]e^{-\lambda t}dt \right) .$$

Or f est lipschitzien en x donc:

$$u(x) - u(x') \leq \sup_{v(.)} \left(\int_0^{+\infty} C|y_x(t) - y_{x'}(t)|e^{-\lambda t}dt \right) .$$

Après l'utilisation du lemme 3.1, un calcul très simple conduit à:

$$u(x) - u(x') \leq \frac{C}{\lambda - \lambda_0}|x - x'| \, ,$$

ce qui donne à la fois le caractère lipschitz de u et une estimation de sa norme de lipschitz.

Si $\lambda < \lambda_0$, on utilise le Principe de la Programmation Dynamique (3.8) et le même argument de départ conduit à:

$$u(x) - u(x') \leq \sup_{v(.)} \left(\int_0^T [f(y_x(t), v(t)) - f(y_{x'}(t), v(t))]e^{-\lambda t}dt + \right.$$
$$\left. [u(y_x(T)) - u(y_{x'}(T))]e^{-\lambda T} \right) \, .$$

On calcule comme précédemment pour le premier terme et on utilise le fait que u est borné pour le deuxième:

$$u(x) - u(x') \leq \frac{C}{\lambda_0 - \lambda}|x - x'|(e^{(\lambda_0 - \lambda)T} - 1) + 2\|u\|_\infty e^{-\lambda T} \, .$$

L'idée est alors de choisir un T optimal i.e. qui minimise le membre de droite; pour simplifier, prenons:

$$e^{-T} = |x - x'|^{\frac{1}{\lambda_0}} \, ,$$

(rappelons que, pour prouver qu'une fonction est höldérienne, il suffit de le faire pour $|x - x'| < 1$) et un calcul trivial termine ce cas.

Le cas $\lambda = \lambda_0$ se traite de manière similaire; nous le laissons donc au lecteur.
□

Exercice : *On suppose que, pour tout $v \in V$, $b(.,v)$ et $f(.,v)$ sont dans $W^{2,\infty}(\mathbb{R}^N)$ et que:*

$$\|b(.,v)\|_{2,\infty} \, , \ \|f(.,v)\|_{2,\infty} \leq C \, ,$$

où la constante C ne dépend pas de v.

1. *Montrer que, si $\lambda > 0$ est assez grand, u est semi-concave i.e. que u vérifie:*

$$\exists K > 0, \quad u(x+h) + u(x-h) - 2u(x) \leq K|x|^2 \qquad \forall x, h \in \mathbb{R}^N \, .$$

2. *Montrer que cette propriété de semi-concavité équivaut à:*

$$D^2 u \leq K \quad dans \ \mathcal{D}'(\mathbb{R}^N) \, .$$

3.1.4 L''quation de Bellman

Le résultat final de cette partie est le:

Théorème 3.3 : *Sous les hypothèses* (3.2)-(3.4) *et* $\lambda > 0$, *la fonction-valeur* u *du problème de contrôle est l'unique solution dans* $BUC(\mathbb{R}^N)$ *de l'équation de Bellman:*

$$H(x, u, Du) = 0 \quad dans \ \mathbb{R}^N \ , \tag{3.9}$$

où:

$$H(x, u, p) = \sup_{v \in V} \{-b(x, v).p + \lambda u - f(x, v)\} \ . \tag{3.10}$$

□

Preuve : Le fait que u soit dans $BUC(\mathbb{R}^N)$ résulte du théorème 3.2 et l'unicité est, au choix, une conséquence du théorème 2.10 ou du théorème 2.11. (On vérifiera en exercice que l'hamiltonien (3.10) satisfait bien les hypothèses!)

Il reste à montrer que u est solution de (3.9). Commençons par prouver que u est sous-solution. Soit $\phi \in C^1(\mathbb{R}^N)$. Si x est un point de maximum local de $u - \phi$, on peut supposer, sans perte de généralité, que $u(x) = \phi(x)$. Il existe donc $r > 0$ tel que:

$$\forall y \in B(x, r), \quad u(y) \leq \phi(y) \ .$$

On utilise le Principe de la Programmation Dynamique (3.8) avec un contrôle constant $v(t) \equiv v \in V$; il en résulte l'inégalité:

$$u(x) \leq \int_0^T f(y_x(t), v) e^{-\lambda t} dt + u(y_x(T)) e^{-\lambda T} \ . \tag{3.11}$$

Or b étant borné, $y_x(T)$ appartient à $B(x, r)$ si T est assez petit donc (3.11) implique:

$$\phi(x) \leq \int_0^T f(y_x(t), v) e^{-\lambda t} dt + \phi(y_x(T)) e^{-\lambda T} \ .$$

Que l'on réécrit sous la forme:

$$\phi(x) - \phi(y_x(T)) e^{-\lambda T} \leq \int_0^T f(y_x(t), v) e^{-\lambda t} dt \ .$$

En divisant par T et en faisant tendre T vers 0, on obtient:

$$-\frac{d}{dT}(\phi(y_x(T)) e^{-\lambda T})|_{T=0} \leq f(x, v) \ ,$$

donc:

$$-b(x, v) D\phi(x) + \lambda \phi(x) \leq f(x, v) \ .$$

Cette inégalité étant vraie pour tout $v \in V$ et comme $u(x) = \phi(x)$, la première propriété est prouvée.

Montrons maintenant que u est sursolution. Soit $\phi \in C^1(\mathbb{R}^N)$ et soit x un point de minimum local de $u - \phi$. On suppose toujours que $u(x) = \phi(x)$; il existe donc $r > 0$ tel que:

$$\forall y \in B(x, r), \quad u(y) \geq \phi(y) \ .$$

En copiant les arguments de la preuve ci-dessus, en particulier en utilisant (3.8), on se retrouve avec l'inégalité:

$$\phi(x) \geq \inf_{v(.)} \left[\int_0^T f(y_x(t), v(t)) e^{-\lambda t} dt + \phi(y_x(T)) e^{-\lambda T} \right] .$$

On remarque alors que:

$$\phi(y_x(T)) e^{-\lambda T} = \phi(x) + \int_0^T [b(y_x(t), v(t)).D\phi(y_x(t)) - \lambda\phi(y_x(t))] e^{-\lambda t} dt ,$$

car l'intégrande n'est autre que la dérivée de $\phi(y_x(T)) e^{-\lambda T}$. Ceci permet de réécrire l'inégalité précédente sous la forme:

$$0 \geq \inf_{v(.)} \left[\int_0^T [b(y_x(t), v(t)).D\phi(y_x(t)) - \lambda\phi(y_x(t)) + f(y_x(t), v(t))] e^{-\lambda t} dt \right] .$$

Mais cette inégalité implique:

$$0 \geq \inf_{v(.)} \left[\int_0^T \inf_{v \in V} [b(y_x(t), v).D\phi(y_x(t)) - \lambda\phi(y_x(t)) + f(y_x(t), v)] e^{-\lambda t} dt \right] ,$$

soit encore:

$$0 \geq \inf_{v(.)} \left[\int_0^T -H(y_x(t), \phi(y_x(t)), D\phi(y_x(t))) e^{-\lambda t} dt \right] . \tag{3.12}$$

Notons tout d'abord que l'intégrande dépend de $v(.)$ à travers la trajectoire y_x. Mais, comme b est borné uniformément par rapport à v, $|y_x(t) - x| \leq Ct$ pour une certaine constante $C > 0$. La continuité de H, ϕ et $D\phi$ implique alors que

$$H(y_x(t), \phi(y_x(t)), D\phi(y_x(t))) = H(x, \phi(x), D\phi(x)) + o(1) ,$$

où le $o(1)$ est uniforme par rapport au contrôle $v(.)$. On utilise cette propriété dans (3.12) et on conclut en divisant par T et en faisant tendre T vers 0.   □

3.2 Extensions

3.2.1 Problèmes de temps d'arrêt

On utilise les notations et les hypothèses de la section précédente. On introduit un nouveau contrôle sous la forme d'un temps d'arrêt. La fonction-valeur du problème de temps d'arrêt est définie par:

$$u(x) = \inf_{(v(.), \theta)} \left[\int_0^\theta f(y_x(s), v(s)) e^{-\lambda s} ds + \psi(y_x(\theta)) e^{-\lambda \theta} \right] , \tag{3.13}$$

où $\psi \in BUC(\mathbb{R}^N)$. Dans ce cadre, le contrôle est constitué non seulement de $v(.)$ mais aussi du temps d'arrêt θ: on peut choisir à tout moment de "s'arrêter" et de "payer" le coût ψ. Le résultat est le suivant:

Théorème 3.4 : *Sous les hypothèses (3.2)-(3.4), si $\psi \in BUC(\mathbb{R}^N)$ et si $\lambda > 0$, la fonction-valeur u du problème de temps d'arrêt est l'unique solution dans $BUC(\mathbb{R}^N)$ de l'inéquation variationnelle (ou IV):*

$$\max\Big(H(x,u,Du), u - \psi\Big) = 0 \quad dans \ \mathbb{R}^N , \tag{3.14}$$

où H est donné par (3.10). □

Dans ce type de problème, on utilise souvent une terminologie issue de la Mécanique: ψ est ainsi appelé l'obstacle car (3.14) implique que $u \leq \psi$, u est donc soumis à la contrainte de rester sous l'obstacle ψ. (3.14) est donc le problème de l'obstacle.

Nous laissons au lecteur la preuve de ce résultat qui est une adaptation de routine du théorème 3.3. Il est cependant à noter que (3.14) n'est pas plus général que (1.1): en effet, (3.14) correspond à (1.1) avec l'hamiltonien:

$$\tilde{H}(x,u,p) = \max(H(x,u,p), u - \psi(x)) .$$

Exercice : *Vérifier par deux arguments différents l'un de type contrôle l'autre de type EDP-unicité que si u_1 et u_2 sont des fonctions-valeur associées à la même dynamique et, respectivement, à f_1, ψ_1 et f_2, ψ_2, on a:*

$$||(u_1 - u_2)^+||_\infty \leq \max(\frac{1}{\lambda}||(f_1 - f_2)^+||_\infty, ||(\psi_1 - \psi_2)^+||_\infty) .$$

Enoncer et prouver un résultat analogue dans le cas d'hamiltoniens généraux (non nécessairement convexes) i.e. pour des inéquations variationnelles ne provenant pas forcément de problèmes de contrôle optimal.

3.2.2 Problèmes de contrôle impulsionnel

Comme son nom l'indique, le contrôle impulsionnel va autoriser la trajectoire à avoir des sauts ("des impulsions"). Pour définir la dynamique, on se donne une suite $\theta = (\theta_i)_i$ de temps d'arrêt qui est strictement croissante et qui tend vers l'infini et une suite $\xi = (\xi_i)_i$ d'impulsions, $\xi_i \in (\mathbb{R}^+)^N$ pour tout i. La dynamique est alors donnée par:

$$\begin{cases} \dot{y}_x(t) = b(y_x(t), v(t)) & \text{si } \theta_i < t < \theta_{i+1} , \\ y_x(\theta_i^+) = y_x(\theta_i^-) + \xi_i & \forall i \in \mathbb{N} \\ y_x(0) = x \in \mathbb{R}^N . \end{cases} \tag{3.15}$$

Les suites θ et ξ font partie du contrôle: on peut décider à un premier instant θ_0, éventuellement nul, qu'il est avantageux de faire un saut d'amplitude ξ_0 puis renouveler plus tard une stratégie analogue.

La fonction-valeur du problème de contrôle impulsionnel est définie par:

$$u(x) = \inf_{(v(.),\theta,\xi)} \left[\int_0^{+\infty} f(y_x(s), \jmath(s)) e^{-\lambda s} ds + \sum_{i=0}^{+\infty} (k + c(\xi_i)) e^{-\lambda \theta_i} \right] , \quad (3.16)$$

où $k > 0$ et $c : (I\!\!R^+)^N \to I\!\!R^+$ est une fonction continue satisfaisant $c(0) = 0$ et:

$$c(\xi_1 + \xi_2) \le c(\xi_1) + c(\xi_2) ,$$

pour tout ξ_1, ξ_2 dans $(I\!\!R^+)^N$. Chaque saut d'une amplitude ξ coûte donc $k + c(\xi)$ qu'il faut, bien entendu, actualiser.

On a le

Théorème 3.5 : *Sous les hypothèses (3.2)-(3.4), si $k, \lambda > 0$ et si c satisfait les propriétés décrites ci-dessus, la fonction-valeur u du problème de contrôle impulsionnel est l'unique solution dans $BUC(I\!\!R^N)$ de l'inéquation quasi-variationnelle (ou IQV):*

$$\max\Big(H(x, u, Du), u - Mu\Big) = 0 \quad \text{dans } I\!\!R^N , \quad (3.17)$$

où H est donné par (3.10) et M est défini par:

$$Mu(x) = k + \inf_{\xi \in (I\!\!R^+)^N} \{ u(x + \xi) + c(\xi) \} .$$

$\square$

L'inéquation quasi-variationnelle (3.17) peut s'interpréter comme un problème de l'obstacle où l'obstacle dépend lui-même de la solution u, d'où la terminologie.

La preuve du théorème 3.5 est de facture classique. Seule l'unicité pour (3.17) n'est pas tout à fait triviale; nous la détaillons donc maintenant.

Soient u_1 et u_2 respectivement des sous et sursolutions de (3.17) dans $BUC(I\!\!R^N)$. On remarque d'abord que M envoie $BUC(I\!\!R^N)$ dans $BUC(I\!\!R^N)$, i.e. si $u \in BUC(I\!\!R^N)$ alors $Mu \in BUC(I\!\!R^N)$. Il en résulte que Mu_1 et Mu_2 sont dans $BUC(I\!\!R^N)$.

On utilise alors la version EDP de l'exercice à la fin de la section précédente en remarquant que, si $0 < \mu < 1$, μu_1 est solution du problème de l'obstacle avec μf comme coût et μMu_1 comme obstacle; on obtient alors:

$$||(\mu u_1 - u_2)^+||_\infty \le \max \left(\frac{1}{\lambda} ||((\mu - 1)f)^+||_\infty, ||(\mu Mu_1 - Mu_2)^+||_\infty \right) .$$

Puis on examine le terme $||(\mu Mu_1 - Mu_2)^+||_\infty$.

$$\mu Mu_1 - Mu_2 = (\mu - 1)k + \mu \inf_{\xi \in (I\!\!R^+)^N} \{ u_1(x+\xi) + c(\xi) \} - \inf_{\xi \in (I\!\!R^+)^N} \{ u_2(x+\xi) + c(\xi) \} ,$$

et donc, comme $c(\xi) \ge 0$ pour tout ξ:

$$\mu Mu_1 - Mu_2 \le (\mu - 1)k + ||(\mu u_1 - u_2)^+||_\infty .$$

Comme $(\mu - 1)k < 0$, il en résulte que:

$$||(\mu M u_1 - M u_2)^+||_\infty < ||(\mu u_1 - u_2)^+||_\infty \,,$$

et finalement:

$$||(\mu u_1 - u_2)^+||_\infty \leq \frac{1}{\lambda} ||((\mu - 1)f)^+||_\infty \,.$$

Comme u_1 et f sont bornés, il suffit de faire tendre μ vers 1 pour conclure. $\square$

Le rôle de k semble prépondérant. Pour en juger, on propose l'exercice suivant:

Exercice :

1. *On suppose que $k = 0$. Montrer que la fonction-valeur u_0 associée appartient à $BUC(\mathbb{R}^N)$ et qu'elle est encore solution de (3.17).*

2. *Donner un contre-exemple montrant que u_0 n'est plus l'unique solution de (3.17). (On pourra prendre $b, c \equiv 0$.)*

3. *Montrer que la fonction u_0 est la sous-solution maximale de (3.17) dans $BUC(\mathbb{R}^N)$.*

4. *En déduire que, si u_k est la fonction-valeur associée à $k > 0$, u_k converge uniformément sur tout compact de $\mathbb{R}^N$ vers u_0.*

5. *On suppose toujours que $k = 0$ et que, de plus, c est convexe. Montrer que (3.17) est équivalent à:*

$$\max(H(x, u, Du), F(Du)) = 0 \quad \text{dans } \mathbb{R}^N \,,$$

   où H est donné par (3.10) et F est défini par:

$$F(p) = \sup_{\substack{\xi \in (\mathbb{R}^+)^N \\ |\xi| = 1}} \left\{ -(p, \xi) - \inf_{t > 0} \frac{c(t\xi)}{t} \right\} \,.$$

6. *S'inspirer du traitement de (2.13) pour prouver que l'on a alors unicité si la fonction c satisfait $c(\xi) \geq \eta |\xi|$ $(\eta > 0)$ dans $(\mathbb{R}^+)^N$.*

7. *Application: $c(\xi) = \eta |\xi|$, $(\eta > 0)$.*

3.2.3 Problème de contrôle en horizon fini

Les problèmes de contrôle en horizon fini sont ceux où, la dynamique restant celle du cas en horizon infini, on ne contrôle le système que sur un intervalle de temps fini $(0, T)$. La fonction-valeur dépend alors du temps et, dans le cas le plus simple, elle est définie dans $\mathbb{R}^N \times (0, T)$ par:

$$u(x, t) = \inf_{v(.)} \left[\int_0^t f(y_x(s), v(s)) e^{-\lambda s} ds + u_0(y_x(t)) e^{-\lambda t} \right] \,,$$

où u_0 est une fonction continue donnée. L'infimum est pris ici sur les contrôles $v(.)$ appartenant à $L^\infty(0, t, V)$.

Le résultat est le

Théorème 3.6 : *Sous les hypothèses (3.2)-(3.4), si $\lambda \in I\!R$ et si $u_0 \in BUC(I\!R^N)$, la fonction-valeur u du problème de contrôle en horizon fini est l'unique solution dans $BUC(I\!R^N \times [0,T])$ de l'équation d'évolution:*

$$\frac{\partial u}{\partial t} + H(x, u, Du) = 0 \quad dans\ I\!R^N \times (0,T)\,, \tag{3.18}$$

associée à la condition initiale:

$$u(x,0) = u_0(x) \quad dans\ I\!R^N\,,$$

où H est donné par (3.10).   □

Il s'agit là d'un exercice de pure routine, pour le lecteur attentif, que l'on peut poursuivre par:

Exercice : *Dire quelles sont les "bonnes" hypothèses sur b et f pour qu'un résultat analogue au théorème 3.6 soit vrai si on les autorise à dépendre de t.*

Notes bibliographiques des sections 3.1 et 3.2

Cette section est quasiment entièment due à P.L Lions[128]; on pourra en trouver une autre version dans W.H Fleming et H.M Soner[84]; seuls les résultats de contrôle impulsionnel et l'exercice qui suit cette sous-section proviennent respectivement de [7, 8, 9] et de [12].

Pour une présentation plus générale et plus classique des problèmes de contrôle déterministe et stochastique, nous renvoyons à W.H Fleming et R.W Rishel[88], E.B Lee et L. Markus[127] et J. Warga[153]. Des présentations plus modernes sont données dans N.V Krylov[123] et E.D Sontag[148]. Les liens avec les EDP sont systématiquement étudiés dans A. Bensoussan[38], A. Bensoussan et J.L Lions[39, 40] alors qu'une approche plus probabiliste est décrite dans N. El Karoui[69].

Dans le cas du contrôle stochastique, les liens avec les solutions de viscosité ont été étudiés par P.L Lions[129, 130, 131]. Il est à noter que les solutions de viscosité ont conduit à un changement radical de méthodologie dans l'étude de ces problèmes: en effet, l'approche classique consistait à prouver **d'abord** que l'équation de Bellman a une solution régulière **puis** à "vérifier" que cette solution est effectivement la fonction-valeur du problème de contrôle. La démarche "directe" présentée dans cette section était jusqu'alors inaccessible puisqu'on ne savait pas prouver a priori que la fonction-valeur est régulière (ce qui est faux en général!) et donc l'équation de Bellman n'avait aucun sens pour cette fonction-valeur.

Nous n'avons pas parlé dans cette section de problèmes de contrôle où la dynamique et le coût seraient non bornés (cf. [12]) comme dans le cas du contrôle monotone (cf. E.N Barron[33]), de problèmes de contrôle impulsionnel plus complexes conduisant à des opérateurs intégrodifférentiels (cf. pour la théorie pour de telles équations, A. Sayah[145]), de problèmes de switching (cf. I. Capuzzo-Dolcetta et L.C Evans[45]) et enfin de problèmes de contrôle où le coût dépend du passé de la trajectoire; il s'agit, par exemple, du contrôle de la norme infinie de la trajectoire: nous renvoyons à E.N Barron et H. Ishii[35] dans le cas déterministe et à E.N Barron[34], A. Heinricher et R. Stockbridge[97] et à G. Barles, Ch. Daher et M. Romano[21] dans le cas stochastique.

4 SOLUTIONS DE VISCOSITE DISCONTINUES DES EQUATIONS DU PREMIER ORDRE

4.1 Introduction

Dans les deux parties précédentes, nous avons résolu – apparemment – la plupart des problèmes que nous nous posions au début de ce cours: grâce aux solutions de viscosité, nous avons pu obtenir des résultats d'existence, d'unicité et de stabilité pour les équations du premier ordre; nous avons aussi montré la parfaite adéquation de cette notion de solutions avec les problèmes de contrôle; ces résultats sont même assez surprenants pour de telles équations. Seul le problème des conditions aux limites et, en particulier, le passage à la limite dans les conditions aux limites reste ouvert. En fait, la résolution complète de ce problème passe par l'introduction d'une notion de solution de viscosité discontinue comme nous allons le montrer maintenant.

Dans la section consacrée aux problèmes d'existence, nous avons évoqué les problèmes de compatibilité des conditions aux limites, l'exemple le plus frappant étant:

$$\begin{cases} |u'| = 1 & \text{dans }]0,1[\,, \\ u(0) = 0, \quad u(1) = 2 \,. \end{cases} \tag{4.1}$$

Une question intéressante est de savoir ce qui se passe si on applique une régularisation elliptique, i.e. si on considère le problème "approché":

$$\begin{cases} -\varepsilon u_\varepsilon'' + |u_\varepsilon'| = 1 & \text{dans }]0,1[\,, \\ u_\varepsilon(0) = 0, \qquad u_\varepsilon(1) = 2 \,. \end{cases}$$

En effet, le problème (4.1), qui est a priori le problème limite, n'a pas de solution alors quel est le comportement de u_ε quand ε tend vers 0? L'intérêt de cet exemple est que l'on peut calculer explicitement son unique solution u_ε:

$$u_\varepsilon(x) = x + \frac{\exp(\frac{x-1}{\varepsilon}) - \exp(-\frac{1}{\varepsilon})}{1 - \exp(-\frac{1}{\varepsilon})} \,.$$

Sur tout compact de $]0,1[$, u_ε converge uniformément vers $u(x) = x$ donc on peut appliquer le résultat de stabilité. Mais le comportement de u_ε au voisinage de 1 est moins agréable: on a affaire à un phénomène de <u>couche limite</u>, c'est-à-dire qu'il apparaît une discontinuité au voisinage du bord au cours du passage à la limite; la suite $(u_\epsilon)_\epsilon$ n'est pas compacte dans $C([0,1])$ donc on n'est pas dans le cadre de la première partie. Pour passer à la limite sur $[0,1]$, il faudrait savoir prendre en compte des discontinuités.

Le contrôle optimal et, plus précisément, les problèmes de temps de sortie, fournissent une deuxième motivation pour considérer des discontinuités ainsi qu'une explication des pertes de conditions aux limites: on considère un système dont l'état, toujours décrit par la solution y_x d'une équation différentielle ordinaire, est à valeurs dans un ouvert Ω ou au moins dans sa fermeture $\overline{\Omega}$. La dynamique du système est donc:

$$\begin{cases} \dot{y}_x(t) = b(y_x(t), v(t)) \quad \text{pour } t > 0 \,, \\ y_x(0) = x \in \Omega \,. \end{cases} \qquad (4.2)$$

où b satisfait l'hypothèses (3.2).

La nouveauté est qu'il faut, dans ce cas, indiquer ce que l'on fait quand la trajectoire touche le bord ou, en tout cas, quand elle sort de $\overline{\Omega}$. On considère ici le cas d'un coût de sortie où, si $x \in \Omega$, la fonction-valeur est donnée par:

$$u(x) = \inf_{v(.)} \left\{ \int_0^\tau f(y_x(t), v(t)) e^{-\lambda t} dt + \varphi(y_x(\tau)) e^{-\lambda \tau} \right\} \,, \qquad (4.3)$$

où $\lambda > 0$, f satisfait (3.4) et φ, le coût de sortie, est une fonction continue sur le bord. τ désigne le premier temps de sortie de la trajectoire y_x de l'ouvert Ω, i.e.:

$$\tau = \inf\{t \geq 0 \;;\; y_x(t) \notin \Omega \} \,.$$

Si on procède par analogie avec la section consacrée au contrôle optimal dans $\mathbb{R}^N$, u doit être solution de l'équation:

$$\sup_{v \in V} \{-b(x,v).Du + \lambda u - f(x,v)\} = 0 \quad \text{dans } \Omega \,. \qquad (4.4)$$

Quant à la condition aux limites, on remarque qu'en étendant la formule (4.3) aux points $x \in \partial\Omega$, on a alors:

$$u = \varphi \quad \text{sur } \partial\Omega \;;$$

en effet, pour ces points, $\tau = 0$ pour tout contrôle $v(.)$.

Le problème de temps de sortie apparaît donc comme naturellement associé au problème de Dirichlet. Il est alors intéressant de revenir sur (4.1). Comme l'hamiltonien de l'équation $|u'| = 1$ peut s'écrire:

$$|p| - 1 = \sup_{v \in [-1,1]} \{ -v.p - 1 \} \,,$$

(4.1) est formellement associé au problème de temps de sortie où: $b(x,v) = v$, $V = [-1,1]$, $f(x,v) = 1$, $\lambda = 0$ et $\varphi(0) = 0$, $\varphi(1) = 2$. On voit facilement que la stratégie optimale est de toujours choisir le contrôle $v(.) \equiv -1$ et la fonction-valeur est alors $u(x) = x$ si $0 \leq x < 1$.

Se pose alors le problème de définir $u(1)$: en procédant comme ci-dessus, c'est-à-dire en utilisant la formule donnant u jusqu'au bord, on crée une discontinuité artificielle. Il paraît beaucoup plus naturel de prolonger u par continuité en posant $u(1) = 1$ mais alors $u(1) \neq \varphi(1) = 2$.

Du point de vue du contrôle, cette perte de condition aux limites est tout à fait naturelle: comme on ne veut pas "payer" le coût $\varphi = 2$ au point $x = 1$, le temps de sortie de la trajectoire optimale pour $x \in]0, 1[$ ne tend pas vers 0 lorsque x tend vers 1. Et se repose la question des conditions aux limites vérifiées par u.

Les fonctions-valeur de problèmes de temps de sortie sont généralement discontinues, même dans Ω: il s'agit d'une généralisation de phénomènes bien connus pour les équations de transport. Les équations de transport correspondent au cas non contrôlé: un exemple typique est dans l'ouvert $\Omega = I\!R^2 - B_1$ le cas de $b(x, v) \equiv (1, 0)$, $f(x, v) \equiv 1$, $\lambda = 1$ et $\varphi \equiv 0$. Si $x_2 \notin [-1, 1]$ ou si $x_1 > 0$, $u(x_1, x_2) \equiv 1$ car $\tau \equiv +\infty$. Mais, par exemple, pour les points $(x_1, 1)$, $x_1 < 0$, on a $u(x_1, 1) \to 0$ quand $x_1 \to 0$ et donc on a une discontinuité le long de la droite $x_2 = 1$. Encore une motivation pour s'intéresser à la prise en compte de discontinuités.

4.2 Solutions de viscosité discontinues d'équations discontinues

Nous avons jusqu'à présent suivi une ligne volontairement très classique du point de vue des EDP: une équation posée dans un ouvert, une condition aux limites, des estimations a priori...etc. Dans la suite de ce cours, nous allons bouleverser ces schémas traditionnels.

Pour commencer, nous allons considérer des équations posées sur des fermés:

$$G(x, u, Du, D^2 u) = 0 \quad \text{sur } \overline{\Omega} , \tag{4.5}$$

où Ω est un ouvert de $I\!R^N$; de plus, la fonction numérique G n'est plus supposée continue mais elle est simplement définie en tout point et localement bornée sur $\overline{\Omega} \times I\!R \times I\!R^N \times S^N$. Par contre, on suppose toujours que G satisfait la condition d'ellipticité.

Une première idée dans cette approche est de prendre en compte en même temps l'équation posée à l'intérieur et la condition aux limites; considérons, par exemple, le cas d'un problème de Dirichlet:

$$H(x, u, Du, D^2 u) = 0 \quad \text{dans } \Omega , \tag{4.6}$$

$$u = \varphi \quad \text{sur } \partial\Omega ,$$

où H est une fonction continue sur $\overline{\Omega} \times I\!R \times I\!R^N \times S^N$ et φ est continue sur $\partial\Omega$. On définit alors G par:

$$G(x, u, p, M) = \begin{cases} H(x, u, p, M) & \text{dans } \Omega , \\ u - \varphi(x) & \text{sur } \partial\Omega . \end{cases}$$

Plus généralement, pour une condition aux limites quelconque:

$$F(x, u, Du, D^2u) = 0 \quad \text{sur } \partial\Omega ,$$

où F est une fonction continue sur $\partial\Omega \times \mathbb{R} \times \mathbb{R}^N \times \mathcal{S}^N$, on a:

$$G(x, u, p, M) = \begin{cases} H(x, u, p, M) & \text{dans } \Omega , \\ F(x, u, p, M) & \text{sur } \partial\Omega . \end{cases}$$

Dans toute la suite du cours, on notera respectivement z_* et z^* les enveloppes s.c.i et s.c.s d'une fonction localement bornée z. Ces enveloppes peuvent être définies par:

$$z_*(x) = \liminf_{y \to x} z(y) ,$$

et:

$$z^*(x) = \limsup_{y \to x} z(y) .$$

Si la fonction z dépend de plusieurs variables (typiquement le cas de l'hamiltonien G), les notations z_* et z^* désigneront toujours les enveloppes s.c.i et s.c.s de z par rapport à toutes les variables.

La définition de solution de viscosité discontinue pour des équations discontinues est la suivante:

Définition 4.1 : Solution de Viscosité discontinue

Une fonction localement bornée, s.c.s sur $\overline{\Omega}$, u est une sous-solution de viscosité de (4.5) si et seulement si :

$\forall \phi \in C^2(\overline{\Omega})$, si $x_0 \in \overline{\Omega}$ est un point de maximum local de $u - \phi$, on a :

$$G_*(x_0, u(x_0), D\phi(x_0), D^2\phi(x_0)) \leq 0 . \tag{4.7}$$

Une fonction localement bornée, s.c.i sur $\overline{\Omega}$, v est une sursolution de viscosité de (4.5) si et seulement si :

$\forall \phi \in C^2(\overline{\Omega})$, si $x_0 \in \overline{\Omega}$ est un point de minimum local de $v - \phi$ on a :

$$G^*(x_0, v(x_0), D\phi(x_0), D^2\phi(x_0)) \geq 0 . \tag{4.8}$$

$\square$

Suivant les auteurs, une <u>solution</u> u est ou bien une fonction continue qui vérifie à la fois (4.7) et (4.8) ou bien une fonction localement bornée dont les enveloppes s.c.s et s.c.i vérifient respectivement (4.7) et (4.8).

Cette définition, à l'évidence un peu barbare, ne sera réellement justifiée que par le résultat de stabilité très général que nous donnerons dans la section suivante et qui sera l'outil de base dans l'étude des problèmes de perturbations singulières d'équations du premier ordre.

Mais, avant cela, montrons comment cette définition s'applique aux conditions aux limites, par exemple pour un problème de Dirichlet. Vu la définition de G, on calcule facilement ses enveloppes s.c.i et s.c.s:

$$\begin{cases} G_*(x,u,p,M) = G^*(x,u,p,M) = H(x,u,p,M) & \text{si } x \in \Omega, \\[2mm] G_*(x,u,p,M) = \min(H(x,u,p,M), u - \varphi(x)) & \text{si } x \in \partial\Omega, \\[2mm] G^*(x,u,p,M) = \max(H(x,u,p,M), u - \varphi(x)) & \text{si } x \in \partial\Omega. \end{cases}$$

On rappelle que les fonctions H et φ sont supposées continues respectivement sur $\overline{\Omega} \times \mathbb{R} \times \mathbb{R}^N \times \mathcal{S}^N$ et sur $\partial\Omega$. Et donc les conditions aux limites s'écrivent au sens de viscosité:

$$\begin{cases} \min(H(x,u,Du,D^2u), u - \varphi) \leq 0 & \text{sur } \partial\Omega, \\[2mm] \max(H(x,u,Du,D^2u), u - \varphi) \geq 0 & \text{sur } \partial\Omega. \end{cases}$$

Essentiellement, il faut comprendre qu'aux points du bord où $u \neq \varphi$, l'équation a lieu jusqu'au bord en un certain sens précisé par ces deux inégalités au sens de viscosité. C'est un phénomène qui était déjà bien connu pour les équations de transport.

Plus généralement, une condition aux limites quelconque:

$$F(x,u,Du,D^2u) = 0 \quad \text{sur } \partial\Omega, \tag{4.9}$$

où F est une fonction continue, devra désormais être comprise au sens de viscosité comme:

$$\begin{cases} \min(H(x,u,Du,D^2u), F(x,u,Du,D^2u)) \leq 0 & \text{sur } \partial\Omega, \\[2mm] \max(H(x,u,Du,D^2u), F(x,u,Du,D^2u)) \geq 0 & \text{sur } \partial\Omega. \end{cases} \tag{4.10}$$

Il est curieux de constater que les liens entre solutions classiques et solutions de viscosité de (4.6)-(4.10) ne sont pas triviaux: si $u \in C^2(\overline{\Omega})$ est sous-solution au sens classique de (4.6)-(4.10) i.e. si u vérifie en tout point x de $\overline{\Omega}$:

$$H(x,u(x),Du(x),D^2u(x)) \leq 0 \quad \text{si } x \in \Omega,$$

et:

$$\min(H(x,u(x),Du(x),D^2u(x)), F(x,u(x),Du(x),D^2u(x))) \leq 0 \quad \text{si } x \in \partial\Omega,$$

(la deuxième propriété étant, dans ce cas, une conséquence de la première puisque u est de classe C^2 jusqu'au bord) u n'est pas nécessairement sous-solution de viscosité de (4.6)-(4.10). Bien entendu, il s'agit d'un problème de bord. Prenons comme exemple le cas de (4.1). Soit $u(x) \equiv M > 2$; comme $|u'| - 1 \leq 0$ sur $\overline{\Omega}$, u est sous-solution classique du problème avec les "conditions aux limites naturelles" de type (4.10) puisque $|u'| - 1 \leq 0$, en particulier sur $\partial\Omega$. Soit alors $\phi(x) = Cx$ où $C > 0$ sera choisi plus tard; 0 est un point de maximum local $u - \phi$, on examine alors la quantité $\min(C - 1, M)$ qui est strictement positive si $C > 1$. u n'est donc pas solution de viscosité de (4.1).

Plus généralement, on remarque que, si $u - \phi$ a un maximum local en $x \in \partial\Omega$ alors il en est de même pour $u - \phi - Cd$ où d désigne la distance au bord et C est une constante positive quelconque. Avoir des inégalités de viscosité pour toutes les fonctions-test $\phi + Cd$, $C > 0$, impose sur F et/ou sur H certaines conditions ou implique certaines propriétés. En particulier, il peut en résulter que la conditions aux limites a lieu dans un sens plus classique ou que H satisfait certaines propriétés en cas de perte de conditions aux limites...etc. Evidemment la même remarque vaut pour les sursolutions et les points de minima locaux.

Exercice : *Donner des conditions nécessaires et suffisantes sur F pour que toute solution classique de (4.6)-(4.9) (où (4.9) est pris au sens classique) soit une solution de viscosité de (4.6)-(4.10).*

Nous allons tout de suite donner une justification rapide de ces conditions aux limites en traitant deux exemples typiques: le premier est un problème de perturbation singulière, le deuxième est relatif à un problème de temps de sortie.

Exemple 1 : On suppose que, pour $\varepsilon > 0$, il existe une solution $u_\varepsilon \in C^2(\overline{\Omega})$ du problème de Neumann homogène:

$$\begin{cases} -\varepsilon\Delta u_\varepsilon + H(x, u_\varepsilon, Du_\varepsilon) = 0 & \text{dans } \Omega\ , \\[2mm] \dfrac{\partial u_\varepsilon}{\partial n} = 0 & \text{sur } \partial\Omega. \end{cases}$$

où Ω est un ouvert borné régulier de $\mathbb{R}^N$ et H est une fonction continue sur $\overline{\Omega} \times \mathbb{R} \times \mathbb{R}^N$. On va supposer, de plus, que $u_\varepsilon \to u$ dans $C(\overline{\Omega})$ quand $\varepsilon \to 0$. Cette hypothèse est assez réaliste car, pour ce problème de Neumann, il est tout à fait envisageable d'avoir des bornes sur u_ε et sur Du_ε qui sont valables jusqu'au bord. Nous prétendons alors que:

$$\begin{cases} \min(H(x, u, Du), \dfrac{\partial u}{\partial n}) \leq 0 & \text{sur } \partial\Omega\ , \\[2mm] \max(H(x, u, Du), \dfrac{\partial u}{\partial n}) \geq 0 & \text{sur } \partial\Omega. \end{cases}$$

Faisons la preuve simplement pour le "min". On va utiliser des arguments analogues à ceux de la preuve du théorème 2.3. Soit $\phi \in C^2(\overline{\Omega})$ et soit $x_0 \in \partial\Omega$ un point de maximum local de $u - \phi$. Quitte à retrancher à $u - \phi$ un terme de la forme $\chi(x) = |x - x_0|^4$, on peut toujours supposer que x_0 est un point de maximum local <u>strict</u>. On utilise alors le lemme 2.2: il existe une suite de points de maximum local de $u_\varepsilon - \phi$, notée $(x_\varepsilon)_\varepsilon$, qui converge vers x_0. Pour chaque valeur de ε, deux cas se présentent:

1. $x_\varepsilon \in \Omega$. Comme u_ε et ϕ sont réguliers, les arguments type Principe du Maximum donnent:

$$- \varepsilon\Delta\phi(x_\varepsilon) + H(x_\varepsilon, u_\varepsilon(x_\varepsilon), D\phi(x_\varepsilon)) \leq 0\ . \tag{4.11}$$

2. $x_\varepsilon \in \partial\Omega$. Nous avons dans ce cas:

$$\frac{\partial\phi}{\partial n}(x_\varepsilon) \leq 0 .\qquad(4.12)$$

En effet, comme x_ε est un point de maximum de $u_\varepsilon - \phi$, on a, en particulier:

$$(u_\varepsilon - \phi)(x_\varepsilon - tn(x_\varepsilon)) \leq (u_\varepsilon - \phi)(x_\varepsilon) ,$$

si $t > 0$ est suffisamment petit car alors $x_\varepsilon - tn(x_\varepsilon) \in \Omega$. Et donc:

$$-\frac{\partial(u_\varepsilon - \phi)}{\partial n}(x_\varepsilon) \leq 0 ,$$

ce qui donne l'inégalité (4.12) puisque $\dfrac{\partial u_\varepsilon}{\partial n}(x_\varepsilon) = 0$.

On conclut alors de la manière suivante: s'il existe une sous-suite $(x_{\varepsilon'})_{\varepsilon'}$ telle que $x_{\varepsilon'} \in \Omega$ pour tout ε', on passe à la limite dans (4.11) et on obtient:

$$H(x_0, u(x_0), D\phi(x_0)) \leq 0 .$$

Sinon $x_\varepsilon \in \partial\Omega$ si ε est assez petit. On passe alors à la limite dans (4.12) et on a cette fois:

$$\frac{\partial\phi}{\partial n}(x_0) \leq 0 .$$

Comme on est forcément dans un de ces deux cas, le résultat est acquis. Evidemment un tel exemple est impossible avec un problème de Dirichlet: une perte de condition aux limites implique l'existence d'une couche limite et donc on ne peut pas avoir, dans ce cas, de compacité pour u_ε dans $C(\overline{\Omega})$.

Exemple 2 : Pour montrer la bonne adéquation de cette définition avec le contrôle, traitons l'exemple de l'introduction:

$$v(x) = \inf_{y \in \partial\Omega}\left(|y - x| + \varphi(y)\right) .$$

En utilisant l'argument classique $\inf(\cdots) - \inf(\cdots) \leq \sup(\cdots - \cdots)$, on vérifie facilement que la fonction v est 1-lipschitzienne donc nous n'aurons comme dans l'exemple 1 qu'à considérer la difficulté liée à la condition aux limites et pas celle liée à l'éventuelle discontinuité de v.

La condition de sous-solution est triviale car, par sa définition même, $v \leq \varphi$ sur $\partial\Omega$ et donc le "min" est clairement négatif. Passons donc à la condition de sursolution. Soit $\phi \in C^2(\overline{\Omega})$ et soit $x_0 \in \partial\Omega$ un point de minimum local de $v - \phi$. Deux cas se présentent:

1. $v(x_0) = \varphi(x_0)$ alors on a terminé car le "max" est positif.

2. $v(x_0) < \varphi(x_0)$. Dans ce cas, il existe $y_0 \neq x_0$, $y_0 \in \partial\Omega$, tel que:

$$v(x_0) = |y_0 - x_0| + \varphi(y_0) \, .$$

On rappelle qu'on suppose dans cet exemple que Ω est un ouvert borné et convexe. Le segment $[x_0, y_0]$ est donc inclus dans $\overline{\Omega}$ et on vérifie facilement que y_0 est aussi optimal pour tout $z \in [x_0, y_0]$. Ce qui implique:

$$\begin{aligned}
v(z) &= |z - y_0| + \varphi(y_0) \, , \\
&= |x_0 - y_0| - |z - x_0| + \varphi(y_0) \, , \\
&= v(x_0) - |z - x_0| \, .
\end{aligned}$$

Or x_0 est un point de minimum de $v - \phi$ et on peut supposer sans perdre de généralité que $v(x_0) = \phi(x_0)$, on a donc:

$$\phi(z) \leq v(z) = v(x_0) - |z - x_0| = \phi(x_0) - |z - x_0| \, ,$$

si $z \in [x_0, y_0]$ est suffisamment proche de x_0. Ceci implique que la dérivée de ϕ dans la direction (unitaire) du segment $[x_0, y_0]$ est plus grande que 1 et donc $|D\phi(x_0)| \geq 1$. Ce que l'on voulait.   □

Exercice :

1. *Reprendre les propriétés générales des solutions de viscosité continues et les étendre au cas discontinu. Définir, en particulier, le sous-différentiel d'une fonction s.c.i et le surdifférentiel d'une fonction s.c.s et en déduire une définition équivalente.*

2. *Soit v défini comme dans l'exemple 2 ci-dessus. Montrer que, pour tout $r > 0$ et pour tout $x \in \overline{\Omega}$:*

$$v(x) = \text{Min} \left\{ \inf_{y \in \overline{B}_r(x) \cap \Omega} \left(|y - x| + v(y) \right); \inf_{y \in \overline{B}_r(x) \cap \partial\Omega} \left(|y - x| + \varphi(y) \right) \right\} \, ,$$

   où $\overline{B}_r(x)$ désigne la boule fermée de centre x et de rayon r (on rappelle que Ω est un ouvert borné et convexe).

3. *De quelle nature est ce résultat?*

4. *En déduire que v est solution du problème de Dirichlet.*

4.3 Le résultat de stabilité discontinue

Pour formuler le résultat, nous utiliserons les notations standard suivantes: pour une suite $(z_\varepsilon)_\varepsilon$ de fonctions uniformément localement bornées, on pose:

$$\limsup{}^* z_\varepsilon(x) = \limsup_{\substack{y \to x \\ \varepsilon \to 0}} z_\varepsilon(y) \, ,$$

et:

$$\liminf_* z_\varepsilon(x) = \liminf_{\substack{y \to x \\ \varepsilon \to 0}} z_\varepsilon(y) \,.$$

Dans toute la suite, les $\limsup^*$ et les $\liminf_*$ calculées le seront par rapport à <u>toutes les variables</u>: cette remarque vaut, en particulier, pour les hamiltoniens.

Le théorème est le suivant:

Théorème 4.1 : *On suppose que, pour $\varepsilon > 0$, u_ε est une sous-solution s.c.s (resp. une sursolution s.c.i) de l'équation:*

$$H_\varepsilon(x, u_\varepsilon, Du_\varepsilon, D^2 u_\varepsilon) = 0 \quad sur\ \overline{\Omega} \,,$$

où Ω est un ouvert de $I\!\!R^N$ et $(H_\varepsilon)_\varepsilon$ est une suite de fonctions uniformément localement bornées dans $\overline{\Omega} \times I\!\!R \times I\!\!R^N \times S^N$ satisfaisant la condition d'ellipticité. On suppose que les fonctions $(u_\varepsilon)_\varepsilon$ sont uniformément localement bornées sur $\overline{\Omega}$. Alors $\overline{u} = \limsup^* u_\varepsilon$ (resp. $\underline{u} = \liminf_* u_\varepsilon$) est une sous-solution (resp. une sursolution) de l'équation:

$$\underline{H}(x, u, Du, D^2 u) = 0 \quad sur\ \overline{\Omega} \,,$$

où $\underline{H} = \liminf_* H_\varepsilon$.
(resp. de l'équation

$$\overline{H}(x, u, Du, D^2 u) = 0 \quad sur\ \overline{\Omega} \,,$$

où $\overline{H} = \limsup^* H_\varepsilon$).   □

L'intérêt de ce théorème est fondamental car il permet de passer à la limite (ou plus exactement aux deux demi-limites!) dans une équation fortement non-linéaire en sachant seulement que la suite $(u_\varepsilon)_\varepsilon$ est uniformément localement bornée. Notons qu'à première vue, il s'agit quasiment d'un théorème sans hypothèse car on peut toujours se ramener au cas où les suites $(u_\varepsilon)_\varepsilon$ et $(H_\varepsilon)_\varepsilon$ sont localement bornées par changements de variables pour u_ε et/ou par "renormalisation" pour H_ε: en effet, si φ est une fonction continue, croissante de $I\!\!R$ dans $I\!\!R$ telle que $\varphi(t) > 0$ si $t > 0$, $\varphi(t) < 0$ si $t < 0$ (donc $\varphi(0) = 0$), les équations $H_\varepsilon = 0$ et $\varphi(H_\varepsilon) = 0$ ont exactement les mêmes sous-solutions, sursolutions et solutions de viscosité. La croissance de φ assure que l'équation $\varphi(H_\varepsilon) = 0$ est elliptique et, pour revenir à notre propos, on peut choisir φ bornée.

Mais, bien entendu, si on peut toujours passer à la limite, on n'est pas certain de pouvoir utiliser ce passage à la limite pour obtenir un résultat: en effet, on a deux objets $\overline{u}$ et $\underline{u}$ qu'il faut savoir relier pour avoir une seule limite et éviter les cas pathologiques du type $u_\varepsilon(x) = \sin\left(\dfrac{x}{\varepsilon}\right)$ pour lequel $\overline{u} = \limsup^* u_\varepsilon \equiv 1$ et $\underline{u} = \liminf_* u_\varepsilon \equiv -1$.

Deux situations favorables peuvent se présenter:

1. $\overline{u} = (\underline{u})^*$ ou $\underline{u} = (\overline{u})_*$ dans Ω ou sur $\overline{\Omega}$. C'est le cas, par exemple, si la suite $(u_\varepsilon)_\varepsilon$ est une suite **monotone** de fonctions continues (voir l'exercice à la fin de cette section). Nous rencontrerons cette situation dans l'étude des problèmes de contrôle optimal avec temps de sortie où nous utiliserons des méthodes de type **Monotonie**.

2. $\overline{u} = \underline{u}$ dans Ω ou sur $\overline{\Omega}$. C'est le cas le plus standard dans la théorie et le plus intéressant car on peut alors utiliser le

Lemme 4.1 : *Si les fonctions $\overline{u}$ et $\underline{u}$ définies dans le théorème 4.1 sont égales sur $\overline{\Omega}$ (resp. dans Ω) alors la suite $(u_\varepsilon)_\varepsilon$ converge uniformément sur tout compact de $\overline{\Omega}$ (resp. sur tout compact de Ω) vers la fonction continue $u := \overline{u} = \underline{u}$.*

□

Il s'agit donc d'une méthode qui donne la convergence de la suite $(u_\varepsilon)_\varepsilon$ a posteriori: on passe à la limite, ou plus exactement aux deux demi-limites, en utilisant simplement une borne localement uniforme sur les u_ε puis on obtient l'égalité $\overline{u} = \underline{u}$ et le lemme 4.1 implique la convergence localement uniforme de u_ε vers $u := \overline{u} = \underline{u}$. Il est curieux de constater que le passage à la limite proprement dit n'utilise a priori aucune propriété de convergence ou de compacité de la suite $(u_\varepsilon)_\varepsilon$; la convergence s'obtient seulement a posteriori comme conséquence de l'égalité $\overline{u} = \underline{u}$. Notons enfin que, dans l'énoncé du lemme 4.1, u est clairement continu car $\overline{u}$ est s.c.s et $\underline{u}$ est s.c.i.

L'inégalité $\underline{u} \leq \overline{u}$ résulte de la définition même de $\underline{u}$ et de $\overline{u}$. L'égalité $\overline{u} = \underline{u}$ (ou si l'on préfère l'inégalité $\overline{u} \leq \underline{u}$) est une conséquence –lorsqu'il existe– d'un **théorème d'unicité forte**: on dira que l'équation (4.5) a une propriété d'unicité forte si l'énoncé suivant est vrai

Si u est une sous-solution s.c.s de (4.5) *et si v est une sursolution s.c.i de* (4.5) *alors:*

$$u \leq v \quad \text{sur } \overline{\Omega} \quad \text{(ou dans } \Omega\text{).}$$

La terminologie "unicité forte" s'explique par le fait que le résultat de comparaison doit avoir lieu ici dans une classe de sous et sursolutions <u>semicontinues</u> et non plus seulement dans une classe de fonctions <u>continues</u>. Il peut y avoir une différence notable de difficulté entre ces deux types de résultats, il se peut même que l'unicité "continue" ait lieu mais pas l'unicité forte: le problème de Dirichlet (au sens de viscosité) constitue sans doute le meilleur exemple de cette situation car peu de résultats d'unicité forte existent alors que l'unicité "continue" est parfaitement connue (cf. l'exercice à la fin de la section 7.1 et les notes bibliographiques de cette section).

On appliquera, bien entendu, cet énoncé à $u = \overline{u}$ et $v = \underline{u}$, à condition que les inégalités $\underline{H} \leq 0$ et $\overline{H} \geq 0$ soient des inégalités de viscosité d'une même équation (4.5).

En pratique, on procède donc comme suit:

1. On prouve que u_ε est borné (localement ou globalement) dans L^∞, uniformément par rapport à $\varepsilon > 0$.

2. On applique le résultat de stabilité.

3. On applique un résultat d'unicité forte.

4. On conclut par le lemme 4.1.

L'intérêt de cette méthode est d'éviter une estimation du module de continuité des u_ε qui serait nécessaire pour appliquer le théorème d'Ascoli et utiliser
le théorème 2.3; outre cette simplification, la combinaison du théorème 4.1 et du
résultat d'unicité forte permet le traitement de **couches limites** au voisinage
de $\partial\Omega$; c'est la raison pour laquelle on a l'alternative "dans Ω" ou "sur $\overline{\Omega}$" dans
l'énoncé du résultat d'unicité forte: dans le cas d'une couche limite, l'inégalité
serait fausse sur $\overline{\Omega}$ à cause du "résidu" de la couche limite porté par $\overline{u}$ et par $\underline{u}$
sur $\partial\Omega$.

Il est bien clair que la difficulté majeure de cette méthode réside dans
l'obtention de résultats d'unicité forte car les autres étapes sont quasiment au-
tomatiques.

Donnons un exemple simple mais significatif de la souplesse et de la puissance de cette méthode.

Exemple : On considère le problème pénalisé:

$$H(x, u_\varepsilon, Du_\varepsilon) + \frac{1}{\varepsilon}(u_\varepsilon - \psi)^+ = 0 \quad \text{dans } \mathbb{R}^N . \tag{4.13}$$

où H est une fonction continue et $\psi \in BUC(\mathbb{R}^N)$.

On suppose que H satisfait les hypothèses du théorème 2.13. Alors il en est
de même pour l'hamiltonien de l'équation (4.13). En effet, puisque (H1) a lieu,
on vérifie aisément que (H12) est satisfait par $M' = \sup(M, \|\psi\|_\infty)$; quant aux
autres hypothèses, elles sont aussi facilement vérifiables.

Il existe donc une unique solution $u_\varepsilon \in BUC(\mathbb{R}^N)$ de (4.13) qui vérifie:

$$-M' \le u_\varepsilon \le M' \quad \text{dans } \mathbb{R}^N .$$

Pour utiliser le théorème 4.1, il faut s'intéresser à l'hamiltonien:

$$H_\varepsilon(x, t, p) = H(x, t, p) + \frac{1}{\varepsilon}(t - \psi(x))^+ .$$

On calcule alors $\overline{H}$ et $\underline{H}$:

$$\overline{H}(x, t, p) = \begin{cases} H(x, t, p) & \text{si } t < \psi(x), \\ +\infty & \text{sinon,} \end{cases}$$

et:

$$\underline{H}(x, t, p) = \begin{cases} H(x, t, p) & \text{si } t \le \psi(x), \\ +\infty & \text{sinon.} \end{cases}$$

Donc les H_ε ne sont pas uniformément localement bornés mais, comme
pour les solutions de viscosité seul le signe de l'hamiltonien compte, cela n'a
pas d'importance et, grâce à la borne uniforme sur u_ε, on peut passer à la
limite.

Le lecteur peut s'en convaincre en remarquant que, pour tout ε, u_ε est solution de l'équation $\dfrac{H_\varepsilon}{1+|H_\varepsilon|} = 0$ car les hamiltoniens H_ε et $\dfrac{H_\varepsilon}{1+|H_\varepsilon|}$ sont partout de même signe. On peut alors utiliser le théorème 4.1 pour les équations $\dfrac{H_\varepsilon}{1+|H_\varepsilon|} = 0$ dont les hamiltoniens sont uniformément bornés. Les inégalités obtenues sont équivalentes aux inégalités $\underline{H} \leq 0$ et $\overline{H} \geq 0$ avec des conventions naturelles pour les valeurs infinies.

On vérifie facilement que les inégalités $\underline{H} \leq 0$ et $\overline{H} \geq 0$ sont elles-même équivalentes au fait que $\overline{u}$ et $\underline{u}$ soient respectivement sous et sursolutions du problème de l'obstacle:

$$\max(H(x,u,Du), u-\psi) = 0 \quad \text{dans } \mathbb{R}^N . \tag{4.14}$$

Comme on verra dans la section suivante que cette équation a une propriété d'unicité forte, on conclut, grâce au lemme 4.1, que u_ε converge uniformément sur tout compact vers l'unique solution continue bornée u de (4.14). Ce que nous venons de faire, c'est prouver l'existence de u, l'unicité provient de l'unicité forte. □

Preuve du théorème 4.1 : On ne fait la preuve que pour $\overline{u}$, celle pour $\underline{u}$ étant similaire. On procède exactement comme dans la preuve du théorème 2.3. L'analogue du lemme 2.2 est le

Lemme 4.2 : *Soit $(v_\varepsilon)_\varepsilon$ une suite de fonctions s.c.s uniformément localement bornées sur $\overline{\Omega}$. On pose $\overline{v} = \limsup^* v_\varepsilon$. On suppose que $x \in \overline{\Omega}$ est un point de maximum local strict de $\overline{v}$ sur $\overline{\Omega}$. Il existe une sous-suite $(v_{\varepsilon'})_{\varepsilon'}$ de la suite $(v_\varepsilon)_\varepsilon$ et une suite $(x_{\varepsilon'})_{\varepsilon'}$ de points de $\overline{\Omega}$ telles que: pour tout ε', $x_{\varepsilon'}$ est un point de maximum local de $v_{\varepsilon'}$ sur $\overline{\Omega}$, la suite $(x_{\varepsilon'})_{\varepsilon'}$ converge vers x et $v_{\varepsilon'}(x_{\varepsilon'}) \to \overline{v}(x)$.* □

Evidemment un lemme analogue a lieu en remplaçant "s.c.s" par "s.c.i", "$\limsup^*$" par "$\liminf_*$" et "point de maximum" par "point de minimum": il suffit, en effet, de remplacer v_ε par $-v_\varepsilon$...etc.

On termine d'abord la preuve du théorème 4.1 en utilisant le lemme. Soit $\phi \in C^2(\overline{\Omega})$ et soit $x \in \overline{\Omega}$ un point de maximum local strict de $\overline{u} - \phi$. On applique le lemme 4.2 à $v_\varepsilon = u_\varepsilon - \phi$ et $\overline{v} = \overline{u} - \phi = \limsup^* (u_\varepsilon - \phi)$. Il existe donc une sous-suite $(u_{\varepsilon'})_{\varepsilon'}$ et une suite $(x_{\varepsilon'})_{\varepsilon'}$ telles que, pour tout ε', $x_{\varepsilon'}$ est un point de maximum local de $u_{\varepsilon'} - \phi$ sur $\overline{\Omega}$; on utilise alors le fait que $u_{\varepsilon'}$ est une sous-solution de viscosité de l'équation

$$H_{\varepsilon'}(x,u,Du,D^2u) = 0 \quad \text{sur } \overline{\Omega} .$$

On obtient:

$$H_{\varepsilon'}(x_{\varepsilon'}, u_{\varepsilon'}(x_{\varepsilon'}), D\phi(x_{\varepsilon'}), D^2\phi(x_{\varepsilon'})) \leq 0 .$$

Puisque $x_{\varepsilon'} \to x$, la régularité de la fonction-test ϕ nous permet d'affirmer que $D\phi(x_{\varepsilon'}) \to D\phi(x)$ et $D^2\phi(x_{\varepsilon'}) \to D^2\phi(x)$; comme $u_{\varepsilon'}(x_{\varepsilon'}) \to \overline{u}(x)$, on a alors, par définition de $\underline{H}$:

$$\underline{H}(x, \overline{u}(x), D\phi(x), D^2\phi(x)) \leq \liminf H_{\varepsilon'}(x_{\varepsilon'}, u_{\varepsilon'}(x_{\varepsilon'}), D\phi(x_{\varepsilon'}), D^2\phi(x_{\varepsilon'})) \, .$$

Il en résulte immédiatement:

$$\underline{H}(x, \overline{u}(x), D\phi(x), D^2\phi(x)) \leq 0 \, ,$$

ce qui termine la preuve du théorème.   □

Passons à la preuve du lemme.

Preuve du lemme 4.2 : Puisque x est un point de maximum local strict de $\overline{v}$ sur $\overline{\Omega}$, il existe donc $r > 0$ tel que:

$$\forall y \in \overline{\Omega} \cap \overline{B}_r(x) \, , \quad \overline{v}(y) \leq \overline{v}(x) \, ,$$

l'inégalité étant stricte pour $y \neq x$. En d'autres termes, x est un point de maximum global strict de $\overline{v}$ dans $\overline{\Omega} \cap \overline{B}_r(x)$. Comme $\overline{\Omega} \cap \overline{B}_r(x)$ est compact, pour tout $\varepsilon > 0$, il existe un point de maximum x_ε de v_ε dans $\overline{\Omega} \cap \overline{B}_r(x)$ puisque cette fonction est s.c.s. On a donc:

$$\forall y \in \overline{\Omega} \cap \overline{B}_r(x) \, , \quad v_\varepsilon(y) \leq v_\varepsilon(x_\varepsilon) \, . \tag{4.15}$$

On veut appliquer une $\limsup^*$ à cette inégalité; or appliquer une $\limsup^*$ au deuxième membre revient à appliquer une limsup classique.

Nous commençons donc par estimer cette limsup. Pour cela, on remarque que, si une sous-suite $(x_{\varepsilon'})_{\varepsilon'}$ converge vers $\overline{x} \in \overline{\Omega} \cap \overline{B}_r(x)$, on a par définition de $\overline{v}$:

$$\limsup v_{\varepsilon'}(x_{\varepsilon'}) \leq \overline{v}(\overline{x}) \, .$$

Comme la suite $(x_\varepsilon)_\varepsilon$ est à valeur dans $\overline{\Omega} \cap \overline{B}_r(x)$ qui est compact, il en résulte immédiatement que

$$\limsup_\varepsilon v_\varepsilon(x_\varepsilon) \leq \sup_{z \in A} \overline{v}(z) \, ,$$

où A désigne l'ensemble des valeurs d'adhérence de la suite $(x_\varepsilon)_\varepsilon$.

On passe à la $\limsup^*$ dans (4.15) pour $y \in \overline{\Omega} \cap B_r(x)$; on obtient

$$\forall y \in \overline{\Omega} \cap B_r(x) \, , \quad \overline{v}(y) \leq \sup_{z \in A} \overline{v}(z) \, .$$

Il faut faire attention car, dans le membre de gauche, on ne peut passer à la $\limsup^*$ que pour $y \in \overline{\Omega} \cap B_r(x)$ car pour les points de $\overline{\Omega} \cap \partial B_r(x)$, la $\limsup^*$ relative à $\overline{\Omega} \cap \overline{B}_r(x)$ i.e. ne prenant en compte que les points de $\overline{\Omega} \cap \overline{B}_r(x)$ peut être strictement inférieure à la $\limsup^*$ relative à $\overline{\Omega}$.

On peut alors choisir $y = x$ dans le premier membre: comme x est un point de maximum global strict de $\overline{v}$ dans $\overline{\Omega} \cap \overline{B}_r(x)$ et que $A \subset \overline{\Omega} \cap \overline{B}_r(x)$, on a forcément:

$$\overline{v}(x) = \sup_{z \in A} \overline{v}(z) \, .$$

Comme A est fermé et $\overline{v}$ est s.c.s, nécessairement $x \in A$.

Il existe donc une sous-suite $(x_{\varepsilon'})_{\varepsilon'}$ qui converge vers x. On revient alors à l'inégalité:

$$\forall y \in \overline{\Omega} \cap B_r(x) , \quad v_{\varepsilon'}(y) \leq v_{\varepsilon'}(x_{\varepsilon'}) ,$$

dans laquelle on passe à la lim sup* en utilisant les mêmes arguments que ceux donnés ci-dessus; on obtient:

$$\forall y \in \overline{\Omega} \cap B_r(x) , \quad \overline{v}(y) \leq \limsup v_{\varepsilon'}(x_{\varepsilon'}) \leq \overline{v}(x) ,$$

la dernière inégalité étant ici une simple conséquence de la définition de $\overline{v}(x)$. Le choix de $y = x$ montre que $\limsup v_{\varepsilon'}(x_{\varepsilon'}) = \overline{v}(x)$. On peut donc extraire une sous-suite de la suite $(x_{\varepsilon'})_{\varepsilon'}$ (que l'on note encore de la même façon) telle que $\lim v_{\varepsilon'}(x_{\varepsilon'}) = \overline{v}(x)$ et, bien entendu, cette extraction préserve la propriété $x_{\varepsilon'} \to x$.

Enfin, comme $x_{\varepsilon'} \to x$, $x_{\varepsilon'} \in \overline{\Omega} \cap B_r(x)$ pour ε' suffisamment petit. Or $\overline{\Omega} \cap B_r(x)$ est un ouvert de $\overline{\Omega}$ donc $x_{\varepsilon'}$ qui est un point de maximum local de $v_{\varepsilon'}$ dans $\overline{\Omega} \cap B_r(x)$ l'est également dans $\overline{\Omega}$. Et la preuve est complète.   □

Terminons cette section par la **Preuve du lemme 4.1** : commençons par le cas $\overline{\Omega}$ et supposons d'abord que $\overline{\Omega}$ est compact. On rappelle que la fonction $u := \overline{u} = \underline{u}$ est continue sur $\overline{\Omega}$ car $\overline{u}$ est s.c.s et $\underline{u}$ est s.c.i. On s'intéresse alors à $M_\varepsilon = \sup_{\overline{\Omega}} (u_\varepsilon - u)$. On remarque que, u étant continu, $M_\varepsilon = \sup_{\overline{\Omega}} (u_\varepsilon^* - u)$. De même, il est clair que $\limsup^* u_\varepsilon^* = \overline{u} = u$.

Comme u_ε^* est s.c.s, ce dernier supremum est atteint en un point x_ε. Puisque la suite $(u_\varepsilon)_\varepsilon$ est uniformément bornée, la suite $(M_\varepsilon)_\varepsilon$ l'est aussi; on peut alors extraire des sous-suites $(M_{\varepsilon'})_{\varepsilon'}$ et $(x_{\varepsilon'})_{\varepsilon'}$ telles que $M_{\varepsilon'}$ converge vers $\limsup_\varepsilon M_\varepsilon$ et $x_{\varepsilon'}$ converge vers $x \in \overline{\Omega}$. Comme, par définition de $\overline{u}$, on a:

$$\limsup_{\varepsilon'} u_{\varepsilon'}^*(x_{\varepsilon'}) \leq \overline{u}(x) ,$$

on en déduit:

$$\limsup_\varepsilon \sup_{\overline{\Omega}}(u_\varepsilon - u) = \limsup_{\varepsilon'} (u_{\varepsilon'}^*(x_{\varepsilon'}) - u(x_{\varepsilon'})) \leq \overline{u}(x) - u(x) = 0 ,$$

puisque u est continu et puisque $\overline{u} = u$. Ce qui nous donne une "demi-convergence uniforme".

De même, en utilisant $\underline{u}$, on montre:

$$\limsup_\varepsilon \sup_{\overline{\Omega}}(u - u_\varepsilon) \leq 0 ,$$

et ces deux propriétés impliquent:

$$\limsup_\varepsilon \sup_{\overline{\Omega}} |u - u_\varepsilon| = 0 ,$$

c'est-à-dire la convergence uniforme de u_ε vers u sur $\overline{\Omega}$.

Dans le cas où $\overline{u} = \underline{u}$ dans Ω ou si $\overline{\Omega}$ n'est pas compact, il suffit d'appliquer le résultat précédent à χu_ε où χ est une fonction continue positive à support compact dans Ω ou sur $\overline{\Omega}$. En effet, lim sup* $\chi u_\varepsilon = \chi \overline{u} = \chi \underline{u} = $ lim inf* χu_ε sur $\overline{\Omega}$ et on applique le résultat précédent sur le compact $\overline{\Omega} \cap \text{supp}(\chi)$ où supp(χ) désigne le support de la fonction χ. On obtient ainsi la convergence uniforme de χu_ε vers χu sur $\overline{\Omega} \cap \text{supp}(\chi)$, et donc sur $\overline{\Omega}$, pour toutes les fonctions χ continues positives à support compact dans Ω ou sur $\overline{\Omega}$. Et il est clair que cette propriété est équivalente à la convergence uniforme de u_ε vers u sur tout compact de Ω ou de $\overline{\Omega}$. $\qquad\square$

Exercice : *On suppose que la suite $(u_\varepsilon)_\varepsilon$ est une suite croissante de fonctions continues, uniformément majorée sur $\overline{\Omega}$. Montrer que:*

$$\liminf_* u_\varepsilon = \sup_\varepsilon u_\varepsilon \quad \text{sur } \overline{\Omega},$$

$$\limsup{}^* u_\varepsilon = (\sup_\varepsilon u_\varepsilon)^* \quad \text{sur } \overline{\Omega}.$$

Quel est le résultat si la suite est décroissante?

Exercice : *Etendre la **méthode de Perron** décrite dans la section 2.6.1 au cas de solutions discontinues pour (2.1). Montrer plus précisément que s'il existe une sous-solution s.c.s localement bornée f et une sursolution s.c.i localement bornée g pour (2.1) telles que $f \leq g$ dans $\overline{\Omega}$, alors il existe une solution u de (2.1) telle que $f \leq u \leq g$ dans $\overline{\Omega}$.*

Notes bibliographiques des sections 4.1, 4.2 et 4.3

La notion de solution de viscosité discontinue est due à H. Ishii[100] qui en donna une application spectaculaire par l'adaptation dans ce contexte de la méthode de Perron obtenant ainsi des résultats d'existence très généraux dans [104].

Le lemme 4.2 dont le théorème 4.1 est une conséquence immédiate est démontré dans G. Barles et B. Perthame[28]; la présentation du résultat a été seulement modernisée en suivant G. Barles et P.E Souganidis[32]. La méthode d'utilisation décrite à la suite du théorème 4.1, la méthode dite des "semi-limites relaxées", est donnée dans G. Barles et B. Perthame[29]. Nous renvoyons également à H. Ishii[106] et, bien sûr, à [54] et à [84].

Une amélioration de ce résultat, encore peu développée, est la méthode de la "fonction-test perturbée" de L.C Evans[73]: cette technique semble fort prometteuse pour traiter des problèmes de type Homogénéisation (pour les problèmes d'Homogénéisation, voir également P.L Lions, G. Papanicolau et S.R.S Varadhan[135]).

4 4 Les résultats d'unicité forte

Comme nous l'avons vu dans la partie précédente, ces résultats d'unicité sont fondamentaux pour conclure après le "passage aux deux demi-limites". C'est également un outil pour prouver qu'une solution discontinue est en fait continue: en effet, si u est une solution, u^* est une sous-solution et u_* est une sursolution donc l'unicité forte donne $u^* \leq u_*$ dans Ω ou sur $\overline{\Omega}$ ce qui implique que u est continue dans Ω ou sur $\overline{\Omega}$.

On va présenter un panorama de ces résultats avec une logique de difficultés techniques croissantes. Ces difficultés proviennent à la fois de la discontinuité des solutions à comparer mais aussi des conditions aux limites au sens de viscosité qui ne sont pas faciles à prendre en compte; on verra que l'interaction maximale entre ces deux difficultés a lieu pour le problème de Dirichlet.

Nous allons utiliser les mêmes hypothèses sur les hamiltoniens que dans les section 2.4 et 2.5: nous avons rassemblé l'ensemble de ces hypothèses à la fin du livre pour éviter au lecteur d'avoir à les rechercher dans le texte.

4.4.1 Le Principe du Maximum pour les solutions discontinues

On va commencer par donner l'analogue discontinu du théorème 2.4; on rappelle que l'on suppose dans ce cas que l'ouvert Ω est borné, les extensions aux cas non bornés étant laissées au lecteur.

On dit que l'on a un Principe du Maximum (discontinu) pour (1.1) dès lors que l'énoncé suivant est vrai:

Si u est une sous-solution s.c.s de (1.1) et si v est une sursolution s.c.i de (1.1) et si $u \leq v$ sur $\partial\Omega$ alors:

$$u \leq v \quad \text{sur } \overline{\Omega} .$$

Le résultat est le suivant:

Théorème 4.2 : *Sous les hypothèses* (H1)-(H4) *ou* (H1) *avec* $\gamma_R \geq 0$ -(H4)-(H5)-(H6), *on a un Principe du Maximum pour* (1.1). *De plus, le résultat reste vrai si on remplace* (H4) *par "$u \in W^{1,\infty}(\Omega)$" ou par "$v \in W^{1,\infty}(\Omega)$".*   □

La preuve de ce théorème est tout à fait analogue à celle du théorème 2.4 en utilisant les idées décrites pour la prise en compte de (H4) d'une part et de (H5)-(H6) d'autre part; en fait, il suffit de prouver que le résultat du lemme 2.3 reste vrai si on suppose seulement que u est s.c.s et v s.c.i. Ce qui nous paraît être un excellent exercice pour le lecteur.

Exercice : *Montrer que le résultat du lemme 2.5 reste vrai si la sous-solution est seulement supposée s.c.s bornée.*

4.4.2 Le cas de $\mathbb{R}^N$

Les deux résultats d'unicité dans $\mathbb{R}^N$ s'étendent en résultats d'unicité forte sans changements d'hypothèses. On a le:

Théorème 4.3 : *Sous les hypothèses du théorème 2.10 ou du théorème 2.11, on a un résultat d'unicité forte pour (2.19) dans la classe des solutions discontinues qui vérifient (2.20) dans le premier cas et dans la classe des solutions discontinues bornées dans le second cas.* □

La preuve ne présente pas la moindre difficulté dans le cas des hypothèses du théorème 2.10: la démonstration est exactement la même, on utilise seulement le théorème 4.2 au lieu du théorème 2.4.

Le deuxième cas est un peu plus délicat: il faudrait avoir l'analogue du lemme 2.9 mais le résultat est ici un peu plus compliqué. Pour le formuler, on va encore noter $M = \sup\limits_{\mathbb{R}^N}(u - v)$ et on notera $M' = \lim\limits_{h \to 0} \sup\limits_{|y-x|\leq h}(u(x) - v(y))$. On remarque que $M = M'$ si u ou v est uniformément continu mais en général $M \neq M'$. On rappelle, enfin, que

$$\psi_{\varepsilon,\alpha}(x,y) = u(x) - v(y) - \frac{|x-y|^2}{\varepsilon^2} - \alpha(|x|^2 + |y|^2) \,.$$

On a le

Lemme 4.3 : *On note $M_{\varepsilon,\alpha}$ le maximum de $\psi_{\varepsilon,\alpha}$ sur $\mathbb{R}^N \times \mathbb{R}^N$. Les propriétés suivantes ont lieu:*

1. $M_{\varepsilon,\alpha} \to \begin{cases} M & si\ (\varepsilon,\alpha) \to 0,\ \varepsilon \ll \alpha, \\ M' & si\ (\varepsilon,\alpha) \to 0,\ \alpha \ll \varepsilon. \end{cases}$

2. *Si $(x_{\varepsilon,\alpha}, y_{\varepsilon,\alpha})$ est un point de maximum de $\psi_{\varepsilon,\alpha}$ et si $(\varepsilon,\alpha) \to 0$, $\alpha \ll \varepsilon$, on a:*

$$\frac{|x_{\varepsilon,\alpha} - y_{\varepsilon,\alpha}|^2}{\varepsilon^2} \to 0 \,,$$

$$\alpha(|x_{\varepsilon,\alpha}|^2 + |y_{\varepsilon,\alpha}|^2) \to 0 \,.$$

□

La condition "$(\varepsilon,\alpha) \to 0$, $\varepsilon \ll \alpha$" signifie que l'on ne considère que les suites (ε,α) telles que ε tend "beaucoup plus vite" vers 0 que α alors que dans le cas "$(\varepsilon,\alpha) \to 0$, $\alpha \ll \varepsilon$" on ne considère que celles où α tend "beaucoup plus vite" vers 0 que ε.

L'énoncé du lemme 4.3 est inévitablement un peu vague car le sens exact des propriétés $(\varepsilon,\alpha) \to 0$, $\varepsilon \ll \alpha$ et $(\varepsilon,\alpha) \to 0$, $\alpha \ll \varepsilon$ dépend bien entendu de u et de v. La preuve de ce résultat est encore laissée au lecteur: nous rappelons que le cas "$(\varepsilon,\alpha) \to 0$, $\alpha \ll \varepsilon$" (que l'on peut comprendre ici comme α tend vers 0 puis ε tend vers 0) est exactement celui dont on a besoin dans la preuve du théorème 2.11. Pour prouver la deuxième partie du théorème 4.3, il suffit donc de répéter cette preuve en utilisant le lemme 4.3. Comme $M' > M$ en général, on remarque que cette preuve donne un résultat qui est meilleur que la simple inégalité $u \leq v$ dans $\mathbb{R}^N$.

Exercice : *Calculer les quantités M et M' si $u(x) = v(x) = \sin(x^2)$ dans $\mathbb{R}$.*

Nous passons maintenant aux **problèmes posés dans des ouverts bornés avec des conditions aux limites au sens de viscosité**.

Dans ce cas, on suppose que l'hamiltonien H de l'équation est continu sur $\overline{\Omega} \times \mathbb{R} \times \mathbb{R}^N$. De plus, les hypothèses sur H introduites dans la section 2.4 devront être comprises ici comme ayant lieu sur $\overline{\Omega} \times \mathbb{R} \times \mathbb{R}^N$. Enfin, nous utiliserons pour H l'hypothèse suivante:

(H16) $|H(x,u,p) - H(x,u,q)| \leq \tilde{m}_R(|p-q|)Q_R(x,u,p,q)$,

si x appartient à un voisinage de $\partial\Omega$ et pour tout $-R \leq u \leq R$ et $p, q \in \mathbb{R}^N$, où $\tilde{m}_R(t) \to 0$ quand $t \to 0^+$ et:

$$Q_R(x,u,p,q) = \max\left(\Phi_R(H(x,u,p)), \Phi_R(H(x,u,q))\right) ,$$

où Φ_R est une fonction continue de $\mathbb{R}$ dans $\mathbb{R}^+$ ($\forall 0 < R < +\infty$).

Pour alléger les énoncés des résultats d'unicité forte, nous noterons (HNCL), les "Hypothèses Naturelles sur l'équation dans les problèmes avec Conditions aux Limites", il s'agit soit des hypothèses (H1)-(H4)-(H16) soit des hypothèses (H1) avec $\gamma_R \geq 0$ -(H4)-(H5)-(H6)-(H16).

4.4.3 Conditions aux limites de Neumann

Les conditions aux limites classiques de type Neumann qui apparaissent dans la littérature sont de plusieurs types: les conditions de **Neumann** classiques

$$\frac{\partial u}{\partial n} = g \quad \text{sur } \partial\Omega ,$$

où $n(x)$ désigne la normale unitaire à $\partial\Omega$ en x dirigée vers l'extérieur de Ω et où g est une fonction continue sur le bord; les conditions de type **dérivée oblique**

$$\frac{\partial u}{\partial \gamma} = g \quad \text{sur } \partial\Omega ,$$

où γ et g sont des fonctions continues sur $\partial\Omega$, $\gamma(x).n(x) \geq \nu > 0$ sur $\partial\Omega$.

Enfin deux exemples non linéaires: les conditions de **capillarité**

$$\frac{\partial u}{\partial n} = \theta\sqrt{1 + |Du|^2} \quad \text{sur } \partial\Omega ,$$

où θ est une fonction continue sur $\partial\Omega$ vérifiant $|\theta| < 1$ sur $\partial\Omega$ et les conditions intervenant dans le **contrôle de processus réfléchis**

$$\sup_{v \in V} \{\gamma(x,v).Du + \mu u - g(x,v)\} = 0 \quad \text{sur } \partial\Omega ,$$

où $\mu \geq 0$, γ, g vérifient des propriétés de type (3.2)-(3.4) et $\gamma(x,v).n(x) \geq \nu > 0$ sur $\partial\Omega$, pour tout $v \in V$ (ν indépendant de v).

Toutes ces conditions aux limites s'écrivent sous la forme:

$$F(x,u,Du) = 0 \quad \text{sur } \partial\Omega , \tag{4.16}$$

où F satisfait les propriétés caractéristiques d'une **condition de Neumann non linéaire**

(H14)
$$F(x,u,p + \lambda n(x)) - F(x,u,p) \geq \nu_R \lambda , \ (\nu_R > 0)$$

pour tout $\lambda > 0$, $x \in \partial\Omega$, $-R \leq u \leq R$ et $p \in \mathbb{R}^N$ ($\forall 0 < R < +\infty$).
et:

(H15)
$$|F(x,u,p) - F(x,u,q)| \leq \tilde{m}_R(|p - q|) ,$$

où $\tilde{m}_R(t) \to 0$ quand $t \to 0^+$, pour tout $x \in \partial\Omega$, $-R \leq u \leq R$ et $p,q \in \mathbb{R}^N$ ($\forall 0 < R < +\infty$).

Nous rappelons que, pour (1.1), la condition aux limites (4.16) doit être comprise sous sa forme naturelle:

$$\begin{cases} \min(H(x,u,Du), F(x,u,Du)) \leq 0 & \text{sur } \partial\Omega , \\ \max(H(x,u,Du), F(x,u,Du)) \geq 0 & \text{sur } \partial\Omega. \end{cases}$$

Le résultat est le suivant:

Théorème 4.4 : *On suppose que l'ouvert Ω est borné et de classe $W^{2,\infty}$, que H satisfait (HNCL) et que F satisfait (H1) avec $\gamma_R \geq 0$ -(H2)-(H14)-(H15), alors on a un résultat d'unicité forte pour (1.1)-(4.16) sur $\overline{\Omega}$.* $\qquad\square$

Ce résultat est optimal au moins si on considère des variantes du type: on peut remplacer, dans le théorème 4.4, les hypothèses sur F par:

(H17) Pour tout $x \in \partial\Omega$, $u \in \mathbb{R}$ et $p \in \mathbb{R}^N$, l'application $\lambda \mapsto F(x,u,p + \lambda n(x))$ est strictement croissante et il existe une fonction $\lambda(x,u,p)$ satisfaisant (H1) (avec $\gamma_R \geq 0$)-(H2)-(H15) telle que:

$$F(x,u,p + \lambda(x,u,p)n(x)) = 0 .$$

En effet, si (H17) a lieu, la condition aux limites (4.16) est équivalente à:

$$\frac{\partial u}{\partial n} - \lambda(x,u,D_T u) = 0 \quad \text{sur } \partial\Omega ,$$

où $D_T u(x) = Du(x) - \dfrac{\partial u}{\partial n} n(x)$ est la partie du gradient qui est tangente à $\partial\Omega$ en x. Et, sous cette nouvelle forme, la condition de Neumann non linéaire satisfait les hypothèses du théorème 4.4.

Exercice : *Vérifier que, si la fonction F satisfait (H1) (avec $\gamma_R \geq 0$)-(H2)-(H14)-(H15), elle satisfait (H17).*

Avoir un résultat d'unicité forte "sur $\overline{\Omega}$" signifie que, si u et v sont respectivement les sous et sursolutions à comparer, on a $u \leq v$ sur $\overline{\Omega}$ et pas seulement sur Ω. L'utilisation de ce résultat dans la méthode décrite dans la section pécédente conduit donc à la convergence uniforme sur $\overline{\Omega}$ de la suite $(u_\varepsilon)_\varepsilon$. En d'autres termes, on n'aura pas d'effets de couches limites dans les passages à la limite qui conduisent à des conditions aux limites de type Neumann.

Les résultats de type Neumann ne sont pas les plus difficiles à obtenir: il n'y a aucun phénomène particulier à comprendre et à résoudre au voisinage du bord comme ce sera le cas pour les conditions aux limites de Dirichlet. Cette relative simplicité se traduit, dans le théorème 4.4, par l'absence d'hypothèses spécifiques sur H au voisinage du bord: on impose essentiellement à l'équation les mêmes hypothèses que pour le théorème 4.2.

La preuve du théorème 4.4 est donnée dans l'appendice.

4.4.4 Conditions aux limites de Dirichlet

On rappelle encore une fois qu'il faut comprendre les conditions de Dirichlet pour (1.1):

$$u = \varphi \quad \text{sur } \partial\Omega , \tag{4.17}$$

sous la forme naturelle:

$$\begin{cases} \min(H(x,u,Du), u - \varphi) \leq 0 & \text{sur } \partial\Omega , \\[2mm] \max(H(x,u,Du), u - \varphi) \geq 0 & \text{sur } \partial\Omega. \end{cases}$$

Dans ce cas, on suppose que l'ouvert Ω est au moins de classe C^1: en particulier, la fonction distance au bord, d, est de classe C^1 dans un voisinage de $\partial\Omega$ et on notera $n(x) = -Dd(x)$ même si x n'appartient pas à $\partial\Omega$.

Nous allons devoir utiliser pour H les hypothèses de "non-dégénérescence" suivantes que l'on commentera plus tard:

(H18) $\qquad H(x, u, p + \lambda n(x)) \leq 0 \implies \lambda \leq C_R(1 + |p|) ,$

où $C_R > 0$, pour tout x dans un voisinage de $\Gamma_1 \subset \partial\Omega$, $-R \leq u \leq R$ et $p \in \mathbb{R}^N$ ($\forall 0 < R < +\infty$).

(H19) $\qquad H(x, u, p - \lambda n(x)) \geq 0 \implies \lambda \leq C_R(1 + |p|) ,$

où $C_R > 0$, pour tout x dans un voisinage de $\Gamma_2 \subset \partial\Omega$, $-R \leq u \leq R$ et $p \in \mathbb{R}^N$ ($\forall 0 < R < +\infty$).

Le résultat est le suivant:

Théorème 4.5 : *On suppose que l'ouvert Ω est borné et de classe $W^{2,\infty}$, que φ est continu sur $\partial\Omega$ et que H satisfait (HNCL). Soit u une sous-solution s.c.s de (1.1)-(4.17) et soit v une sursolution s.c.i de (1.1)-(4.17). Si la condition (H18) a lieu avec $\Gamma_1 = \{u \leq \varphi\} \cap \{v < \varphi\}$, si (H19) a lieu avec $\Gamma_2 = \{v \geq \varphi\} \cap \{u > \varphi\}$ et si:*

$$\forall x \in \Gamma_1 \,,\, u(x) = \limsup_{\substack{y \to x \\ y \in \Omega}} u(y) \quad,\quad \forall x \in \Gamma_2 \,,\, v(x) = \liminf_{\substack{y \to x \\ y \in \Omega}} v(y)\,, \quad (4.18)$$

alors:

$$u \leq v \quad sur \ \overline{\Omega}\,.$$

$\square$

Ce résultat a l'air parfaitement inutilisable: en effet, comment peut-on vérifier que "(H18) a lieu avec $\Gamma_1 = \{u \leq \varphi\} \cap \{v < \varphi\}$ et que (H19) a lieu avec $\Gamma_2 = \{v \geq \varphi\} \cap \{u > \varphi\}$"? Nous verrons pourtant dans la section traitant de problèmes de contrôle avec temps de sortie comment utiliser ce résultat sous cette formulation compliquée.

Nous allons maintenant donner un corollaire beaucoup plus facilement utilisable qui sera à la base des résultats les plus délicats sur les Grandes Déviations. Pour cela, on introduit l'hypothèse:

(H20) $\qquad H(x, u, p - \lambda n(x)) \to +\infty \qquad$ quand $\lambda \to +\infty$

uniformément pour x dans un voisinage de $\Gamma_3 \subset \partial\Omega$, $-R \leq u \leq R$ et p borné. ($\forall 0 < R < +\infty$).

Corollaire 4.1 : *On suppose que l'ouvert Ω est borné et de classe $W^{2,\infty}$, que φ est continu sur $\partial\Omega$ et que H satisfait (HNCL). On suppose, de plus, que (H18)-(H20) ont lieu avec $\Gamma_1 = \Gamma_3 = \partial\Omega$, alors on a un résultat d'unicité forte pour (1.1)-(4.17) dans Ω.* $\square$

Le résultat du théorème 4.5 est optimal à quelques variantes près (il y en a toujours!). Nous décrirons plus précisément dans la partie consacrée aux problèmes de contrôle avec temps de sortie les motivations exactes et le caractère optimal de (H18)-(H19). On peut dire tout de suite que, dans les problèmes de temps de sortie comme celui décrit dans l'introduction, la plupart des problèmes proviennent du comportement de la trajectoire optimale au voisinage du bord de l'ouvert. La règle heuristique est la suivante: "si les trajectoires qui touchent plusieurs fois le bord ou qui restent un certain temps sur le bord ne jouent pas un rôle particulier alors on a unicité forte pour (1.1)-(4.17)." (H18), (H19) et (H20) sont faites pour s'assurer que l'on est dans une telle situation.

Dans le cas de l'hamiltonien du contrôle, les hypothèses (H18), (H19) et (H20) sont respectivement équivalentes à:

(H18)' Pour tout $x \in \Gamma_1$, il existe $v \in V$ tel que: $-b(x,v).n(x) \geq \nu > 0$, où ν est indépendant de x.

(H19)' Pour tout $x \in \Gamma_2$ et pour tout $v \in V$, $-b(x,v).n(x) \geq \nu > 0$, où ν est indépendant de x et de v.

(H20)' Pour tout $x \in \Gamma_3$, il existe $v \in V$ tel que: $b(x,v).n(x) \geq \nu > 0$, où ν est indépendant de x.

Les hypothèses (H18), (H19) et (H20) se traduisent donc, dans ce cas, par des hypothèses sur la dynamique: (H18)' signifie que, sur Γ_1, il existe un champ contrôlé rentrant, (H19)' signifie que, sur Γ_2, tous les champs contrôlés sont rentrants et (H20)' qu'il existe un champ sortant sur Γ_3. Remarquons que, si (H20)' a lieu, on aura clairement $u^* \leq \varphi$ sur Γ_3 dans le cas du contrôle puisqu'au voisinage de Γ_3 il existe un contrôle pour lequel la trajectoire sort de l'ouvert Ω.

Si, comme dans le corollaire 4.1, $\Gamma_1 = \Gamma_3 = \partial\Omega$, il existe à la fois un champ rentrant et un champ sortant en tout point du bord, l'idée est alors que l'on peut approcher toute trajectoire restant sur le bord par une trajectoire (éventuellement oscillante) qui reste dans Ω jusqu'à sa sortie de $\overline{\Omega}$.

Avoir un résultat d'unicité forte dans Ω signifie que l'on saura prouver seulement que la sous-solution est plus petite que la sursolution dans Ω et pas sur $\overline{\Omega}$: c'est inévitable car si on a une solution continue u sur $\overline{\Omega}$ de (1.1)-(4.17) qui vérifie $u < \varphi$ sur le bord on peut la modifier sur le bord en lui attribuant des valeurs plus grandes mais inférieures à φ; on génère ainsi une sous-solution de (1.1)-(4.17) qui n'est pas inférieure à u sur $\partial\Omega$. On retrouve ici, dans un contexte plus général, un problème similaire à celui rencontré dans l'introduction pour définir la fonction-valeur d'un problème de temps de sortie sur le bord.

Une difficulté analogue apparaît naturellement quand on fait un passage à la limite en présence de couches limites: on ne maîtrise pas les valeurs des deux demi-limites sur le bord et on voit que, par exemple, le corollaire 4.1 gère automatiquement cette difficulté en récupérant le seul résultat correct, c'est-à-dire l'unicité forte dans Ω.

On donne un dernier résultat, dans le cadre appelé **contrainte d'état**, qui correspond essentiellement au cas où $\varphi \equiv +\infty$. La condition de bord se réduit alors à:

$$H(x, u, Du) \geq 0 \quad \text{sur } \partial\Omega . \qquad (4.19)$$

Le résultat est le suivant:

Théorème 4.6 : *On suppose que l'ouvert Ω est borné et de classe $W^{2,\infty}$. Si H satisfait (HNCL) et (H18) avec $\Gamma_1 = \partial\Omega$ alors on a un résultat d'unicité forte pour (1.1)-(4.19) dans Ω.* □

Nous renvoyons le lecteur à l'appendice pour les preuves des résultats donnés dans cette section.

4.4.5 Les équations d'évolution

On s'intéresse dans cette section à l'équation d'évolution:

$$\frac{\partial u}{\partial t} + H(x,t,u,Du) = 0 \quad \text{dans } \Omega \times (0,T) , \qquad (4.20)$$

associée à la donnée initiale:

$$u(x,0) = u_0(x) \quad \text{dans } \Omega . \qquad (4.21)$$

où u_0 est une fonction éventuellement discontinue mais localement bornée. Il faut aussi bien entendu imposer des conditions aux limites sur $\partial\Omega \times (0,T)$.

Les résultats des sections précédentes s'étendent assez facilement au cas des équations d'évolution; c'est, en général, une conséquence du fait que l'on peut les considérer comme des équations stationnaires en utilisant les méthodes ad hoc décrites dans la partie consacrée à l'unicité dans le cas continu pour traiter les problèmes spécifiques liés à ces équations.

Avant de formuler les différents résultats d'unicité forte pour les problèmes d'évolution, nous allons préciser le sens de la donnée initiale: en effet, si on applique la définition à la lettre, (4.21) doit être comprise au sens de viscosité i.e.

$$\begin{cases} \min(\dfrac{\partial u}{\partial t} + H(x,0,u,Du), u - u_0^*) \le 0 & \text{dans } \Omega \times \{0\} , \\[2mm] \max(\dfrac{\partial u}{\partial t} + H(x,0,u,Du), u - (u_0)_*) \ge 0 & \text{dans } \Omega \times \{0\}. \end{cases}$$

Le résultat suivant montre que l'on a, en fait, des propriétés plus classiques.

Théorème 4.7 : *On suppose que H est continu et que u_0 est localement borné dans Ω. Si u (resp. v) est une sous-solution localement bornée s.c.s (resp. une sursolution localement bornée s.c.i) de (4.20)-(4.21) alors:*

$$u(x,0) \le u_0^*(x) \quad \text{dans } \Omega ,$$

(resp.

$$v(x,0) \ge (u_0)_*(x) \quad \text{dans } \Omega .)$$

$\square$

En d'autres termes, on a des propriétés classiques au lieu des conditions aux limites au sens de viscosité.

Preuve : On ne démontre que la propriété pour u, celle pour v étant obtenue par des arguments analogues. Soit $x \in \Omega$. Pour ε suffisamment petit et C suffisamment grand, la fonction:

$$\chi(y,t) = u(y,t) - \frac{|y-x|^2}{\varepsilon} - Ct$$

a un point de maximum local $(\overline{y}, \overline{t})$ dans un voisinage de $(x, 0)$. De plus, en fixant ε, on remarque que, si C est assez grand l'inégalité de viscosité:

$$C + H(\overline{y}, \overline{t}, u(\overline{y}, \overline{t}), \frac{2(\overline{y} - x)}{\varepsilon}) \leq 0 \, ,$$

ne peut avoir lieu. Il en résulte alors que l'on a nécessairement $\overline{t} = 0$ et l'inégalité $u(\overline{y}, 0) \leq (u_0)^*(\overline{y})$. Mais comme $(\overline{y}, 0)$ est un point de maximum de la fonction χ, $\chi(\overline{y}, 0) \geq \chi(x, 0)$ et donc $u(\overline{y}, 0) \geq u(x, 0)$. Finalement:

$$u(x, 0) \leq (u_0)^*(\overline{y}) \, ,$$

et on conclut en faisant tendre en même temps ε vers 0 et C vers l'infini: $\overline{y}$ tend alors vers x et il suffit de remarquer que $\limsup (u_0)^*(\overline{y}) \leq (u_0)^*(x)$ puisque $(u_0)^*$ est s.c.s.   □

Nous passons maintenant à la formulation des résultats d'unicité forte. Nous allons utiliser les mêmes hypothèses que dans le cas stationnaire avec la convention suivante: on dira que l'hamiltonien $H(x, t, u, p)$ satisfait une des hypothèses (H1), (H2)...etc si, pour tout $t \in [0, T]$, cette hypothèse est satisfaite par $H_t(x, u, p) = H(x, t, u, p)$ avec des constantes ou des modules de continuité indépendants de t. Dans (H1) et dans (H8), on autorise γ_R et γ à être négatifs alors que, dans (H16), on supposera toujours que $\Phi_R \equiv 1$.

On commence par le **Principe du Maximum dans le cas d'un ouvert borné**.

Théorème 4.8 : *On suppose que l'ouvert Ω est borné et que l'hamiltonien H est continu et satisfait les hypothèses (H1)-(H2) ou (H1)-(H7), alors on a un résultat d'unicité forte type Principe du Maximum pour (4.20).*   □

La démonstration de ce résultat devrait être maintenant un exercice de routine pour le lecteur: le premier ingrédient de la preuve est le changement de fonction $u \to ue^{-\Lambda t}$ qui, pour un $\Lambda > 0$ bien choisi, permet de se ramener au cas où $\gamma_R > 0$ dans (H1). Puis on introduit la fonction-test

$$\psi_{\varepsilon, \eta}(x, y, t, s) = u(x, t) - v(y, s) - \frac{|x - y|^2}{\varepsilon^2} - \frac{(t - s)^2}{\eta^2} \, ,$$

et on procède de la manière suivante: dans le cas de (H2), on fait d'abord tendre η vers 0, ε étant fixé, ce qui ne nécessite que la continuité de H, puis on utilise (H2) pour conclure. Dans le cas de (H7), on choisit $\eta = \varepsilon$, les variables x et t jouant ici le même rôle.

Un corollaire immédiat du théorème 4.8 est le premier résultat du type **Principe du Maximum dans $\mathbb{R}^N$**

Théorème 4.9 : *Sous les hypothèses (H8)-(H9)-(H10), on a un résultat d'unicité forte type Principe du Maximum dans $\mathbb{R}^N$ pour (4.20) dans la classe des solutions discontinues qui vérifient:*

$$u(x, t).e^{-\eta|x|} \to 0 \quad quand \ |x| \to +\infty \, , \tag{4.22}$$

uniformément par rapport à $t \in [0, T]$, pour un certain $\eta > 0$.   □

La preuve de ce résultat se calque sur celle du théorème 2.10: on fait le changement de fonction

$$\tilde{u}(x) = u(x)e^{-\Lambda t}e^{-\eta\xi(x)} ,$$

où $\xi(x) = (|x|^2 + 1)^{1/2}$. Le choix de $\Lambda > 0$ grand permet de prendre en compte n'importe quel η car on se ramène ainsi au cas où γ est aussi grand que l'on veut dans (H8).

En fait, ce résultat est loin d'être optimal: sous les hypothèses (H8), (H9) et surtout (H10) – dont le rôle est primordial –, on sait montrer que l'on a un résultat de type "vitesse finie de propagation" (des informations) pour (4.20) i.e.

$$u(x,0) \le v(x,0) \quad \text{dans } B_R \implies u(x,t) \le v(x,t) \quad \text{dans } B_{R-Kt} ,$$

pour tout $t \le \dfrac{R}{K}$, où la constante K est donnée par (H10). Ce résultat implique, en particulier, que l'on a un résultat d'unicité forte type Principe du Maximum dans $\mathbb{R}^N \times (0,T)$ <u>sans restriction sur la croissance des solutions à l'infini</u>. Nous renvoyons le lecteur aux notes bibliographiques pour des références sur les résultats de type "vitesse finie de propagation".

Nous donnons maintenant un résultat d'unicité forte pour (4.20)-(4.21) dans $\mathbb{R}^N$ et dans le cas de solutions bornées avec des hypothèses plus faibles sur H.

Theorème 4.10 : *On suppose que $\Omega = \mathbb{R}^N$ et que $u_0 \in BUC(\mathbb{R}^N)$. Si H est continu et satisfait les hypothèses (H1)-(H2)-(H11), on a un résultat d'unicité forte pour (4.20)-(4.21) dans la classe des solutions discontinues bornées.*   □

Ce résultat n'est pas tout à fait du type Principe du Maximum: en effet, si u et v sont respectivement sous-solution et sursolution de (4.20)-(4.21), on a en $t = 0$

$$u(x,0) \le u_0(x) \le v(x,0) \quad \text{dans } \mathbb{R}^N ,$$

avec $u_0 \in BUC(\mathbb{R}^N)$, et cette condition est plus forte que d'imposer seulement $u(x,0) \le v(x,0)$ dans $\mathbb{R}^N$. La démonstration du théorème 4.10 est laissée en exercice.

Il est à noter qu'on n'a pas a priori un résultat analogue en remplaçant (H2) par (H7): on se heurte ici au problème de la prise en compte de la donnée initiale qui n'est pas "suffisamment uniforme" dans $\mathbb{R}^N$. Un tel résultat avec (H7) nécessiterait une hypothèse du type: $u_0 \in BUC(\mathbb{R}^N)$ et il existe des fonctions m et $\tilde{m}$ telles que $m(0+) = 0$, $\tilde{m}(0+) = 0$ et:

$$u(x,t) \le u_0(x) + m(t) \quad \text{et} \quad v(x,t) \ge u_0(x) + \tilde{m}(t) \quad \text{dans } \mathbb{R}^N \times [0,T] .$$

Nous nous tournons maintenant vers les **problèmes avec des conditions aux limites** et nous considérons tout d'abord les **conditions de Neumann non linéaires**.

Dans le cas des équations d'évolution, l'hamiltonien F de (4.16) peut évidemment dépendre du temps mais cette condition aux limites peut aussi prendre la forme

$$\frac{\partial u}{\partial t} + F(x, t, u, Du) = 0 \quad \text{sur } \partial\Omega \times (0, T) . \tag{4.23}$$

Dans ce contexte, on peut distinguer deux types d'"hypothèses naturelles" sur H: les hypothèses (HNCLE1) où H satisfait (H1)-(H2)-(H16) ou celles notées (HNCLE2) où H satisfait (H1)-(H7)-(H16). On rappelle qu'on suppose ici que, dans (H16), $\Phi_R \equiv 1$.

Pour justifier heuristiquement l'introduction des deux types d'hypothèses (HNCLE1) et (HNCLE2), on peut remarquer que, dans le cas de (4.16), les variables x et t jouent des rôles différents car $\dfrac{\partial u}{\partial t}$ n'apparaît pas dans la condition aux limites. Au contraire, dans le cas de (4.23), la présence du terme $\dfrac{\partial u}{\partial t}$ leur fait jouer exactement le même rôle: on est en variable (x, t) exactement dans le contexte du théorème 4.4 et (H7) doit être lu comme (H2) dans cette variable.

On formule maintenant un résultat d'unicité forte pour (4.16) et (4.23).

Théorème 4.11 : *On suppose que l'ouvert Ω est borné et de classe $W^{2,\infty}$ et que les fonctions u_0, H et F sont continues.*

(i) *Si H satisfait (HNCLE1) et si F satisfait (H1) avec $\gamma_R \geq 0$ -(H2)-(H14)-(H15), alors on a un résultat d'unicité forte pour (4.20)-(4.21)-(4.16) sur $\overline{\Omega} \times [0, T]$.*

(ii) *Si H est satisfait (HNCLE2) et si F satisfait (H1) avec $\gamma_R \in \mathbb{R}$ -(H7)-(H14)-(H15), alors on a un résultat d'unicité forte pour (4.20)-(4.21)-(4.23) sur $\overline{\Omega} \times [0, T]$.*   □

Nous laissons la preuve de ce résultat en exercice au lecteur car c'est une adaptation relativement simple de la preuve du théorème 4.4; nous remarquons simplement que cette preuve traite automatiquement la difficulté que nous allons décrire ci-dessous dans le cas du problème de Dirichlet i.e. le "mélange" de la condition initiale et de la condition aux limites sur $\partial\Omega \times \{0\}$.

Nous terminons cette section par les **conditions aux limites de Dirichlet**

$$u = \varphi \quad \text{sur } \partial\Omega \times (0, T) . \tag{4.24}$$

Le résultat est le suivant:

Théorème 4.12 : *Les résultats des théorèmes 4.5, 4.6 et celui du corollaire 4.1 s'étendent dans le cas d'évolution si $u_0 \in C(\overline{\Omega})$ et si $\varphi \in C(\partial\Omega \times [0, T])$ à condition d'en comprendre les hypothèses comme s'appliquant l'hamiltonien de l'équation d'évolution $\tilde{H}$ défini par:*

$$\tilde{H}(x, t, u, p, p_t) = p_t + H(x, t, u, p) ,$$

en variables (x, t) et avec $\gamma_R \in \mathbb{R}$ dans (H1). Dans le cas du théorème 4.5 et du corollaire 4.1, on supposera de plus que:

$$u_0 = \varphi \quad \text{sur } \partial\Omega \times \{0\} . \tag{4.25}$$

□

Le traitement de la condition de Dirichlet sur $\partial\Omega\times]0,T]$ est tout à fait analogue au cas stationnaire: on raisonne simplement en variables (x,t) avec l'hamiltonien $\bar{H}$. Nous laissons donc le soin au lecteur de donner une formulation plus précise du théorème 4.12 et de le démontrer.

Remarque 4.1 : *Les hypothèses de non-dégénérescence (H18), (H19) et (H20) doivent, bien entendu, être satisfaites par $\bar{H}$ sur $\partial\Omega\times[0,T]$ où la condition de Dirichlet a lieu et pas sur les autres parties du bord de l'ouvert $\Omega\times(0,T)$. Dans l'énoncé de ces hypothèses, le rôle de p est tenu ici par (p,p_t) et celui de n par la normale au bord de $\partial\Omega\times[0,T]$, c'est-à-dire $(n,0)$. En prenant $p_t=0$, on constate que, si $\bar{H}$ satisfait (H18), (H19) ou (H20), il en est de même pour H.*

La seule difficulté qui apparaît dans ce cas est le "mélange" de la condition initiale et de la condition aux limites sur $\partial\Omega\times\{0\}$. En effet, sur $\partial\Omega\times\{0\}$, on a les inégalités de viscosité

$$\begin{cases} \min(\dfrac{\partial u}{\partial t}+H(x,0,u,Du),u-u_0,u-\varphi)\leq 0 & \text{sur } \partial\Omega\times\{0\}\,, \\[2mm] \max(\dfrac{\partial u}{\partial t}+H(x,0,u,Du),u-u_0,u-\varphi)\geq 0 & \text{sur } \partial\Omega\times\{0\}. \end{cases}$$

Mais les arguments du théorème 4.7 montre qu'en fait, on a respectivement

$$\min(u-u_0,u-\varphi)\leq 0 \quad \text{sur } \partial\Omega\times\{0\}\,,$$

et

$$\max(u-u_0,u-\varphi)\geq 0 \quad \text{sur } \partial\Omega\times\{0\}\,.$$

La condition (4.25) implique alors que si u et v sont respectivement sous-solution et sursolution du problème de Dirichlet, on a nécessairement

$$u\leq u_0 \quad \text{sur } \partial\Omega\times\{0\}\,,$$

et:

$$v\geq u_0 \quad \text{sur } \partial\Omega\times\{0\}\,,$$

ce qui élimine toute difficulté en $t=0$.

De ce point de vue, les problèmes de contraintes d'état sont beaucoup plus délicats: en effet, comme ils correspondent heuristiquement à $\varphi\equiv+\infty$, la condition (4.25) n'est pas satisfaite. On peut aussi voir cette difficulté dans le fait que la preuve du théorème 4.7 ne s'applique pas simplement à la sous-solution puisqu'elle ne satisfait aucune condition aux limites sur $\partial\Omega\times[0,T]$ (alors que fait-on si $\bar{y}\in\partial\Omega$?).

Ce problème est résolu par le

Théorème 4.13 : *On suppose que la fonction continue H satisfait (H18) sur $\partial\Omega\times[0,T]$ et que $u_0\in C(\overline{\Omega})$. Si u est une sous solution s.c.s bornée de (4.20)-(4.21) qui vérifie:*

$$\forall x \in \partial\Omega\,, \qquad u(x,0) = \limsup_{\substack{(y,t)\to(x,0)\\ y\in\Omega}} u(y,t)\,, \qquad\qquad (4.26)$$

alors:

$$u(x,0) \le u_0(x) \quad sur\ \partial\Omega\,.$$

□

Dans l'énoncé du théorème 4.13, l'hypothèse (4.26) n'est pas vraiment restrictive en pratique. En effet, dans les problèmes de contraintes d'état, les sous-solutions ne satisfont aucune condition aux limites sur $\partial\Omega \times [0,T]$ et donc elles peuvent prendre des valeurs quasiment arbitraires sur $\partial\Omega \times [0,T]$, limitées seulement par leur caractère s.c.s. Pour obtenir un résultat d'unicité forte, on est obligé de redéfinir une telle sous-solution u sur le bord en posant:

$$u(x,t) = \limsup_{\substack{(y,s)\to(x,t)\\ y\in\Omega}} u(y,s) \quad sur\ \partial\Omega \times [0,T]\,,$$

et (4.26) est alors automatiquement vérifiée.

Preuve du théorème 4.13 : Pour $x \in \partial\Omega$, on introduit la fonction χ définie sur $\Omega \times [0,T]$ par:

$$\chi(y,t) = u(y,t) - \frac{|y-x|^2}{\varepsilon} - C_\varepsilon t - \frac{\alpha}{d(y)}\,,$$

où ε, α sont des paramètres strictement positifs destinés à tendre vers 0 et $C_\varepsilon > 0$ est une constante (grande) que l'on choisira plus tard.

Comme la fonction χ est s.c.s dans $\Omega \times [0,T]$ et comme $\chi(y,t) \to -\infty$ quand y tend vers $\partial\Omega$, χ atteint son maximum en un point $(\overline{y},\overline{t}) \in \Omega \times [0,T]$. On examine alors l'inégalité de viscosité

$$C_\varepsilon + H\left(\overline{y},\overline{t},u(\overline{y},\overline{t}),\frac{2(\overline{y}-x)}{\varepsilon} + \frac{\alpha}{[d(\overline{y})]^2}n(\overline{y})\right) \le 0\,. \qquad (4.27)$$

Elle implique, en particulier:

$$H\left(\overline{y},\overline{t},u(\overline{y},\overline{t}),\frac{2(\overline{y}-x)}{\varepsilon} + \frac{\alpha}{[d(\overline{y})]^2}n(\overline{y})\right) \le 0\,,$$

et en appliquant (H18) qui a lieu pour $\tilde{H}$, donc pour H, on en déduit l'estimation:

$$\frac{\alpha}{[d(\overline{y})]^2} \le C\left(1 + \frac{2|\overline{y}-x|}{\varepsilon}\right)\,, \qquad\qquad (4.28)$$

où C est la constante C_R donnée par (H18) avec $R = \|u\|_\infty$.

Or, comm $(\overline{y},\overline{t})$ est un point d maximum de χ, on a, pour ε suffisamment p tit:

$$\chi(x - \varepsilon n(x),0) \le \chi(\overline{y},\overline{t})\,,$$

(en effet, dans ce cas $x - \varepsilon n(x) \in \Omega$) soit

$$u(x - \varepsilon n(x), 0) - \varepsilon - \frac{\alpha}{\varepsilon} \leq u(\overline{y}, \overline{t}) - \frac{|\overline{y} - x|^2}{\varepsilon} - C_\varepsilon \overline{t} - \frac{\alpha}{d(\overline{y})} \, .$$

Comme u est borné, on montre facilement que cette inégalité implique que le terme $\dfrac{|\overline{y} - x|^2}{\varepsilon}$ l'est aussi à condition que le quotient $\dfrac{\alpha}{\varepsilon}$ reste borné. On suppose désormais que $\dfrac{\alpha}{\varepsilon} \leq 1$: grâce à (4.28), le terme $\dfrac{\alpha}{[d(\overline{y})]^2}$ est alors un $\dfrac{O(1)}{\varepsilon^{1/2}}$.

On revient à l'inégalité de viscosité (4.27): cette inégalité ne peut avoir lieu si on choisit C_ε suffisamment grand, ce choix ne dépendant que de ε et pas de α. On a donc à la fois $\overline{t} = 0$ et

$$u(\overline{y}, 0) \leq u_0(\overline{y}) \, .$$

D'après (4.26), il existe une suite de points $(y_k, t_k) \in \Omega \times [0, T]$ telle que $u(y_k, t_k) \to u(x, 0)$. On écrit alors la propriété $\chi(y_k, t_k) \leq \chi(\overline{y}, \overline{t})$:

$$u(y_k, t_k) - \frac{|y_k - x|^2}{\varepsilon} - C_\varepsilon t_k - \frac{\alpha}{d(y_k)} \leq u(\overline{y}, \overline{t}) - \frac{|\overline{y} - x|^2}{\varepsilon} - C_\varepsilon \overline{t} - \frac{\alpha}{d(\overline{y})} \, ,$$

qui implique

$$u(y_k, t_k) - \frac{|y_k - x|^2}{\varepsilon} - C_\varepsilon t_k - \frac{\alpha}{d(y_k)} \leq u(\overline{y}, \overline{t}) \leq u_0(\overline{y}) \, .$$

On fait tendre d'abord α vers 0 puis k vers $+\infty$ et enfin ε vers 0. Comme $\overline{y}$ tend vers x, l'inégalité $u(x, 0) \leq u_0(x)$ est simplement une conséquence de la continuité de u_0 sur $\overline{\Omega}$. $\qquad\square$

Remarque 4.2 : *En général, la condition (4.25) est nécessaire pour avoir un résultat d'unicité forte pour le problème de Dirichlet. Nous invitons le lecteur à construire des exemples de problèmes de contrôle optimal en horizon fini avec temps de sortie qui ne satisfont pas cette condition et qui possèdent des fonctions-valeur discontinues.*

Mais, comme le montre l'exemple du problème de contraintes d'état ci-dessus, l'unicité forte peut encore avoir lieu même si cette condition n'est pas satisfaite: il s'agit de cas beaucoup plus délicats que l'on peut analyser plus finement en s'appuyant, encore une fois, sur le contrôle optimal et où le rôle des conditions de non-dégénérescence sur H (comme (H18) ci-dessus) est fondamental.

Nous n'avons formulé dans cette section que des résultats d'unicité forte pour des conditions aux limites "pures" i.e. nous avons supposé que la même condition aux limites est satisfaite sur tout $\partial\Omega$. Les cas où l'on a des conditions aux limites éventuellement différentes sur chacune des composantes connexes de $\partial\Omega$ se traite sans difficulté supplémentaire comme le lecteur pourra le constater en lisant les preuves de ces résultats d'unicité forte. Les cas où l'on impose des conditions aux limites différentes en certains points de la même composante connexe sont, par contre, beaucoup plus délicats. A notre connaissance, ces problèmes sont ouverts.

Les preuves des résultats d'unicité forte de cette section seront données ultérieurement dans l'appendice. Mais on va d'abord montrer comment les utiliser.

Notes bibliographiques de la section 4.4

Les premiers résultats d'unicité forte du type Principe du Maximum dans un ouvert borné ou dans $\mathbb{R}^N$ sont ceux de M.G Crandall, H. Ishii et P.L Lions[53]. Le cas de conditions de Neumann linéaires est traité dans P.L Lions[133] (voir aussi B. Perthame et R. Sanders[142]). Le premier résultat sur les conditions de Neumann non linéaires est celui de P.L Lions et l'auteur[25].

Dans le cas des conditions de Dirichlet, il faut évoquer en premier lieu le travail de H.M Soner[147] sur les problèmes de contraintes d'état: même si ce travail concerne uniquement des solutions continues et ne s'étend pas au cas de solutions discontinues, les idées qu'il contient ont servi de manière fondamentale à l'obtention du résultat d'unicité forte pour les conditions de Dirichlet. L'article de I. Capuzzo-Dolcetta et P.L Lions[46] contient également de nombreux résultats sur les problèmes de contraintes d'état, toujours dans le cas de solutions continues. Les théorèmes 4.5 et 4.6 sont obtenus dans G. Barles et B. Perthame[30].

Dans toutes les références que nous venons de donner, les théorèmes d'unicité forte sont obtenus aussi bien pour des problèmes stationnaires que pour des problèmes d'évolution. Pour les résultats de type "vitesse finie de propagation", nous renvoyons le lecteur à M.G Crandall et P.L Lions[55] ou au livre de P.L Lions[128].

Tous ces résultats concernent les équations du premier ordre. Dans le cas du deuxième ordre, nous renvoyons à la note bibliographique de la section 2.4 pour les résultats du type Principe du Maximum. Pour les conditions de Neumann non linéaires, deux résultats complémentaires existent: celui d'H. Ishii[108] qui ne requiert que peu de régularité du bord (C^1) mais où les hypothèses sur l'hamiltonien de la condition aux limites de Neumann sont assez restrictives. Celui de l'auteur[17] est obtenu sous des hypothèses "naturelles" sur les non-linéarités mais au prix d'une assez forte régularité du bord ($W^{3,\infty}$). Toujours dans le cas du deuxième ordre, des problèmes de type dérivées obliques dans des ouverts non réguliers sont traités dans P. Dupuis et H. Ishii[65, 66].

Le cas de conditions aux limites de Dirichlet pour les équations du deuxième ordre lorsque l'équation est vraiment dégénérée et lorsqu'il y a vraiment des pertes de conditions aux limites (sinon on utilise les résultats du type Principe du Maximum!) est ouvert dans le cas fortement non linéaire: le cas des équations semilinéaires a été résolu récemment par J. Burdeau et l'auteur[20].

5. PROBLEMES DE CONTROLE DETERMINISTE DANS DES OUVERTS BORNES

5.1 Problèmes de temps de sortie.

On va considérer des problèmes de contrôle avec temps de sortie du type de celui présenté dans l'introduction du chapitre 4. On rappelle d'abord brièvement le cadre: on considère un système dont l'état appartient à un ouvert Ω (ou éventuellement à sa fermeture $\overline{\Omega}$) et qui est décrit par la solution y_x d'une équation différentielle ordinaire:

$$\begin{cases} \dot{y}_x(t) = b(y_x(t), v(t)) & \text{pour } t > 0 \,, \\ y_x(0) = x \in \Omega \,. \end{cases} \tag{5.1}$$

où b satisfait (3.2).

La première fonction-valeur que nous examinons est donnée par:

$$u(x) = \inf_{v(.)} \left\{ \int_0^\tau f(y_x(t), v(t)) e^{-\lambda t} dt + \varphi(y_x(\tau)) e^{-\lambda \tau} \right\} \,, \tag{5.2}$$

où $\lambda > 0$, f satisfait (3.4) et φ est une fonction continue sur le bord. τ est le premier temps de sortie de la trajectoire y_x de l'ouvert Ω, i.e.

$$\tau = \inf\{ t \geq 0 \; ; \; y_x(t) \notin \Omega \} \,.$$

Malheureusement, et c'est bien là la cause de tous les problèmes, u n'est pas la seule fonction-valeur que l'on peut définir tout en restant dans un cadre très proche de celui-ci: on peut, par exemple, remplacer dans la définition de u le premier temps de sortie de l'ouvert Ω, τ, par le premier temps de sortie du fermé $\overline{\Omega}$ que l'on note $\overline{\tau}$:

$$\overline{\tau} = \inf\{ t \geq 0 \; ; \; y_x(t) \notin \overline{\Omega} \} \,.$$

ou encore par le meilleur temps d'arrêt sur le bord θ ($\tau \leq \theta \leq \overline{\tau}$)...etc. On en verra deux exemples un peu plus tard.

Dans l'étude des problèmes de contrôle optimal, on peut poursuivre deux objectifs assez différents: le premier consiste à vouloir trouver un cadre général pour que u soit continue et soit l'unique solution du problème de Bellman généralisé associé; on dira que c'est une approche continue. La deuxième consiste à accepter l'éventuelle discontinuité de u et à obtenir des résultats parfois plus faibles mais dans un cadre plus général: ce sera l'approche discontinue. Nous allons décrire ces deux approches dans le cadre des problèmes de temps de sortie: elles sont, bien entendu, complémentaires, la deuxième nous permettant d'analyser les phénomènes de non-unicité pour le problème de Dirichlet.

5.1.1 Problèmes de temps de sortie: l'approche continue.

Dans l'approche continue, malgré la terminologie, on veut éviter d'avoir à montrer a priori que u est continue car c'est généralement un résultat difficile voire très difficile à obtenir directement à partir de la Programmation Dynamique. La méthode pour y parvenir consiste à procéder comme suit:

1. On obtient un résultat de type Programmation Dynamique pour u.

2. On en déduit que u^* et u_* sont respectivement sous et sursolution de l'équation de Bellman

$$\sup_{v \in V} \{-b(x,v).Du + \lambda u - f(x,v)\} = 0 \quad \text{dans } \Omega , \qquad (5.3)$$

associée à la condition aux limites de Dirichlet

$$u = \varphi \quad \text{sur } \partial\Omega . \qquad (5.4)$$

3. On utilise un résultat d'unicité forte pour comparer la sous-solution u^* et la sursolution u_*: on obtient $u^* \leq u_*$ dans Ω. Mais comme, par définition, $u_* \leq u \leq u^*$ dans Ω, il en résulte que $u = u_* = u^*$ dans Ω et cette égalité implique la continuité de u dans Ω puisque u^* est s.c.s et u_* est s.c.i. On montrera même que u s'étend en une fonction continue sur $\overline{\Omega}$ qui est encore solution de (5.3)-(5.4).

4. On réutilise le résultat d'unicité forte pour montrer que u est l'unique solution de (5.3)-(5.4).

La première étape est le

Théorème 5.1 : *Sous les hypothèses (3.2)-(3.4), si φ est continue sur $\partial\Omega$ et si $\lambda > 0$, la fonction-valeur u du problème de temps de sortie satisfait le* Principe de la Programmation Dynamique:

$$u(x) = \inf_{v(.)} \left[\int_0^{T \wedge \tau} f(y_x(t), v(t)) e^{-\lambda t} dt + 1_{\{T < \tau\}} u(y_x(T)) e^{-\lambda T} + \right.$$

$$\left. 1_{\{T \geq \tau\}} \varphi(y_x(\tau)) e^{-\lambda \tau} \right] , \qquad (5.5)$$

pour tout $T > 0$. □

La preuve du théorème 5.1 étant analogue à la preuve du théorème 3.1, on la laisse en exercice au lecteur.

On continue par le

Théorème 5.2 : *Sous les hypothèses (3.2)-(3.4), si la fonction φ est continue sur $\partial\Omega$ et si $\lambda > 0$, la fonction-valeur u du problème de temps de sortie est solution (discontinue) du problème de Bellman- Dirichlet (5.3)-(5.4).* $\square$

Preuve : Nous prouvons d'abord que u^* est une sous-solution de (5.3)-(5.4).

Commençons par l'équation à l'intérieur de Ω. Soit ϕ une fonction de classe C^1 et soit $x \in \Omega$ un point de maximum local de $u^* - \phi$. On peut supposer sans perte de généralité que $u^*(x) = \phi(x)$, quitte à changer ϕ en $\phi - (\phi(x) - u^*(x))$, ce qui ne modifie pas son gradient. Il existe donc $r > 0$ tel que:

$$\forall y \in B_r(x) \subset \Omega, \quad u^*(y) \leq \phi(y).$$

Comme b est uniformément borné, le temps de sortie de toutes les trajectoires y_x vérifie:

$$\tau \geq \frac{d(x, \partial\Omega)}{C},$$

pour une certaine constante C. Donc, si $T < \dfrac{d(x, \partial\Omega)}{C}$, (5.5) implique:

$$u(x) = \inf_{v(.)} \left[\int_0^T f(y_x(t), v(t)) e^{-\lambda t} dt + u(y_x(T)) e^{-\lambda T} \right].$$

On choisit alors une suite $(x_k)_k$ de point de Ω telle que $x_k \to x$ et telle que:

$$u^*(x) = \lim_k u(x_k).$$

On applique (5.5) aux points de la suite $(x_k)_k$; pour T suffisamment petit et k assez grand, on obtient de même:

$$u(x_k) = \inf_{v(.)} \left[\int_0^T f(y_{x_k}(t), v(t)) e^{-\lambda t} dt + u(y_{x_k}(T)) e^{-\lambda T} \right].$$

De plus, on peut supposer que $y_{x_k}(T) \in B_r(x)$, ce qui conduit à:

$$u(y_{x_k}(T)) \leq u^*(y_{x_k}(T)) \leq \phi(y_{x_k}(T)).$$

En posant $\varepsilon_k = u(x_k) - u^*(x)$ ($\varepsilon_k \to 0$ quand $k \to +\infty$), on a finalement:

$$\phi(x) + \varepsilon_k \leq \inf_{v(.)} \left[\int_0^T f(y_{x_k}(t), v(t)) e^{-\lambda t} dt + \phi(y_{x_k}(T)) e^{-\lambda T} \right].$$

On effectue alors les mêmes calculs que dans la preuve du théorème 3.3 et on conclut en faisant tendre d'abord k vers l'infini puis en divisant par T et en faisant tendre T vers 0.

Passons maintenant au cas du bord. On désigne toujours par ϕ une fonction de classe C^1 et par $x \in \partial\Omega$ un point de maximum local de $u^* - \phi$; on suppose toujours que $u^*(x) = \phi(x)$. Deux possibilités: si $u^*(x) \leq \varphi(x)$, on a terminé. Sinon, il existe une suite $(x_k)_k$ de points de Ω telle que:

$$u^*(x) = \lim_k u(x_k) .$$

On applique (5.5) aux points de la suite $(x_k)_k$:

$$u(x_k) = \inf_{v(.)} \left[\int_0^{T \wedge \tau_k} f(y_{x_k}(t), v(t)) e^{-\lambda t} dt + 1_{\{T < \tau_k\}} u(y_{x_k}(T)) e^{-\lambda T} + \right.$$

$$\left. 1_{\{T \geq \tau_k\}} \varphi(y_{x_k}(\tau_k)) e^{-\lambda \tau_k} \right] . \quad (5.6)$$

On remarque alors que:

$$\liminf_k \inf_{v(.)} [\tau_k] > 0 .$$

En effet, si tel n'était pas le cas, il existerait une sous-suite $(\tau_{k'})_{k'}$ de temps de sortie associés à des contrôles $(v_{k'})_{k'}$ et aux points $(x_{k'})_{k'}$ telle que $\tau_{k'} \to 0$. Or d'après (5.6), on aurait:

$$u(x_{k'}) \leq \int_0^{T \wedge \tau_{k'}} f(y_{x_{k'}}(t), v_{k'}(t)) e^{-\lambda t} dt + 1_{\{T < \tau_{k'}\}} u(y_{x_{k'}}(T)) e^{-\lambda T} +$$

$$1_{\{T \geq \tau_{k'}\}} \varphi(y_{x_{k'}}(\tau_{k'})) e^{-\lambda \tau_{k'}} .$$

Et en faisant tendre k' vers $+\infty$, on obtiendrait $u^*(x) \leq \varphi(x)$, une contradiction.

On en déduit que, pour k assez grand, $\tau_k \geq \eta > 0$, pour tout contrôle $v(.)$. On raisonne alors de manière identique au cas $x \in \Omega$; on a cette fois:

$$\phi(x) + \varepsilon_k \leq \inf_{v(.)} \left[\int_0^{T \wedge \tau_k} f(y_{x_k}(t), v(t)) e^{-\lambda t} dt + 1_{\{T < \tau_k\}} \phi(y_{x_k}(T)) e^{-\lambda T} + \right.$$

$$\left. 1_{\{T \geq \tau_k\}} \varphi(y_{x_k}(\tau_k)) e^{-\lambda \tau_k} \right] .$$

En choisissant $T < \eta$ et k assez grand, on est ramené aux calculs du cas $x \in \Omega$ et on conclut de manière analogue.

Prouvons maintenant que u_* est une sursolution de (5.3)-(5.4). Le cas de l'équation à l'intérieur de Ω se traite de la même façon que pour la sous-solution: on se ramène à des calculs analogues à ceux que nous avons décrits pour les problèmes en horizon infini en utilisant le fait que b est uniformément borné. Seul le bord pose un problème.

On considère donc ϕ une fonction de classe C^1 et $x \in \partial\Omega$ un point de minimum local de $u_* - \phi$; on peut supposer sans perte de généralité que l'on a $u_*(x) = \phi(x)$. Si $u(x) \geq \varphi(x)$, on a terminé. Sinon, il existe une suite $(x_k)_k$ de points de Ω telle que:

$$u_*(x) = \lim_k u(x_k) .$$

On applique (5.5) aux points de la suite $(x_k)_k$:

$$u(x_k) = \inf_{v(.)} \left[\int_0^{T \wedge \tau_k} f(y_{x_k}(t), v(t)) e^{-\lambda t} dt + 1_{\{T < \tau_k\}} u(y_{x_k}(T)) e^{-\lambda T} + \right.$$

$$\left. 1_{\{T \geq \tau_k\}} \varphi(y_{x_k}(\tau_k)) e^{-\lambda \tau_k} \right]. \quad (5.7)$$

On choisit alors, pour tout $k \geq 1$, un contrôle $v_k(.)$ $\frac{1}{k}$-optimal pour x_k i.e. vérifiant:

$$u(x_k) \geq \int_0^{T \wedge \tau_k} f(y_{x_k}^k(t), v_k(t)) e^{-\lambda t} dt + 1_{\{T < \tau_k\}} u(y_{x_k}^k(T)) e^{-\lambda T} +$$

$$1_{\{T \geq \tau_k\}} \varphi(y_{x_k}^k(\tau_k)) e^{-\lambda \tau_k} - \frac{1}{k} .$$

où $y_{x_k}^k$ désigne la trajectoire associée à $v_k(.)$ et τ_k est le premier temps de sortie de $y_{x_k}^k$ de Ω. Comme $u_*(x) < \varphi(x)$, il est clair par des arguments analogues à ceux donnés pour la sous-solution que:

$$\liminf_k [\tau_k] > 0 .$$

Si k est assez grand et si T est suffisamment petit, on a donc $T \wedge \tau_k = T$ et on en déduit:

$$u(x_k) \geq \int_0^T f(y_{x_k}^k(t), v_k(t)) e^{-\lambda t} dt + u(y_{x_k}^k(T)) e^{-\lambda T} - \frac{1}{k} ,$$

ce qui conduit à:

$$u(x_k) \geq \inf_{v(.)} \left[\int_0^T f(y_{x_k}(t), v(t)) e^{-\lambda t} dt + u(y_{x_k}(T)) e^{-\lambda T} \right] - \frac{1}{k} .$$

Et on conclut, comme dans le cas de la sous-solution, en effectuant d'abord les mêmes calculs que dans la preuve du théorème 3.3 puis en faisant tendre k vers l'infini et finalement en divisant par T en faisant tendre T vers 0.   □

Il est à noter que les résultats des théorèmes 5.1 et 5.2 sont valables dans n'importe quel ouvert Ω, borné ou pas, et sans aucune hypothèse de régularité. Pour poursuivre notre approche i.e. pour montrer que la fonction u est continue et qu'elle est l'unique solution de (5.3)-(5.4), il n'en sera pas de même: on suppose désormais que l'ouvert Ω est borné et de classe $W^{2,\infty}$. Cette régularité implique, en particulier, que d, la distance à $\partial \Omega$, est de classe $W^{2,\infty}$; on utilisera la notation $n(x) = -Dd(x)$ même si x n'appartient pas au bord.

Pour donner le résultat final, on va utiliser les hypothèses:

(H21)   Pour tout $x \in \partial \Omega$, s'il existe $v \in V$ tel que: $-b(x,v).n(x) \geq 0$ alors il existe $v' \in V$ tel que: $-b(x,v').n(x) > 0$.

(H22)   Pour tout $x \in \partial \Omega$, si $-b(x,v).n(x) \geq 0$ pour tout $v \in V$ alors $b(x,v).n(x) > 0$ pour tout $v \in V$.

On conclut par le

Théorème 5.3 : *Sous les hypothèses (3.2)-(3.4)-(H21)-(H22), si φ est continue sur $\partial\Omega$ et si $\lambda > 0$, la fonction-valeur u du problème de contrôle avec temps de sortie est continue dans Ω et elle est l'unique solution du problème (5.3)-(5.4).*

□

Les hypothèses (H21) et (H22) sont des hypothèses de non-dégénér scence visant à annuler la difficulté provenant des trajectoires qui sont tangent s au bord ou même qui restent un certain temps sur le bord; on montrera les effets de telles trajectoires dans l'approche discontinue. On peut traduire (H21) et (H22) de manière plus imagée par: "s'il existe en $x \in \partial\Omega$ une trajectoire qui rentre dans Ω, alors il en existe une qui rentre strictement i.e. qui rentre en n'étant pas tangente au bord" pour (H21). (H22) doit être vue de manière contraposée:"s'il existe au point $x \in \partial\Omega$ une trajectoire qui sort de l'ouvert Ω, alors il en existe une qui sort strictement i.e. qui sort en n'étant pas tangente au bord."

Preuve : La preuve consiste essentiellement à montrer que l'on peut appliquer "d'une certaine manière" le théorème 4.5. On se heurte ici au problème des valeurs prises par les sous et sursolutions de (5.3)-(5.4) sur $\partial\Omega$, problème que nous avons évoqué dans l'introduction du chapitre 4 et décrit de manière plus précise dans les commentaires sur les énoncés du théorème 4.5 et du corollaire 4.1. Si u_1 et u_2 sont respectivement sous et sursolutions de (5.3)-(5.4), on n'a pas, en général, $u_1 \leq u_2$ sur $\overline{\Omega}$, même sous les hypothèses du théorème 5.3: en effet, u_1 et u_2 peuvent prendre des valeurs "aberrantes" sur le bord à cause des contraintes trop faibles imposées par la condition de Dirichlet généralisée; en particulier, u_1 et u_2 ne satisfont pas nécessairement (4.18).

Nous allons montrer comment traiter cette difficulté et prouver que le résultat d'unicité forte a lieu dans Ω i.e.

$$u_1 \leq u_2 \quad \text{dans } \Omega .$$

La preuve consiste en deux étapes: on commence par prouver que l'hypothèse (H18) est satisfaite avec $\Gamma_1 = \{u_1 \leq \varphi\} \cap \{u_2 < \varphi\}$ et que l'hypothèse (H19) est satisfaite avec $\Gamma_2 = \{u_2 \geq \varphi\} \cap \{u_1 > \varphi\}$. Puis on redéfinit u_1 et u_2 sur certaines parties de $\partial\Omega$: on obtient ainsi de nouvelles fonctions $\tilde{u}_1$ et $\tilde{u}_2$, respectivement sous et sursolutions de (5.3)-(5.4), qui satisfont les hypothèses du théorème 4.5, en particulier la propriété (4.18). On a donc $\tilde{u}_1 \leq \tilde{u}_2$ sur $\overline{\Omega}$ et le résultat est une conséquence immédiate de cette inégalité puisque $\tilde{u}_1 = u_1$ dans Ω et $\tilde{u}_2 = u_2$ dans Ω.

On démontre d'abord les lemmes:

Lemme 5.1 : *Pour tout $x \in \partial\Omega$ tel que $u_2(x) < \varphi(x)$, il existe $v \in V$ tel que $-b(x,v).n(x) \geq 0$.*

□

et:

Lemme 5.2 : *Pour tout $x \in \partial\Omega$ tel que $u_1(x) > \varphi(x)$, on a $-b(x,v).n(x) \geq 0$ pour tout $v \in V$.*

$\square$

Ces deux résultats sont tout à fait intuitifs pour $u_1 = u^*$ et $u_2 = u_*$: en effet, l'inégalité $u_*(x) < \varphi(x)$ signifie que la stratégie optimale consiste à ne pas sortir immédiatement de l'ouvert et que cette stratégie peut être réalisée au moins pour certains points voisins de x: il en résulte qu'il existe pour ces points une trajectoire qui "fuit" le bord et on en déduit pour x l'existence d'un champ rentrant au sens large, i.e. éventuellement tangent au bord.

De même, $u^*(x) > \varphi(x)$ signifie qu'il existe des points voisins de x pour lesquels aucune trajectoire ne sort immédiatement de l'ouvert Ω. Et donc, intuitivement, $-b(x,v).n(x) \geq 0$ pour tout $v \in V$.

Preuve du lemme 5.1 : Soit $x \in \partial\Omega$. On considère la fonction

$$\chi(y) = u_2(y) + \frac{|y - x|^2}{\varepsilon} + Cd(y)$$

où d désigne la fonction distance au bord qui est de classe $W^{2,\infty}$ dans un voisinage de $\partial\Omega$ d'après les hypothèses sur la régularité de Ω. Les constantes ε et C sont des paramètres positifs que nous choisirons plus tard.

La fonction χ est s.c.i car u_2 l'est; comme $\overline{\Omega}$ est compact, elle atteint son minimum en un point y_ε. On a, en particulier:

$$u_2(y_\varepsilon) + \frac{|y_\varepsilon - x|^2}{\varepsilon} + Cd(y_\varepsilon) \leq u_2(x)\,.$$

Comme u_2 est borné, le terme $\dfrac{|y_\varepsilon - x|^2}{\varepsilon}$ l'est aussi et on en déduit que y_ε tend vers x quand ε tend vers 0. Puis on remarque que cette inégalité implique aussi $u_2(y_\varepsilon) \leq u_2(x)$ et comme y_ε tend vers x, on a:

$$\limsup_\varepsilon u_2(y_\varepsilon) \leq u_2(x)\,,$$

ce qui, compte tenu du caractère s.c.i de u_2, donne finalement:

$$\lim_\varepsilon u_2(y_\varepsilon) = u_2(x)\,.$$

On utilise alors la propriété $u_2(x) < \varphi(x)$ qui implique $u_2(y_\varepsilon) < \varphi(y_\varepsilon)$ si $y_\varepsilon \in \partial\Omega$ et si ε est suffisamment petit. Il en résulte que, pour de tels ε, l'inégalité suivante a toujours lieu:

$$\sup_{v \in V} \left\{ -b(y_\varepsilon,v).\left(-\frac{2(y_\varepsilon - x)}{\varepsilon} + Cn(y_\varepsilon) \right) + \lambda u_2(y_\varepsilon) - f(y_\varepsilon,v) \right\} \geq 0\,.$$

On rappelle que le gradient de d au point $z \in \partial\Omega$ est $-n(z)$ où $n(z)$ est la normale unitaire sortante à $\partial\Omega$ en z et que l'on utilise encore cette notation si

z est dans Ω. On divise cette inégalité par C et on fait tendre simultanément ε vers 0 et C vers $+\infty$ en prenant soin d'avoir $C\sqrt{\varepsilon} \to +\infty$. Vu les estimations que l'on a sur le terme $\dfrac{|y_\varepsilon - x|^2}{\varepsilon}$ (qui est borné par $2\|u_2\|_\infty$), le passage à la limite dans l'inégalité donne:

$$\sup_{v \in V} \{-b(x,v).n(x)\} \geq 0 \,,$$

et le résultat est acquis puisque V est compact.   □

Preuve du lemme 5.2 : On procède de même en considérant cette fois la fonction:

$$y \mapsto u_1(y) - \frac{|y - x|^2}{\varepsilon} - Cd(y) \,.$$

En répétant des arguments analogues, on est conduit à:

$$\sup_{v \in V} \{b(x,v).n(x)\} \leq 0 \,.$$

Et le lemme est prouvé.   □

Montrons maintenant que l'on peut vérifier les hypothèses du théorème 4.5. Prouvons d'abord que (H18) a lieu avec $\Gamma_1 = \{u_1 \leq \varphi\} \cap \{u_2 < \varphi\}$. D'après le lemme 5.1, pour tout $x \in \{u_2 < \varphi\}$, il existe $v \in V$ tel que $-b(x,v).n(x) \geq 0$. Comme V est compact, cette propriété reste vraie si x appartient à $K = \overline{\{u_2 < \varphi\}}$, l'adhérence de $\{u_2 < \varphi\}$. Donc, d'après (H21), pour tout $x \in K$, il existe $v' \in V$ tel que $-b(x,v').n(x) > 0$. On utilise alors l'application $\psi : x \mapsto \sup_{v \in V} \{-b(x,v).n(x)\}$ qui est lipschitzienne donc continue sur $\partial\Omega$. La fonction ψ est strictement positive en tout point du compact K donc il existe $\nu > 0$ tel que $\psi(x) \geq \nu$ sur K. En particulier:

$$\sup_{v \in V} \{-b(x,v).n(x)\} \geq \nu \quad \text{sur } \{u_2 < \varphi\} \,.$$

(H18)' a donc lieu sur Γ_1 et par conséquent (H18) aussi.

On raisonne de manière identique pour (H19). Tournons-nous maintenant vers (4.18). D'après les hypothèses (H21) et (H22), $\partial\Omega$ peut s'écrire comme réunion de trois parties $\partial\Omega_1$, $\partial\Omega_2$ et $\partial\Omega_3$, chacune de ces parties étant elle-même une réunion de composantes connexes de $\partial\Omega$.

1. $\partial\Omega_1$: l'ensemble des points $x \in \partial\Omega$ pour lesquels il existe $v, v' \in V$ tels que

$$b(x,v).n(x) > 0 \,, \quad b(x,v').n(x) < 0 \,.$$

2. $\partial\Omega_2$: l'ensemble des points $x \in \partial\Omega$ pour lesquels pour tout $v \in V$

$$b(x,v).n(x) > 0 \,.$$

3. $\partial\Omega_3$: l'ensemble des points $x \in \partial\Omega$ pour lesquels pour tout $v \in V$

$$b(x,v).n(x) < 0 \; .$$

D'après les lemmes 5.1 et 5.2, $\Gamma_1 \subset \partial\Omega_1 \cup \partial\Omega_3$ et $\Gamma_2 \subset \partial\Omega_3$.

Le lemme suivant va nous servir à préciser le sens de la condition aux limites sur $\partial\Omega_3$.

Lemme 5.3 : *Si u est une sous-solution s.c.s bornée de* (5.3) *(resp. si v est une sursolution s.c.i bornée de* (5.3)*) qui satisfait:*

$$\forall x \in \partial\Omega_3 \; , \quad u(x) = \limsup_{\substack{y \to x \\ y \in \Omega}} u(y) \; ,$$

(resp.

$$\forall x \in \partial\Omega_3 \; , \quad v(x) = \liminf_{\substack{y \to x \\ y \in \Omega}} v(y) \; ,)$$

alors u (resp. v) est une sous-solution (resp. une sursolution) de:

$$H(x,w,Dw) = 0 \quad \text{dans } \Omega \cup \partial\Omega_3 \; .$$

$\square$

En d'autres termes, l'équation a lieu jusqu'au bord sur $\partial\Omega_3$ pourvu que les valeurs de la solution sur $\partial\Omega_3$ soient "naturelles" i.e. qu'il n'y ait pas de discontinuité artificielle.

La preuve du lemme est analogue à la preuve du lemme 2.8, le rôle de $T-t$ étant tenu ici par $d(x)$. Nous la laissons donc au lecteur.

On va maintenant redéfinir u_1 et u_2 sur certaines parties du bord. On pose:

$$\tilde{u}_1(x) = \begin{cases} u_1(x) & \text{si } x \in \Omega \cup \partial\Omega_2 \\ \limsup_{\substack{y \to x \\ y \in \Omega}} u_1(y) & \text{si } x \in \partial\Omega_1 \cup \partial\Omega_3 \end{cases}$$

La fonction $\tilde{u}_1$ ainsi définie est s.c.s car $\partial\Omega_1 \cup \partial\Omega_3$ est une réunion de composantes connexes de $\partial\Omega$; elle est toujours sous-solution de (5.3)-(5.4) car, sur $\partial\Omega_1$, $u_1 \leq \varphi$ d'après le lemme 5.2 et donc $\tilde{u}_1 \leq \varphi$ puisque $\tilde{u}_1 \leq u_1$. Sur $\partial\Omega_3$, le lemme 5.3 assure le résultat.

De même, on redéfinit u_2 sur $\partial\Omega_3$ en posant:

$$\tilde{u}_2(x) = \begin{cases} u_2(x) & \text{si } x \in \Omega \cup \partial\Omega_1 \cup \partial\Omega_2 \\ \liminf_{\substack{y \to x \\ y \in \Omega}} u_2(y) & \text{si } x \in \partial\Omega_3 \end{cases}$$

On applique encore une fois le lemme 5.3 et la propriété (4.18) est prouvée pour $\tilde{u}_1$ et $\tilde{u}_2$.

Comme les résultats de la première partie de la preuve restent valables pour la sous-solution $\tilde{u}_1$ et pour la sursolution $\tilde{u}_2$, il est clair que (H18) a lieu avec $\tilde{\Gamma}_1 = \{\tilde{u}_1 \leq \varphi\} \cap \{\tilde{u}_2 < \varphi\}$ et que (H19) a lieu avec $\tilde{\Gamma}_2 = \{\tilde{u}_2 \geq \varphi\} \cap \{\tilde{u}_1 > \varphi\}$. De plus, les hypothèses sur l'hamiltonien sont satisfaites comme conséquences de (3.2), (3.4) et $\lambda > 0$. Le théorème 4.5 s'applique donc à $\tilde{u}_1$ et à $\tilde{u}_2$; on obtient:

$$\tilde{u}_1 \leq \tilde{u}_2 \quad \text{sur } \overline{\Omega} \,,$$

et donc:

$$u_1 \leq u_2 \quad \text{dans } \Omega \,. \tag{5.8}$$

On peut utiliser ce résultat en particulier avec $u_1 = u^*$ et $u_2 = u_*$; l'inégalité $u^* \leq u_*$ dans Ω implique la continuité de u dans Ω. De plus, il est clair d'après la preuve que u s'étend en une fonction continue sur $\overline{\Omega}$ qui est encore solution de (5.3)-(5.4). Enfin, l'unicité est une conséquence immédiate de l'inégalité (5.8).

$\square$

Remarque 5.1 : *Une étape essentielle dans la preuve précédente est le "nettoyage" de u_1 et de u_2 sur $\partial\Omega_1$ et sur $\partial\Omega_3$: il fallait montrer que la modification des valeurs de u_1 et de u_2 préservait les propriétés de sous et sursolutions. C'est cette étape qui permet de résoudre les difficultés reliées d'une part à la définition de la fonction-valeur sur le bord et d'autre part aux éventuels "résidus" de couches limites.*

5.1.2 Problèmes de temps de sortie: l'approche discontinue.

L'approche discontinue va nécessiter des arguments de type plutôt "contrôle" que de type EDP, i.e. on va essentiellement travailler sur les formules de contrôle. Un des principaux outils sera l'utilisation de <u>contrôles relaxés</u>.

Définition 5.1 : **Contrôles relaxés.**
On appelle <u>contrôle relaxé</u> un élément $(\mu_s)_s \in L^\infty(0, +\infty, P(V))$ où $P(V)$ est l'ensemble des mesures de probabilités sur V.
La <u>trajectoire relaxée</u> associée est la fonction $\hat{y}_x$ solution de:

$$\begin{cases} d\hat{y}_x(t) = \displaystyle\int_V b(\hat{y}_x(t), v)d\mu_t(v)\,dt & \text{pour } t > 0, \\[2mm] \hat{y}_x(0) = x \,. \end{cases} \tag{5.9}$$

Le <u>coût relaxé</u> associée à un temps d'arrêt θ sur le bord est donné par:

$$\hat{J}(x, \mu, \theta) = \int_0^\theta \int_V f(\hat{y}_x(t), v)d\mu_t(v)e^{-\lambda t}dt + \varphi(\hat{y}_x(\theta))e^{-\lambda\theta} \,. \tag{5.10}$$

L'intérêt des contrôles relaxés vient du résultat suivant:

Théorème 5.4 : *On munit $P(V)$ de la convergence faible des mesures et $L^\infty(0, +\infty, P(V))$ de la convergence faible * associée.*

1. *L'ensemble des contrôles relaxés est compact pour cette topologie.*

2. *Si on identifie les contrôles classiques $v(.)$ avec les contrôles relaxés $(\delta_{v(t)})_t$ où $\delta_{v(t)}$ désigne la masse de Dirac au point $v(t)$, les contrôles classiques sont denses dans les contrôles relaxés.*

□

Nous admettons ce résultat. Le corollaire immédiat (et l'utilisation classique des contrôles relaxés) se formule alors de la manière suivante:

Corollaire 5.1 : *Si $(v_k)_k$ est une suite de contrôles clasiques, il existe une sous-suite $(v_{k'})_{k'}$ qui converge dans $L^\infty(0, +\infty, P(V))$ faible * vers un contrôle relaxé $(\mu_t)_t$; pour tout x, les trajectoires $y_x^{k'}$ associées respectivement à $v_{k'}$ convergent uniformément sur tout compact de $[0, +\infty[$ vers la trajectoire relaxée $\hat{y}_x$ associée à $(\mu_t)_t$ et pour tout $\theta > 0$:*

$$\int_0^\theta f(y_x^{k'}(t), v_{k'}(t)) e^{-\lambda t} dt \to \int_0^\theta \int_V f(\hat{y}_x(t), v) d\mu_t(v) e^{-\lambda t} dt .$$

□

Nous pouvons maintenant revenir au problème de temps de sortie. Nous allons procéder comme suit:

1. On montre que le problème de Dirichlet (5.3)-(5.4) peut s'interpréter comme la restriction à $\overline{\Omega}$ d'un problème de temps d'arrêt dans $\mathbb{R}^N$.

2. On détermine les solutions minimale et maximale de ce problème de temps d'arrêt dans $\mathbb{R}^N$.

3. On revient à $\overline{\Omega}$ en interprétant ces solutions minimale et maximale en termes de problème de temps de sortie.

Première étape : On ne va pas dans cette approche supposer que l'ouvert Ω est régulier: on supposera seulement que l'intérieur de $\overline{\Omega}$, c'est Ω. Cette hypothèse de régularité faible nous évitera des cas trop pathologiques. On notera encore b, f et φ leurs prolongements respectifs à $\mathbb{R}^N \times V$ et $\mathbb{R}^N$; ces prolongements sont supposés respecter les hypothèses (3.2) et (3.4). Quant au prolongement de φ, on le construit de telle sorte qu'il soit dans $BUC(\mathbb{R}^N)$. On introduit les "obstacles":

$$\overline{\psi}(x) = \begin{cases} C & \text{si } x \in \Omega , \\ \varphi(x) & \text{si } x \in \mathbb{R}^N - \Omega, \end{cases}$$

et:

$$\underline{\psi}(x) = \begin{cases} -C & \text{si } x \in \Omega , \\ \varphi(x) & x \in \mathbb{R}^N - \Omega, \end{cases}$$

où $C > 0$ est une constante grande que l'on choisira ultérieurement. La conséquence majeure de l'hypothèse sur Ω est que les obstacles $\overline{\psi}$ et $\underline{\psi}$ sont "réguliers" au sens suivant:

$$(\underline{\psi}_*)^* = \underline{\psi}^* \quad , \quad (\underline{\psi}^*)_* = \underline{\psi}_* \quad \text{dans } \mathbb{R}^N ,$$

et:

$$(\overline{\psi}_*)^* = \overline{\psi}^* \quad , \quad (\overline{\psi}^*)_* = \overline{\psi}_* \quad \text{dans } \mathbb{R}^N .$$

On n'a donc pas d'obstacle du type fonction caractéristique d'un point ou d'un ensemble d'intérieur vide (exercice!).

Le résultat essentiel de cette étape est le

Théorème 5.5 : *Une fonction u, bornée sur $\overline{\Omega}$, est sous-solution (resp. sur-solution) de (5.3)-(5.4) si et seulement si son prolongement $\tilde{u}$ à $\mathbb{R}^N$ obtenu en posant $\tilde{u}(x) = \varphi(x)$ si $x \notin \overline{\Omega}$ est sous-solution (resp. sursolution) de l'inéquation variationnelle:*

$$\max\left(u - \overline{\psi}, \min\left(H(x, u, Du), u - \underline{\psi}\right)\right) = 0 \quad \text{dans } \mathbb{R}^N , \qquad (5.11)$$

si $C > \max(\|u\|_\infty, \|\varphi\|_\infty)$. $\square$

Ce résultat est un analogue "discontinu" de la méthode d'extension à $\mathbb{R}^N$ du théorème 2.14: en effet, $\underline{\psi}$ et $\overline{\psi}$ sont respectivement sous et sursolution de (5.3)-(5.4) dans Ω.

Preuve du théorème 5.5 : On traite seulement le cas d'une sous-solution, la preuve de l'autre cas étant identique. La seule difficulté provient des points de $\partial\Omega$. On suppose d'abord que u est une sous-solution de (5.3)-(5.4). Pour montrer que $\tilde{u}$ est une sous-solution de (5.11), on doit prouver que, si $\phi \in C^1(\mathbb{R}^N)$ et si $x \in \partial\Omega$ est un point de maximum local de $\tilde{u}^* - \phi$ dans $\mathbb{R}^N$, alors:

$$\max\left(\tilde{u}^*(x) - \overline{\psi}^*(x), \min\left(H(x, \tilde{u}^*(x), D\phi(x)), \tilde{u}^*(x) - \underline{\psi}^*(x)\right)\right) \leq 0 .$$

Mais $\overline{\psi}^*(x) = C > \tilde{u}^*(x)$, donc cette inégalité équivaut à:

$$\min(H(x, \tilde{u}^*(x), D\phi(x)), \tilde{u}^*(x) - \underline{\psi}^*(x)) \leq 0 .$$

Or $\underline{\psi}^*(x) = \varphi(x)$. Deux cas peuvent se présenter: ou bien $u^*(x) \leq \varphi(x)$ (où l'on a calculé ici l'enveloppe s.c.s relative à $\overline{\Omega}$) et on a $\tilde{u}^*(x) = \varphi(x)$ ce qui donne l'inégalité souhaitée. Ou bien $u^*(x) > \varphi(x)$ et donc $\tilde{u}^*(x) > \varphi(x)$ car, dans ce cas, $\tilde{u}^*(x) = u^*(x)$. On remarque alors que x est nécessairement un point de maximum local de $u^* - \phi$ sur $\overline{\Omega}$; comme $u^*(x) > \varphi(x)$, (5.3)-(5.4) implique:

$$H(x, u^*(x), D\phi(x)) \leq 0 ,$$

et la conclusion.

Réciproquement, on suppose que $\tilde{u}$ est une sous-solution de l'inéquation variationnelle (5.11). Si $\phi \in C^1(\mathbb{R}^N)$ et si $x \in \partial\Omega$ est un point de maximum local de $u^* - \phi$, ou bien $u^*(x) \leq \varphi(x)$ et on n'a rien à faire car $\tilde{u}^*(x) \leq \varphi(x)$ ou bien $u^*(x) > \varphi(x)$. Dans ce cas, on remarque que $\tilde{u}^*$ vérifie:

$$\limsup_{\substack{y \to x \\ y \in \mathbb{R}^N - \overline{\Omega}}} \tilde{u}^*(y) < u^*(x) \, .$$

Il en résulte que x est un point de maximum local de $\tilde{u}^* - \phi$ dans $\mathbb{R}^N$ et comme $\tilde{u}^*$ est une sous-solution de (5.11), on a:

$$\max\left(\tilde{u}^*(x) - \overline{\psi}^*(x), \min\left(H(x, \tilde{u}^*(x), D\phi(x)), \tilde{u}^*(x) - \underline{\psi}^*(x)\right)\right) \leq 0 \, .$$

Mais $\overline{\psi}^*(x) = C$, $\underline{\psi}^*(x) = \varphi(x)$ et $\tilde{u}^*(x) = u^*(x)$, on déduit donc facilement de cette inégalité que:

$$H(x, u^*(x), D\phi(x)) \leq 0 \, ,$$

et la preuve est complète.   □

Deuxième étape : On va étudier maintenant les propriétés de type "unicité" de (5.11). On a le

Théorème 5.6 : *Sous les hypothèses (3.2)-(3.4), si $\varphi \in BUC(\mathbb{R}^N - \Omega)$ et si $\lambda > 0$, les fonctions $\overline{u}$ et $\underline{u}$ définies par:*

$$\overline{u}(x) = \inf_{v(.), \theta_1} \sup_{\theta_2} \left[\int_0^{\theta_1 \wedge \theta_2} f(y_x(t), v(t)) e^{-\lambda t} dt + 1_{\{\theta_1 \leq \theta_2\}} \overline{\psi}^*(y_x(\theta_1)) e^{-\lambda \theta_1} + \right.$$

$$\left. 1_{\{\theta_1 > \theta_2\}} \underline{\psi}^*(y_x(\theta_2)) e^{-\lambda \theta_2} \right], \quad (5.12)$$

et par:

$$\underline{u}(x) = \sup_{\theta_2} \inf_{\mu, \theta_1} \left[\int_0^{\theta_1 \wedge \theta_2} \int_V f(\hat{y}_x(t), v) d\mu_t(v) e^{-\lambda t} dt + 1_{\{\theta_1 < \theta_2\}} \overline{\psi}_*(\hat{y}_x(\theta_1)) e^{-\lambda \theta_1} + \right.$$

$$\left. 1_{\{\theta_1 \geq \theta_2\}} \underline{\psi}_*(\hat{y}_x(\theta_2)) e^{-\lambda \theta_2} \right], \quad (5.13)$$

sont respectivement la sous-solution (et la solution) maximale de (5.11) et la sursolution (et la solution) minimale de (5.11).   □

Preuve du théorème 5.6 : On ne va traiter que le cas de $\underline{u}$, celui de $\overline{u}$ étant obtenu par des arguments similaires et même plus simples. On considère deux suites croissantes de fonctions de $BUC(\mathbb{R}^N)$, $(\underline{\psi}_k)_k$ et $(\overline{\psi}_k)_k$, telles que:

$$\sup_k \underline{\psi}_k = \underline{\psi}_* \, , \quad \sup_k \overline{\psi}_k = \overline{\psi}_* \, .$$

On pose alors:

$$u_k(x) = \sup_{\theta_2} \inf_{v(.), \theta_1} \left[\int_0^{\theta_1 \wedge \theta_2} f(y_x(t), v(t)) e^{-\lambda t} dt + 1_{\{\theta_1 < \theta_2\}} \overline{\psi}_k(y_x(\theta_1)) e^{-\lambda \theta_1} + \right.$$

$$\left. 1_{\{\theta_1 \geq \theta_2\}} \underline{\psi}_k(y_x(\theta_2)) e^{-\lambda \theta_2} \right] .$$

C'est un exercice que nous laissons au lecteur de montrer que u_k est l'unique solution de l'inéquation variationnelle:

$$\max\left(u - \overline{\psi}_k, \min\left(H(x, u, Du), u - \underline{\psi}_k\right)\right) = 0 \quad \text{dans } I\!R^N . \qquad (5.14)$$

En effet, il suffit d'adapter les idées de la section consacrée au contrôle optimal en horizon infini. On remarque par ailleurs que, dans la formule qui donne u_k, on peut intervertir le "sup" et l' "inf" car les deux fonctions ainsi définies sont toutes deux solutions de (5.14) et donc sont égales par l'unicité.

Comme f et φ sont bornés, on montre facilement que u_k est uniformément borné; de plus, la suite $(u_k)_k$ est croissante car les suites $(\underline{\psi}_k)_k$ et $(\overline{\psi}_k)_k$ le sont. Enfin, si v est une sursolution de (5.11), v est aussi une sursolution de (5.14) pour tout k car $\underline{\psi}_k \leq \underline{\psi}_*$ et $\overline{\psi}_k \leq \overline{\psi}_*$ et donc par l'unicité:

$$u_k \leq v \quad \text{dans } I\!R^N . \qquad (5.15)$$

On fait alors tendre k vers l'infini; comme la suite $(u_k)_k$ est croissante, on a, d'après un exercice:

$$\underline{u} := \sup_k u_k = \liminf_* u_k ,$$

et:

$$\underline{u}^* = \limsup^* u_k .$$

Comme des propriétés analogues ont lieu pour les suites $(\underline{\psi}_k)_k$ et $(\overline{\psi}_k)_k$ et $\overline{\psi}$, $\underline{\psi}$, le résultat de stabilité discontinue implique que $\underline{u}$ est solution de (5.11); de plus, le passage à la limite dans (5.15) nous donne:

$$\underline{u} \leq v \quad \text{dans } I\!R^N ,$$

pour toute sursolution v de (5.11) et donc $\underline{u}$ est la sursolution (et la solution) minimale de (5.11).

Il reste à montrer que $\underline{u}$ est donné par la formule (5.13). On note $\tilde{u}$ le deuxième membre de cette formule. On commence par prouver que l'inégalité $\underline{u} \leq \tilde{u}$ a lieu. Pour cela, on remarque d'abord que:

$$u_k(x) = \sup_{\theta_2} \inf_{\mu,\theta_1} \left[\int_0^{\theta_1 \wedge \theta_2} \int_V f(\hat{y}_x(t), v) d\mu_t(v) e^{-\lambda t} dt + 1_{\{\theta_1 < \theta_2\}} \overline{\psi}_k(\hat{y}_x(\theta_1)) e^{-\lambda \theta_1} + \right.$$

$$\left. 1_{\{\theta_1 \geq \theta_2\}} \underline{\psi}_k(\hat{y}_x(\theta_2)) e^{-\lambda \theta_2} \right] . \qquad (5.16)$$

En effet, le membre de droite est une solution de l'inéquation variationnelle (5.14) et il est donc égal à u_k par l'unicité. On utilise alors les inégalités $\underline{\psi}_k \leq \underline{\psi}_*$ et $\overline{\psi}_k \leq \overline{\psi}_*$ dans (5.16); on obtient ainsi $u_k \leq \tilde{u}$ et on conclut en passant au sup sur k.

Pour l'inégalité opposée, on fixe $\theta_2 \in [0, +\infty]$. On a

$$u_k(x) \geq \inf_{v(.),\theta_1} \left[\int_0^{\theta_1 \wedge \theta_2} f(y_x(t), v(t)) e^{-\lambda t} dt + 1_{\{\theta_1 < \theta_2\}} \overline{\psi}_k(y_x(\theta_1)) e^{-\lambda \theta_1} + \right.$$

$$\left. 1_{\{\theta_1 \geq \theta_2\}} \underline{\psi}_k(y_x(\theta_2)) e^{-\lambda \theta_2} \right].$$

On choisit alors, pour $k \geq 1$, un contrôle $(v^k(.), \theta_1^k)$ $\frac{1}{k}$-optimal.

$$u_k(x) \geq \int_0^{\theta_1^k \wedge \theta_2} f(y_x^k(t), v^k(t)) e^{-\lambda t} dt + 1_{\{\theta_1^k < \theta_2\}} \overline{\psi}_k(y_x^k(\theta_1^k)) e^{-\lambda \theta_1^k} +$$

$$1_{\{\theta_1^k \geq \theta_2\}} \underline{\psi}_k(y_x^k(\theta_2)) e^{-\lambda \theta_2} - \frac{1}{k}.$$

où y_x^k désigne la trajectoire issue de x et associée au contrôle $v^k(.)$.

On utilise alors les contrôles relaxés: quitte à extraire une sous-suite, on peut supposer que v^k converge au sens des contrôles relaxés vers μ. De même, on peut supposer que θ_1^k converge vers $\theta_1 \in [0, +\infty]$. Grâce au terme d'actualisation, on prend en compte sans difficulté la convergence localement uniforme de y_x^k vers $\hat{y}_x$ et l'éventuelle convergence de θ_1^k vers $+\infty$ si $\theta_2 = +\infty$. On passe alors à la limite sur k; si θ_2 est fini, comme on a:

$$\underline{\psi}_* = \liminf_* \underline{\psi}_k,$$

il en résulte:

$$\liminf_k \underline{\psi}_k(y_x^k(\theta_2)) \geq \underline{\psi}(\hat{y}_x(\theta_2)),$$

puisque $y_x^k(\theta_2) \to \hat{y}_x(\theta_2)$ et de même pour le terme $\overline{\psi}_k(y_x^k(\theta_1^k))$ si θ_1^k converge vers un nombre fini. Comme $\overline{\psi}_* \geq \underline{\psi}_*$, on prend en compte sans difficulté le cas limite $\theta_1 = \theta_2$ et on en déduit finalement:

$$\underline{u}(x) \geq \int_0^{\theta_1 \wedge \theta_2} \int_V f(\hat{y}_x(t), v) d\mu_t(v) e^{-\lambda t} dt + 1_{\{\theta_1 < \theta_2\}} \overline{\psi}_*(\hat{y}_x(\theta_1)) e^{-\lambda \theta_1} +$$

$$1_{\{\theta_1 \geq \theta_2\}} \underline{\psi}_*(\hat{y}_x(\theta_2)) e^{-\lambda \theta_2}.$$

Et on conclut en remarquant d'abord que le deuxième membre est plus grand que l'inf sur (θ_1, μ) puis en prenant le sup sur θ_2.

La preuve pour $\overline{u}$ est plus simple car on est dans la situation "$\inf_k \inf_{v(.),\theta_1}$" et les deux inf commutent, la prise en compte du sup ne présentant pas de difficulté.

La preuve pour $\underline{u}$ est a priori plus délicate car on doit commuter le sup avec θ_2 l' $\inf_{v(.),\theta_1}$. $\square$

Troisième étape : Il faut interpréter dans $\overline{\Omega}$ le résultat du théorème 5.6. On a le

Théorème 5.7 : *Sous les hypothèses* (3.2)-(3.4), *si* φ *est continu et si* $\lambda > 0$, *les fonctions* u^+ *et* u^- *définies par:*

$$u^+(x) = \inf_{v(.)} \sup_{\theta_2} \left\{ \int_0^{\theta_2} f(y_x(t), v(t)) e^{-\lambda t} dt + \varphi(y_x(\theta_2)) e^{-\lambda \theta_2} \; ; \right.$$

$$\left. y_x(\theta_2) \in \partial \Omega, \; \tau \leq \theta_2 \leq \overline{\tau} \right\}, \quad (5.17)$$

et par:

$$u^-(x) = \inf_{\mu, \theta_1} \left\{ \int_0^{\theta_1} \int_V f(\hat{y}_x(t), v) d\mu_t(v) e^{-\lambda t} dt + \varphi(\hat{y}_x(\theta_1)) e^{-\lambda \theta_1} \; ; \right.$$

$$\left. \hat{y}_x(\theta_1) \in \partial \Omega, \; \tau \leq \theta_1 \leq \overline{\tau} \right\}, \quad (5.18)$$

sont respectivement la sous-solution (et la solution) maximale de (5.3)-(5.4) *et la sursolution (et la solution) minimale de* (5.3)-(5.4). $\qquad \Box$

Les fonctions u^+ et u^- sont associées respectivement au plus mauvais et au meilleur temps d'arrêt sur le bord: ce résultat est donc totalement intuitif.

Preuve du théorème 5.7 : Vu la première étape, il suffit d'identifier $\overline{u}$ et $\underline{u}$ respectivement à u^+ et à u^- dans Ω. Faisons-le pour $\underline{u}$. Soit $x \in \Omega$.

$$\underline{u}(x) = \sup_{\theta_2} \inf_{\mu, \theta_1} \left[\int_0^{\theta_1 \wedge \theta_2} \int_V f(\hat{y}_x(t), v) d\mu_t(v) e^{-\lambda t} dt + 1_{\{\theta_1 < \theta_2\}} \overline{\psi}_*(\hat{y}_x(\theta_1)) e^{-\lambda \theta_1} + \right.$$

$$\left. 1_{\{\theta_1 \geq \theta_2\}} \underline{\psi}_*(\hat{y}_x(\theta_2)) e^{-\lambda \theta_2} \right].$$

On remarque d'abord que l'on peut se restreindre $\theta_2 \geq \overline{\tau}$. En effet, $\underline{\psi}_* \equiv -C$ sur $\overline{\Omega}$ et donc $\underline{\psi}_*(\hat{y}_x(\theta_2)) = -C$ si $\theta_2 < \overline{\tau}$. Comme $C > 0$ est grand, le sup n'est certainement pas atteint pour de tels θ_2.

De même, si on choisit une stratégie "minimisante" (μ, θ_1) où $\theta_1 \geq \overline{\tau}$, on autorise ensuite une maximisation par rapport à θ_2 sur l'intervalle $[\overline{\tau}, \theta_1]$, ce qui prouve que la meilleure de ces stratégies "minimisantes" est de prendre $\theta_1 = \overline{\tau}$. Et qu'en fait on peut se restreindre à $\theta_1 \leq \overline{\tau}$ ce qui rend le rôle de θ_2 complètement inutile.

Enfin, comme $\overline{\psi}_* \equiv C$ sur Ω, on a aussi $\theta_1 \geq \tau$ et il est alors aisé d'identifier $\underline{u}$ et u^- dans Ω. $\qquad \Box$

Ce résultat va nous permettre de discuter les phénomènes de non-unicité pour (5.3)-(5.4). On commence par montrer que u^+ n'est pas très différent de $\underline{u}$.

Proposition 5.1 : *Sous les hypothèses* (3.2)-(3.4), *si* φ *est continu sur* $\partial \Omega$ *et si* $\lambda > 0$, *on a:*

$$(u^+)_* = u_* \quad dans \; \Omega.$$

$\qquad \Box$

Ce résultat montre que les problèmes de non-unicité sont dus à la différence des fonctions u et u^-. On donnera un exemple après la preuve de la proposition.

Preuve de la proposition 5.1 : On va utiliser le lemme

Lemme 5.4 : *Soit $x \in \Omega$ et $v(.)$ un contrôle. On suppose que le temps de sortie τ de la trajectoire associée est fini. Alors il existe une suite $(x_p)_p$ de points de Ω qui converge vers x telle que:*

$$\liminf_p u^+(x_p) \leq J(x, v(.), \tau) \,.$$

$\square$

Supposons pour l'instant le lemme acquis. Soit $x \in \Omega$, soit $(x_k)_k$ une suite de points de Ω qui converge vers x telle que:

$$\lim_k u(x_k) = u_*(x) \,.$$

Soit enfin v^k un contrôle $\frac{1}{k}$-optimal pour x_k. Si les temps de sortie τ_k associés sont infinis ou s'il existe une sous-suite $(\tau_{k'})_{k'}$ qui tend vers l'infini, on aurait alors $u_*(x) = (u^+)_*(x)$ et le résultat. Sinon on applique le lemme à x_k et v^k: il existe une suite $(x_k^p)_p$ qui converge vers x_k et telle que:

$$\liminf_p u^+(x_k^p) \leq J(x_k, v^k(.), \tau_k) \leq u(x_k) + \frac{1}{k} \,.$$

Et on conclut par un procédé d'extraction diagonale.

Passons à la démonstration du lemme. Soit z_p une suite de points de $I\!\!R^N - \overline{\Omega}$ qui converge vers $y_x(\tau)$. On résout backward l'équation différentielle ordinaire de la dynamique du contrôle: on pose alors $x_p = y_{z_p}(-\tau)$. Par les estimations habituelles sur la dispersion des trajectoires, il est clair que la suite $(x_p)_p$ converge vers x. Comme $y_{x_p}(\tau) \notin \overline{\Omega}$, le temps de sortie $\overline{\tau}_p$ de y_{x_p} est inférieur à τ. Enfin, par la dépendance continue des trajectoires y_x en x, τ_p tend vers τ. On a donc:

$$u^+(x_p) \leq \sup_{\theta_2} \left\{ \int_0^{\theta_2} f(y_{x_p}(t), v(t)) e^{-\lambda t} dt + \varphi(y_{x_p}(\theta_2)) e^{-\lambda \theta_2} ; \right.$$

$$\left. y_{x_p}(\theta_2) \in \partial\Omega,\ \tau_p \leq \theta_2 \leq \overline{\tau}_p \right\} \,.$$

Vu les propriétés de τ_p et $\overline{\tau}_p$ et la continuité de φ, le second membre tend vers $J(x, v(.), \tau)$ et la preuve est complète. $\square$

Donnons un exemple où u et u^- sont très différents. On se place dans $I\!\!R^2$ où on considère l'ouvert $\Omega = \{(x, y); |x|, |y| < 1 \text{ et } x < 0 \text{ ou } y < 0\}$. On prend $V = \{(v_1, v_2) \in I\!\!R^2; v_1 \geq 0, v_2 \leq 0, v_1^2 + v_2^2 \leq 1\}$ comme espace de contrôle et on pose $b(x, v) = v$. On se place dans le cas où $\lambda = 0$, $f \equiv 0$ et $\varphi = 0$ sauf sur la partie du bord $\Gamma = \{(x, 0); 0 < x \leq 1\}$ où on pose $\varphi(x, 0) = 4x(x - 1)$.

Le calcul de u est trivial car aucune trajectoire ne sort de l'ouvert Ω par le bord Γ: $u \equiv 0$ dans Ω. De même, $u^- \equiv 0$ si $y < 0$ mais si $y \geq 0$, on construit la trajectoire optimale de la manière suivante: on commence par choisir le contrôle $(0, -1)$ jusqu'à ce qu'on atteigne l'axe $y = 0$ où on choisit alors le contrôle $(1, 0)$ jusqu'au point $(1/2, 0)$ où l'on s'arrête et on paie le coût $\min_{0 \leq x \leq 1} \varphi(x, 0) = \varphi(1/2, 0) = -1$. On en déduit donc que $u^-(x, y) \equiv -1$ si $(x, y) \in \Omega$, $y \geq 0$ et donc u^- est très différent de u sur cette partie de Ω. On peut remarquer que, dans cet exemple, une forte non-unicité a lieu alors que u est continu.

Il est clair, sur cet exemple, que le fait de ne pouvoir atteindre le point $(1/2, 0)$ qu'au moyen d'une trajectoire qui reste sur bord pendant un certain temps est le phénomène qui crée la non-unicité: les hypothèses de l'approche continue sont faites pour éliminer ce type de situations.

- (H21) implique que, si le point $x \in \partial\Omega$ est susceptible d'être atteint par une trajectoire sortante ou éventuellement tangente au bord alors il peut être atteint par une trajectoire qui provient "strictement" de l'intérieur de Ω, c'est-à-dire qui n'arrive pas en x en étant tangente au bord (ce n'est pas le cas dans l'exemple ci-dessus pour le point $(1/2, 0)$).

- (H22) implique que, si le point $x \in \partial\Omega$ est susceptible d'être sur une partie du bord où il n'existe aucune trajectoire sortante alors tous les champs sont strictement rentrants dans un voisinage de x; en particulier, x n'est atteignable par aucune trajectoire même tangente (encore une fois, ce n'est pas le cas dans l'exemple ci-dessus pour le point $(1/2, 0)$).

On va maintenant déduire de cette étude un résultat d'unicité dans un cadre discontinu; comme la non-unicité se joue entre u associé au temps de sortie de l'ouvert et u^- associé au meilleur temps d'arrêt sur le bord, il est naturel de penser que l'on aura unicité si le meilleur temps d'arrêt sur le bord est égal au temps de sortie de l'ouvert. C'est effectivement le résultat que l'on va démontrer.

L'hypothèse qui traduit le fait que le meilleur temps d'arrêt sur le bord est égal au temps de sortie de l'ouvert, est la suivante:

$$\varphi(x) = \inf_{\mu, \theta_1} \left\{ \int_0^{\theta_1} \int_V f(\hat{y}_x(t), v) d\mu_t(v) e^{-\lambda t} dt + \varphi(\hat{y}_x(\theta_1)) e^{-\lambda \theta_1} ; \right.$$

$$\left. \hat{y}_x(\theta_1) \in \partial\Omega, \ 0 \leq \theta_1 \leq \bar{\tau} \right\}, \quad (5.19)$$

pour tout $x \in \partial\Omega$.

Un exemple classique de ce type de situation est le problème de temps de sortie optimal d'un ouvert où $f \equiv 1$ et $\varphi \equiv 0$.

Le résultat d'unicité discontinue est le

Théorème 5.8 : *Sous les hypothèses (3.2)-(3.4)-(5.19), si φ est continu sur $\partial\Omega$ et si $\lambda > 0$, on a:*

$$(u^+)_* = u_* = u^- \quad dans \ \Omega.$$

Si w est une solution de (5.3)-(5.4), on a alors:

$$w_* = u^- \quad dans \ \Omega.$$

□

C'est un résultat d'unicité dans un cadre réellement discontinu: tout d'abord car toute solution de (5.3)-(5.4) a u^- comme enveloppe s.c.i (c'est une certaine forme d'unicité), ensuite car il est très simple de construire des exemples où u^- est discontinu. On pourra se rapporter à l'exemple donné dans l'introduction de la partie sur les solutions discontinues.

Bien sûr, la deuxième partie du résultat est une conséquence triviale de la première puisque, d'après le théorème 5.7,

$$u^- \le w_* \le w^* \le u^+ \quad dans \ \Omega.$$

Il suffit alors de prendre l'enveloppe s.c.i de cette inégalité.

La première conséquence de (5.19) est que le temps d'arrêt optimal pour u^- sur le bord est τ. En d'autres termes:

$$u^-(x) = \inf_{\mu} \left\{ \int_0^\tau \int_V f(\hat{y}_x(t), v) d\mu_t(v) e^{-\lambda t} dt + \varphi(\hat{y}_x(\tau)) e^{-\lambda \tau} \right\} . \tag{5.20}$$

En utilisant le fait que toute trajectoire relaxée peut être approchée par une trajectoire classique, on montre sans trop de difficulté en puisant quelques idées dans la preuve de la Proposition 5.1 que $u_* = u^-$ dans Ω: on laisse donc la rédaction de la preuve en exercice au lecteur.

□

5.1.3 Problèmes avec contraintes d'état.

Comme leur nom l'indique, les problèmes de contraintes d'état sont ceux où la minimisation qui donne la fonction-valeur s'effectue sous une contrainte: on ne considère que les contrôles pour lesquels la trajectoire associée y_x reste dans Ω ou dans $\overline{\Omega}$ pour tout $t > 0$. Ceci conduit à introduire l'ensemble des <u>contrôles admissibles</u> qui est défini par:

$$A_x = \{v(.) \in L^\infty(0, +\infty, V) \ ; \ y_x(t) \in \overline{\Omega}, \ \forall t > 0\} .$$

On supposera toujours (au moins) que A_x n'est pas vide.

On définit alors la fonction-valeur du problème de contraintes d'état par:

$$u(x) = \inf_{v(.) \in A_x} \left[\int_0^{+\infty} f(y_x(t), v(t)) e^{-\lambda t} dt \right] . \tag{5.21}$$

Une difficulté nouvelle apparaît dans ce problème: l'espace des contrôles admissibles dépend du point x et prouver la continuité – qui n'est, bien sûr, pas toujours vraie – est un exercice (très) difficile. On a ici un exemple de l'efficacité de "l'approche continue" qui contourne complètement cette difficulté et qui fournit le

Théorème 5.9 : *Sous les hypothèses (3.2)-(3.4), (H18)' avec $\Gamma_1 = \partial\Omega$ et $\lambda > 0$, la fonction-valeur u du problème de contraintes d'état est continue et elle est l'unique solution de l'équation de Bellman:*

$$\sup_{v \in V} \{-b(x,v).Du + \lambda u - f(x,v)\} = 0 \quad dans \ \Omega \ . \tag{5.22}$$

associée à la condition aux limites de contraintes d'état:

$$\sup_{v \in V} \{-b(x,v).Du + \lambda u - f(x,v)\} \geq 0 \quad sur \ \partial\Omega \ . \tag{5.23}$$

□

Nous rappelons ici que (H18)' est la propriété:

Pour tout $x \in \partial\Omega$, il existe $v \in V$ tel que: $-b(x,v).n(x) \geq \nu > 0$, où ν est indépendant de x.

C'est une condition naturelle dans ce type de problèmes puisqu'elle affirme l'existence d'un champ contrôlé rentrant en tout point de $\partial\Omega$; si on l'affaiblit en autorisant ν à être égal à 0, c'est une condition nécessaire et suffisante pour avoir des trajectoires y_x qui restent dans $\overline{\Omega}$ pour tout temps et ceci pour tout point x de $\overline{\Omega}$ (exercice!).

Une autre façon de voir les contraintes d'état c'est de les considérer comme des problèmes de temps de sortie avec un coût de sortie très grand sur le bord: typiquement $\varphi \equiv +\infty$. En fait, on se persuade facilement que $\varphi \equiv C$, C assez grand, fait l'affaire (exercice!).

Exercice :

1. (pour le lecteur téméraire!) *Montrer directement en utilisant la formule de contrôle que u est continue sous les hypothèses du théorème 5.9.*

2. *Montrer que, dans le cas des contraintes d'état, la sursolution minimale est la fonction-valeur associée aux contrôles relaxés admissibles i.e. ceux pour lesquels $\hat{y}_x$ reste dans $\overline{\Omega}$ pour tout temps et que la sous-solution maximale est celle associée aux contrôles classiques qui sont admissibles si y_x appartient à Ω pour tout temps $t > 0$.*

3. *Donner un exemple montrant qu'il suffit que (H18)' ne soit pas satisfaite en un point pour que la fonction-valeur soit discontinue.*

4. *On se place sous les hypothèses du théorème 5.9. On considère le problème de temps sortie avec $\varphi \equiv \dfrac{1}{\varepsilon}$ sur $\partial\Omega$. Montrer que toutes les solutions du problème de Dirichlet associé (en particulier, avec des notations naturelles, u_ε, u_ε^+ et u_ε^-) convergent vers u donné par (5.21).*

Exercice :

1. *Montrer que des résultats analogues ont lieu dans le cas de problèmes de temps de sortie en horizon fini.*

2. *Discuter dans ce cadre pour les problèmes de temps de sortie la condition (4.25). Par exemple, la condition:*

$$u_0 \leq \varphi \quad \text{sur } \partial\Omega \times \{0\} \,,$$

ne serait-elle pas suffisante si (H18)' a lieu?

Notes bibliographiques de la section 5.1

Cette section reprend essentiellement les résultats de B. Perthame et de l'auteur dans [29, 30]. Une seule différence à noter: nous n'avons pas mis ici en valeur le fait que u^* satisfait un Principe de Sous-Programmation Dynamique i.e.:

$$u^*(x) \leq \inf_{v(.)} \left[\int_0^{T \wedge \tau} f(y_x(t), v(t)) e^{-\lambda t} dt + 1_{\{T < \tau\}} u^*(y_x(T)) e^{-\lambda T} + \right.$$

$$\left. 1_{\{T \geq \tau\}} \varphi(y_x(\tau)) e^{-\lambda \tau} \right],$$

pour tout $T > 0$ et le fait que u_* satisfait un Principe de Sur-Programmation Dynamique i.e.:

$$u_*(x) \geq \inf_{v(.)} \left[\int_0^{T \wedge \tau} f(y_x(t), v(t)) e^{-\lambda t} dt + 1_{\{T < \tau\}} u_*(y_x(T)) e^{-\lambda T} + \right.$$

$$\left. 1_{\{T \geq \tau\}} \varphi(y_x(\tau)) e^{-\lambda \tau} \right],$$

pour tout $T > 0$. Ces deux notions ont été introduites par P.L Lions et P.E Souganidis[139] et sont les véritables arguments-clés pour la déduction de l'équation.

Une troisième approche dont nous n'avons pas beaucoup parlée (nous avons même émis comme principe de l'éviter!) est de prouver a priori que la fonction-valeur est continue. H.M Soner[147] a utilisé cette approche pour traiter les problèmes de contraintes d'état déterministes. Cela nous semble déjà un exploit technique! mais (encore mieux) H. Ishii[106] a réussi à étendre cette méthode pour traiter le cas général du problème de Dirichlet sous des hypothèses analogues aux nôtres. Dans le cadre du contrôle stochastique, très récemment, M. Katsoulakis[117] a obtenu également des résultats dans cette direction pour des problèmes de contraintes d'état stochastiques...sans commentaires!

Après le travail de H.M Soner[147], les problèmes de contraintes d'état déterministes et les équations associées ont été examinés de nouveau dans I. Capuzzo-Dolcetta et P.L Lions[46]: divers résultats d'unicité sont obtenus, la convergence de certaines approximations et le lien avec les conditions de Neumann sont étudiés. Mentionnons enfin le travail de M. Bardi[5] qui concerne les problèmes de temps d'atteinte minimum dans un contexte ($\Omega = I\!\!R^N - \{0\}$) qui sort de notre étude.

Nous rappelons que les premiers résultats liant solutions de viscosité et contrôle stochastique sont dus à P.L Lions[129, 130, 131]. La généralisation de cette section au cadre stochastique est pourtant en grande partie ouverte (toujours à condition de vouloir traiter des problèmes où apparaissent des pertes de conditions aux limites de Dirichlet). Signalons l'article de J.M Lasry et P.L Lions[126] qui contient des résultats concernant les contraintes d'état mais dans un cadre un peu particulier.

Notons que, dans l'approche discontinue, on utilise plusieurs fois des techniques reposant sur la résolution backward de l'équation d'état ce qui est évidemment impossible dans le cas stochastique.

Récemment, en utilisant l'approche continue, J. Burdeau et l'auteur[20] ont réussi à traiter le cas où il n'y a pas de contrôle dans la matrice de diffusion; ces problèmes sont associés à des équations de Bellman semilinéaires pour lesquelles on obtient dans [20] un résultat d'unicité forte.

Rappelons également les approches classiques dans des cas non dégénérés dans A. Bensoussan[38], A. Bensoussan et J.L Lions[39, 40].

5 2 Problèmes de contrôle de trajectoires réfléchies

Nous n'allons considérer ici qu'un problème-modèle simple où la réflexion se fait le long de la normale: nous ne traiterons pas les cas de réflexions obliques ou de contrôle sur la réflexion.

On se place dans le cas d'un ouvert borné de classe C^1 ce qui implique, en particulier, que la normale au bord, dirigée vers l'extérieur de Ω, n, est continue. Pour présenter le problème de contrôle, il faut d'abord définir des trajectoires réfléchies:

Théorème 5.10 : *On suppose que b satisfait (3.2). Pour tout contrôle $v(.)$ et pour tout $x \in \Omega$, il existe un unique couple (y_x, k_t), formé d'une trajectoire y_x à valeurs dans $\mathbb{R}^N$ et d'un processus à variations bornées k_t, solution du problème:*

$$\begin{cases} dy_x(t) = b(y_x(t), v(t)) - dk_t , \qquad y_x(0) = x, \\[2mm] k_t = \int_0^t 1_{\partial\Omega}(y_x(s)) n(y_x(s)) d|k|_s , \\[2mm] y_x(t) \in \overline{\Omega} , \quad \forall t \geq 0 . \end{cases}$$

□

Nous admettrons ce théorème. Ce qu'il faut comprendre dans ce résultat, c'est que l'on désire, comme dans le problème avec contraintes d'état, avoir une dynamique qui reste dans $\overline{\Omega}$ pour tout temps mais, au lieu d'agir sur la classe des contrôles, on maintient la trajectoire y_x dans $\overline{\Omega}$ en lui communiquant, dès qu'elle touche le bord, une impulsion $d|k|_t$ dans la direction de la normale pour la renvoyer vers l'intérieur; une telle trajectoire y_x est appelée trajectoire réfléchie.

Dans notre cas, la direction de réflexion est la normale au bord mais beaucoup d'autres possibilités sont envisageables comme nous l'avons déjà souligné plus haut: le cas de réflexions obliques où $n(x)$ est remplacé par un champ de vecteurs $\gamma(x)$ tel que $\gamma(x).n(x) \geq \nu > 0$ sur $\partial\Omega$ ou le cas de contrôle sur la réflexion où $n(x)$ est remplacé par un champ de vecteurs contrôlé $\gamma(x,v)$ tel que $\gamma(x,v).n(x) \geq \nu > 0$ sur $\partial\Omega \times V$. Le résultat d'existence du théorème 5.10 s'étend à ces cas plus généraux mais nous n'aborderons pas ces problèmes ici.

On définit la fonction-valeur par:

$$u(x) = \inf_{v(.)} \left\{ \int_0^{+\infty} f(y_x(t), v(t)) e^{-\lambda t} dt + \int_0^{+\infty} g(y_x(t)) e^{-\lambda t - \mu|k|_t} d|k|_t \right\} , \quad (5.24)$$

où $\lambda > 0$, $\mu \geq 0$, f satisfait (3.4) et $g \in C(\partial\Omega)$. D'après les propriétés de k_t rappelées dans le théorème 5.10, on a $d|k|_t = 1_{\partial\Omega}(y_x(t)) d|k|_t$ et donc la deuxième intégrale dans (5.24) est bien définie.

On a alors le:

Théorème 5.11 : *Sous les hypothèses* (3.2)-(3.4), *si* $\lambda > 0$, $\mu \geq 0$ *et si* g *est continue sur* $\partial\Omega$, *la fonction-valeur* u *du problème de contrôle de trajectoires réfléchies est continue sur* $\overline{\Omega}$. *De plus,* u *est l'unique solution de l'équation de Bellman:*

$$\sup_{v \in V} \{-b(x,v).Du + \lambda u - f(x,v)\} = 0 \quad dans \ \Omega \ , \qquad (5.25)$$

associée à la condition aux limites de Neumann:

$$\frac{\partial u}{\partial n} + \mu u = g \quad sur \ \partial\Omega \ . \qquad (5.26)$$

□

Encore une fois nous allons laisser la quasi-totalité de la preuve au lecteur car c'est une adaptation facile de la méthode de l'approche continue décrite dans le cas des problèmes de temps de sortie. On s'appuie cette fois sur le théorème 4.4. Nous remarquons simplement que l'hypothèse "Ω de classe C^1" sera suffisante dans ce cas particulier simple du théorème 4.4.

La seule difficulté de cette preuve est curieusement de montrer que u est borné: cela provient du <u>coût de réflexion</u>

$$\int_0^{+\infty} g(y_x(t))e^{-\lambda t - \mu|k|_t}d|k|_t \ ,$$

que l'on connaît mal a priori. Pour l'estimer, on revient à l'équation de la dynamique réfléchie; d'après les hypothèses sur l'ouvert Ω, on sait que la fonction distance au bord est de classe C^1 dans un voisinage de $\partial\Omega$. On considère alors une fonction, notée ψ, qui est un prolongement de classe C^1 de d à tout $\overline{\Omega}$. En multipliant l'équation de la dynamique par $D\psi(y_x(t))$, on obtient:

$$d\psi(y_x(t)) = \big(D\psi(y_x(t)), b(y_x(t))\big)dt + d|k|_t \ .$$

En effet, comme $dk_t = 1_{\partial\Omega}(y_x(t))n(y_x(t))d|k|_t$, on a $d|k|_t = 1_{\partial\Omega}(y_x(t))d|k|_t$ puisque $|k|_t$ ne croît que si $y_x(t)$ est sur le bord. De plus, si $x \in \partial\Omega$, on a $D\psi(x) = -n(x)$ et $|n(x)| = 1$. Il en résulte que:

$$\int_0^T d|k|_t = \int_0^T -\big(D\psi(y_x(t)), b(y_x(t))\big)dt + \psi(y_x(T)) - \psi(y_x(0)) \ .$$

Comme Ω est borné ainsi que b, on en conclut que

$$|k|_T = \int_0^T d|k|_t \leq C(1+T) \ ,$$

pour tout $T > 0$, si C est une constante assez grande.

D'autre part, comme g est continu donc borné, on estime le coût de réflexion par:

$$|\int_0^T g(y_x(t))e^{-\lambda t - \mu|k|_t}d|k|_t| \leq ||g||_\infty \int_0^T e^{-\lambda t}d|k|_t \ .$$

Pour estimer le membre de droite, on fait une intégration par partie; on obtient:

$$\int_0^T e^{-\lambda t} d|k|_t = |k|_T e^{-\lambda T} + \int_0^T \lambda e^{-\lambda t} |k|_t dt \, ,$$

et grâce à l'estimation $|k|_t \leq C(1+t)$ pour tout $t > 0$, on peut faire tendre T vers $+\infty$. Le coût de réflexion est ainsi estimé et on a une borne sur u. $\quad\square$

L'exercice suivant a pour but de donner au lecteur une idée plus intuitive de la notion de trajectoire réfléchie et du problème de contrôle associé.

Exercice : *On suppose que $n(.)$ est une fonction lipschitzienne sur $\partial\Omega$ et on note encore $n(.)$ un prolongement lipschitzien de cette fonction à $\mathbb{R}^N$. On considère le problème de contrôle en horizon infini dont la dynamique est:*

$$\dot{y}_x^\varepsilon(t) = b(y_x^\varepsilon(t), v(t)) - n(y_x^\varepsilon(t)) \frac{\varphi(y_x^\varepsilon(t))}{\varepsilon}$$

où φ est une fonction lipschitzienne bornée, nulle sur $\overline{\Omega}$ et strictement positive sur le complémentaire de $\overline{\Omega}$. On définit alors la fonction-valeur par:

$$u_\varepsilon(x) = \inf_{v(.)} \left\{ \int_0^{+\infty} f(y_x^\varepsilon(t), v(t)) e^{-\lambda t} dt + \int_0^{+\infty} g(y_x^\varepsilon(t)) e^{-\lambda t - \mu \int_0^t \frac{\varphi(y_x^\varepsilon(s))}{\varepsilon} ds} dt \right\} \, ,$$

où f, g désignent encore des prolongements de f, g à $\mathbb{R}^N \times V$ et à $\mathbb{R}^N$ qui respecte (3.4) pour f et qui est dans $BUC(\mathbb{R}^N)$ pour g.

1. *Montrer que u_ε converge vers u défini par (5.24), uniformément sur $\overline{\Omega}$.*

2. *Construire un problème de contrôle ad hoc permettant de montrer que, pour tout $x \in \overline{\Omega}$, les trajectoires y_x^ε convergent uniformément sur tout compact vers la trajectoire réfléchie y_x, uniformément par rapport au contrôle $v(.)$.*

Exercice :

1. *Montrer que des résultats analogues pour les problèmes de réflexion ont lieu dans le cas de problèmes en horizon fini.*

2. *Soit u la fonction-valeur d'un problème de temps de sortie pour lequel on a unicité forte ou d'un problème de réflexion. On note $\tilde{u}(x,t)$ la fonction-valeur du problème en horizon fini associé: montrer que $\tilde{u} \to u$ quand $t \to +\infty$ uniformément sur tout compact de Ω ou sur $\overline{\Omega}$.*

Notes bibliographiques de la section 5.2

Pour l'existence de trajectoires réfléchies, nous renvoyons le lecteur à l'article de P.L Lions et A.S Sznitman[137] où elle est obtenue par la résolution du problème de Skorokhod: l'existence de telles trajectoires y est démontrée pour des processus de diffusion et dans le cas de réflexions obliques. Le théorème 5.11

est dû à P.L Lions[133] (Voir également B. Perthame et R. Sanders[142]). Pour le cas stochastique, nous renvoyons aux approches classiques dans des cas non dégénérés dans A. Bensoussan[38], A. Bensoussan et J.L Lions[39, 40].

La partie la moins standard de la section est sans doute le point 2. du premier exercice; l'idée est issue de l'article de Ch. Daher, M. Romano et l'auteur[21] où l'on montre la convergence de norme L^p de processus vers leur norme L^∞ uniformément par rapport au contrôle en utilisant une méthode EDP. La transposition de cette idée ici serait la suivante: pour prouver la convergence uniforme de y_x^ε, on introduit la fonction $u_{\varepsilon,\varepsilon'}$ défini sur $I\!\!R^N \times I\!\!R^N \times (0, +\infty)$ par:

$$u_{\varepsilon,\varepsilon'}(x, x', t) = \sup_{v(.)} |y_x^\varepsilon(t) - y_{x'}^{\varepsilon'}(t)| \,,$$

où les trajectoires y_x^ε et $y_{x'}^{\varepsilon'}$ sont associée au même contrôle $v(.)$. On considère alors $\bar{u} = \limsup^* u_{\varepsilon,\varepsilon'}$ où la semi-limite relaxée est prise en ε et en ε'. La convergence uniforme des trajectoires y_x^ε est alors équivalente à la propriété $\bar{u}(x, x, t) = 0$ pour tout $t \geq 0$. Or $\bar{u}$ est sous-solution d'une équation complexe et on montre que $\bar{u}(x, x, t) = 0$ pour tout $t \geq 0$ en utilisant une sursolution qui n'est autre que la fonction-test utilisée pour prouver l'unicité forte dans le cas des conditions aux limites de Neumann non linéaires! Ce type d'idées est développé dans P.L Lions et l'auteur[27].

5 3 Solutions de viscosité et hamiltoniens convexes

Parmi les problèmes de contrôle en horizon fini, les problèmes de <u>cibles</u> sont des exemples particulièrement intéressants pour leurs applications que l'on ne détaillera pas ici, laissant au lecteur le soin d'imaginer le pire. Ce sont les cas où, typiquement, la donnée initiale est de la forme:

$$u_0(x) = 1_{I\!R^N - A}(x) \quad \text{dans } I\!R^N .$$

où A, la <u>cible</u>, est un sous-ensemble fermé de $I\!R^N$. La dynamique est toujours donnée par (3.1) et on considère la fonction-valeur:

$$u(x,t) = \inf_{v(.)} [u_0(y_x(t))] .$$

L'introduction d'une telle fonction-valeur est naturelle: en effet, si $u(x,t)$ est égal à 0, cela signifie qu'il existe une trajectoire contrôlée issue de x qui touche la cible au temps t. Si $u(x,t) = 1$, c'est qu'au contraire on ne peut l'atteindre au temps t. On est donc amené à s'intéresser aux propriétés d'unicité de l'équation de Bellman associée à ce type de donnée initiale discontinue.

Première remarque générant un exercice: "l'approche discontinue" décrite dans le cadre des problèmes de temps de sortie fournit une réponse complète si la fermeture de l'intérieur de A, c'est A ou, si l'on préfère, si la fonction s.c.i u_0 satisfait:

$$[(u_0)^*]_* = u_0 \quad \text{dans } I\!R^N .$$

Mais cette condition n'est pas réalisée, par exemple, pour les cibles "ponctuelles" du type $A = \{0\}$ et l'unicité est même fausse comme le montre l'exemple de l'équation $\frac{\partial u}{\partial t} = 0$ associée à la donnée initiale $u_0 = 1_{I\!R^N - \{0\}}$ pour laquelle u_0 et 1 sont deux solutions (cf. théorème 4.7). Il s'agit ici d'un problème de prise en compte de la donnée initiale: le 0 n'est pas "suffisamment" vu.

Pour résoudre ce problème, on va commencer par étudier les propriétés des solutions des équations de Hamilton-Jacobi quand $H(x,u,p)$ est <u>convexe par rapport à p</u>. Le premier résultat est le:

Théorème 5.12 : *On suppose que la fonction continue H est <u>convexe par rapport à p</u>. Une fonction $u \in W^{1,\infty}_{loc}(\Omega)$ est une solution de viscosité de l'équation* (1.1) *si et seulement si:*

Pour tout $\phi \in C^1(\Omega)$, si $x_0 \in \Omega$ est un point de minimum local de $u - \phi$, on a :

$$H(x_0, u(x_0), D\phi(x_0)) = 0 . \tag{5.27}$$

□

Ce résultat est surprenant mais il faut se souvenir que, si les données sont assez régulières, la fonction-valeur d'un problème de contrôle optimal est semi-concave (c'est un exercice dans la partie consacrée au contrôle optimal en horizon infini). Si on suppose que u est semi-concave (la somme d'une fonction concave et d'une fonction régulière), alors u est différentiable en tout point de minimum de $u - \phi$ et donc (5.27) n'est que la conséquence du fait que l'équation a lieu au sens classique en tout point de différentiabilité de u.

Réciproquement: si u est une solution de viscosité semi-concave, u est différentiable presque partout et, aux points x de non-différentiabilité de u, son surdifférentiel est l'enveloppe convexe de l'ensemble:

$$\{p \in I\!\!R^N \; ; \; \exists x_\varepsilon \to x, \; Du(x_\varepsilon) \to p\} \, ,$$

où, quand on parle de $Du(x_\varepsilon)$, on sous-entend bien sûr que u est différentiable en x_ε. Si u satisfait (5.27), elle est sursolution de viscosité: c'est une conséquence immédiate de (5.27). Elle est aussi sous-solution: en effet, aux points où u est différentiable, c'est encore une conséquence de (5.27) et du corollaire 2.1; pour les autres points, cela résulte de la convexité de H et des rappels ci-dessus sur les surdifférentiels de fonctions semi-concave. Toutes les affirmations de ces deux derniers paragraphes font l'objet d'un exercice.

Preuve : Soit $u \in W^{1,\infty}_{loc}(\Omega)$ une solution de viscosité de l'équation (1.1). D'après le théorème de Rademacher, u est différentiable presque partout et donc, par le corollaire 2.1:

$$H(x, u(x), Du(x)) = 0 \quad \text{p.p dans } \Omega \, .$$

On va utiliser un argument de régularisation par <u>convolution</u>. Soit ρ une fonction de classe C^∞, positive, à support dans la boule unité et telle que $\int_{R^N} \rho(y) dy = 1$. On pose $\rho_\varepsilon(x) = \varepsilon^{-N} \rho(\dfrac{x}{\varepsilon})$ et:

$$u_\varepsilon(x) = \int_{R^N} u(y) \rho_\varepsilon(x - y) dy \, .$$

Comme ρ_ε est à support dans la boule de centre 0 et de rayon ε, u_ε est bien défini dans l'ouvert $\Omega_\varepsilon = \{x \in \Omega \, ; \, d(x, \partial\Omega) > \varepsilon\}$.

Pour obtenir les propriétés satisfaites par u_ε, on applique d'abord la convolution à l'équation pour $x \in \Omega_\varepsilon$:

$$\int_{R^N} H\left(y, u(y), Du(y)\right) \rho_\varepsilon(x - y) dy = 0 \, .$$

La continuité de H et de u implique alors

$$\int_{R^N} H(x, u(x), Du(y)) \rho_\varepsilon(x - y) dy = o(1) \, .$$

On utilise ensuite l'inégalité de Jensen:

$$H\left(x, u(x), \int_{R^N} Du(y) \rho_\varepsilon(x-y) dy\right) \leq \int_{R^N} H\left(x, u(x), Du(y)\right) \rho_\varepsilon(x-y) dy = o(1) \, .$$

Comme u est continu dans Ω, u_ε converge uniformément sur tout compact vers u donc, quitte à modifier le $o(1)$, on a finalement:

$$H(x, u_\varepsilon, Du_\varepsilon) \leq o(1) \,,$$

dans l'ouvert Ω_ε.

Comme u_ε est de classe C^1, u_ε est également sursolution de viscosité de:

$$-H(x, u_\varepsilon, Du_\varepsilon) \geq o(1) \,,$$

dans l'ouvert Ω_ε. On fait alors tendre ε vers 0 en appliquant le résultat de stabilité continue qui implique que u est sursolution de viscosité de:

$$-H(x, u, Du) = 0 \quad \text{dans } \Omega \,.$$

On vérifie trivialement que cette propriété ajoutée au fait que u est sursolution de (1.1) implique que (5.27) a lieu.

Réciproquement, si u satisfait (5.27), l'équation a encore lieu au sens presque partout; on régularise u de la même manière et le passage à la limite dans:

$$H(x, u_\varepsilon, Du_\varepsilon) \leq o(1) \,,$$

implique que u est sous-solution de viscosité de (1.1). Comme (5.27) entraîne que u est sursolution, la preuve est complète.   □

Le théorème suivant permet d'étendre la propriété (5.27) à des cas moins réguliers:

Théorème 5.13 : *Soit $(u_\varepsilon)_{\varepsilon>0}$ une suite de fonctions s.c.i dans Ω, uniformément bornées par rapport à $\varepsilon > 0$, qui satisfont respectivement (5.27) pour les équations*

$$H_\varepsilon(x, u_\varepsilon, Du_\varepsilon) = 0 \quad \text{dans } \Omega \,, \tag{5.28}$$

où $(H_\varepsilon)_\varepsilon$ est une suite de fonctions continues. Si $H_\varepsilon \to H$ dans $C(\Omega \times \mathbb{R} \times \mathbb{R}^N)$ alors $\underline{u} = \liminf_* u_\varepsilon$ satisfait (5.27) pour l'équation

$$H(x, u, Du) = 0 \quad \text{dans } \Omega \,.$$

□

La démonstration de ce résultat se calque sur celle du résultat de stabilité discontinue, nous la laisserons donc au lecteur.

Nous passons à l'étude des propriétés d'unicité. Dans ce contexte, pour des raisons techniques, l'unicité est essentiellement un phénomène d'équations d'évolution. On se tourne donc vers l'équation:

$$\frac{\partial u}{\partial t} + H(x, t, Du) = 0 \quad \text{dans } \mathbb{R}^N \times (0, T) \,, \tag{5.29}$$

où l'on ne considère que le cas où H est indépendant de u pour simplifier la présentation. On dira que H satisfait (H9) et (H10) si, pour tout $t \in [0, T]$, la fonction $(x, p) \mapsto H(x, t, p)$ satisfait (H9) et (H10) avec des constantes C et K indépendantes de t. On utilise aussi l'hypothèse:

(H23) $H(x, t, p)$ est uniformément continue sur $\mathbb{R}^N \times [0, T] \times \overline{B}_R$, pour tout $R > 0$.

Le résultat est le suivant:

Théorème 5.14 : *Si H est une fonction convexe par rapport à p qui vérifie (H9)-(H10)-(H23) et si u_0 est une fonction s.c.i bornée, il existe au plus une fonction s.c.i u qui satisfait (5.27) pour l'équation (5.29) et:*

$$u(x,0) = u_0 \quad dans \ \mathbb{R}^N \ . \tag{5.30}$$

□

Dans ce résultat, le point important est (5.30) car la difficulté que nous avons évoquée au début de cette section et le contre-exemple à l'unicité que nous avons donné sont deux conséquences d'une mauvaise prise en compte de la condition initiale. La propriété (5.27) n'est qu'un point technique qui nous permettra de prendre convenablement en compte (5.30) dans la preuve d'unicité. Notons d'ailleurs que la propriété (5.27) est satisfaite par les deux solutions (u_0 et 1) de notre contre-exemple.

Preuve : On utilise le:

Lemme 5.5 : *Sous les hypothèses du théorème 5.14, si u est une fonction s.c.i qui satisfait (5.27) pour l'équation (5.29) et (5.30), la fonction u_ε définie par:*

$$u_\varepsilon(x,t) = \inf_{y \in \mathbb{R}^N} \left\{ u(y,t) + e^{-Kt} \frac{|x-y|^2}{\varepsilon^2} \right\} ,$$

est une sous-solution lipschitzienne en x de:

$$\frac{\partial w}{\partial t} + H(x,t,Dw) \le CM e^{\frac{KT}{2}} \varepsilon \quad dans \ \mathbb{R}^N \times (0,T) ,$$

si K est assez grand, où $M = \sqrt{2\|u\|_\infty}$. De plus:

$$(u_\varepsilon)^*(x,0) \le u_0 \quad dans \ \mathbb{R}^N \ . \tag{5.31}$$

□

Le procédé de régularisation du lemme 5.5 est appelé Inf-convolution. Nous renvoyons le lecteur aux exercices de la fin de cette section et aux notes bibliographiques pour plus de détails sur son introduction et son utilité dans la théorie des solutions de viscosité ainsi que pour certaines de ses propriétés.

C'est effectivement une opération régularisante: comme u est borné, il est d'abord clair que l'infimum est atteint pour des y satisfaisant:

$$e^{-Kt} \frac{|x-y|^2}{\varepsilon^2} \le M^2 \ .$$

On procède alors à l'habituelle majoration $\inf(\ldots) - \inf(\ldots) \le \sup(\ldots - \ldots)$

$$u_\varepsilon(x,t) - u_\varepsilon(x',t) \le \sup_y \left(e^{-Kt} \frac{|x-y|^2}{\varepsilon^2} - e^{-Kt} \frac{|x'-y|^2}{\varepsilon^2} \right) ,$$

soit

$$u_\varepsilon(x,t) - u_\varepsilon(x',t) \le \sup_y \left(\frac{e^{-Kt}}{\varepsilon^2} (x - x')(x + x' - 2y) \right).$$

Comme, d'après la remarque ci-dessus, on peut se restreindre à des y tels que $x - y$ et $x' - y$ soient bornés, on en déduit facilement que u_ε est lócalement lipschitzien en x (exercice! puis montrer à l'aide du premier exercice de l'introduction que u_ε est globalement lipschitzien en x).

En fait, nous n'avons effectué ici qu'une inf-convolution par rapport à la variable x et il n'y a donc pas a priori d'effet régularisant en t. Ainsi dans (5.31), l'enveloppe s.c.s de u_ε est relative à la variable t puisque u_ε est continu en x.

Preuve : Soit u_ε^α la fonction définie par:

$$u_\varepsilon^\alpha(x,t) = \inf_{(y,s)\in R^N \times [0,T]} \left\{ u(y,s) + e^{-Kt}\frac{|x - y|^2}{\varepsilon^2} + \frac{(t - s)^2}{\alpha^2} \right\}.$$

Comme u est borné, u_ε^α l'est aussi et, par des arguments similaires à ceux utilisés ci-dessus, u_ε^α est localement lipschitzienne en les deux variables x et t car les points où l'infimum est atteint satisfont:

$$e^{-Kt}\frac{|x - y|^2}{\varepsilon^2} + \frac{(t - s)^2}{\alpha^2} \le M^2. \tag{5.32}$$

On va prouver que u_ε^α satisfait une propriété du type (5.27) dans l'ouvert $O_\alpha = I\!\!R^N \times (M\alpha, T - M\alpha)$ puis on fera tendre α vers 0. Soit $\phi \in C^1(O_\alpha)$ et soit $(\overline{x},\overline{t}) \in O_\alpha$ un point de minimum local de $u_\varepsilon^\alpha - \phi$. Si

$$u_\varepsilon^\alpha(\overline{x},\overline{t}) = u(\overline{y},\overline{s}) + e^{-K\overline{t}}\frac{|\overline{x} - \overline{y}|^2}{\varepsilon^2} + \frac{(\overline{t} - \overline{s})^2}{\alpha^2},$$

$(\overline{x},\overline{t},\overline{y},\overline{s})$ est un point de minimum local de la fonction:

$$(x,t,y,s) \mapsto u(y,s) + e^{-Kt}\frac{|x - y|^2}{\varepsilon^2} + \frac{(t - s)^2}{\alpha^2} - \phi(x,t).$$

En considérant cette fonction en les variables (y,s) après avoir fixé x et t aux valeurs $\overline{x}$ et $\overline{t}$ respectivement, comme u satisfait (5.27), on a:

$$\frac{2(\overline{t} - \overline{s})}{\alpha^2} + H\left(\overline{y},\overline{s}, e^{-K\overline{t}}\frac{2(\overline{x} - \overline{y})}{\varepsilon^2}\right) = 0. \tag{5.33}$$

Puis on considère cette fonction en les variables (x,t) en fixant les valeurs de y et s à $\overline{y}$ et $\overline{s}$ respectivement, ce qui donne:

$$\frac{\partial \phi}{\partial t}(\overline{x},\overline{t}) = \frac{2(\overline{t} - \overline{s})}{\alpha^2} - Ke^{-K\overline{t}}\frac{|\overline{x} - \overline{y}|^2}{\varepsilon^2},$$

et:

$$D\phi(\overline{x},\overline{t}) = e^{-K\overline{t}}\frac{2(\overline{x} - \overline{y})}{\varepsilon^2}.$$

En utilisant ces deux dernières propriétés dans (5.33), on en déduit:

$$\frac{\partial \phi}{\partial t}(\overline{x}, \overline{t}) + K e^{-K\overline{t}} \frac{|\overline{x} - \overline{y}|^2}{\varepsilon^2} + H\left(\overline{y}, \overline{s}, D\phi(\overline{x}, \overline{t})\right) = 0 \;.$$

Comme les points $\overline{x}$, $\overline{y}$, $\overline{t}$ et $\overline{s}$ satisfont l'estimation (5.32), on montre facilement que $|D\phi(\overline{x}, \overline{t})| \leq \dfrac{2M}{\varepsilon}$. On introduit alors le module de continuité de H en t pour $|p| \leq \dfrac{2M}{\varepsilon}$, noté $\tilde{m}_\varepsilon$. L'utilisation de ce module de continuité et de (H9) conduit à:

$$\frac{\partial \phi}{\partial t}(\overline{x}, \overline{t}) + H\left(\overline{x}, \overline{t}, D\phi(\overline{x}, \overline{t})\right) \leq C|\overline{x} - \overline{y}|(1 + e^{-K\overline{t}} \frac{2|\overline{x} - \overline{y}|}{\varepsilon^2}) + \tilde{m}_\varepsilon(|\overline{t} - \overline{s}|) - K e^{-K\overline{t}} \frac{|\overline{x} - \overline{y}|^2}{\varepsilon^2} \;.$$

Si $K \geq 2C$, "le mauvais terme" $2C e^{-K\overline{t}} \dfrac{|\overline{x} - \overline{y}|^2}{\varepsilon^2}$ est contrôlé par le "bon terme" $K e^{-K\overline{t}} \dfrac{|\overline{x} - \overline{y}|^2}{\varepsilon^2}$ et on déduit des estimations que l'on possède sur $|\overline{x} - \overline{y}|$ et $|\overline{t} - \overline{s}|$ (cf. (5.32)) que:

$$\frac{\partial \phi}{\partial t}(\overline{x}, \overline{t}) + H\left(\overline{x}, \overline{t}, D\phi(\overline{x}, \overline{t})\right) \leq C M e^{\frac{K\overline{t}}{2}} \varepsilon + \tilde{m}_\varepsilon(M\alpha) \;.$$

Donc u_ε^α satisfait (5.27) pour l'équation:

$$\left(\frac{\partial u_\varepsilon^\alpha}{\partial t} + H\left(x, t, D u_\varepsilon^\alpha\right) - C M e^{\frac{K\overline{t}}{2}} \varepsilon + \tilde{m}_\varepsilon(M\alpha)\right)^+ = 0 \;,$$

dont l'hamiltonien est convexe en $(\dfrac{\partial u}{\partial t}, Du)$.

Comme u_ε^α est localement lipschitzien, il résulte du théorème 5.12 que u_ε^α est sous-solution de viscosité de:

$$\frac{\partial u}{\partial t} + H(x, t, Du) \leq C M e^{\frac{KT}{2}} \varepsilon + \tilde{m}_\varepsilon(M\alpha) \;, \qquad (5.34)$$

dans O_α. On fait alors tendre α vers 0 en utilisant le résultat de stabilité discontinue (théorème 4.1) car u_ε est continu en x mais pas forcément en t: comme $u_\varepsilon^\alpha \uparrow u_\varepsilon$ quand $\alpha \downarrow 0$, $\limsup^* u_\varepsilon^\alpha = (u_\varepsilon)^*$ et la première partie du lemme est prouvée.

Pour prouver (5.31), on va appliquer le résultat de stabilité discontinue en $t = 0$. On commence par remarquer que la fonction u_ε^α satisfait:

$$u_\varepsilon^\alpha(x, 0) \leq u_0^\varepsilon(x) \quad \text{dans } \mathbb{R}^N \;. \qquad (5.35)$$

où on a noté u_0^ε la fonction définie sur $\mathbb{R}^N$ par:

$$u_0^\varepsilon(x) = u_\varepsilon(x, 0) = \inf_{y \in \mathbb{R}^N} \{u(y, 0) + \frac{|x - y|^2}{\varepsilon^2}\} = \inf_{y \in \mathbb{R}^N} \{u_0(y) + \frac{|x - y|^2}{\varepsilon^2}\} \;.$$

L'inégalité (5.35) est une conséquence immédiate de la définition de u_ε^α. Comme u_ε^α est une sous-solution de (5.34) et satisfait (5.35), le résultat de stabilité discontinue implique qu'en $t = 0$, la fonction s.c.s $\limsup^* u_\varepsilon^\alpha = (u_\varepsilon)^*$ est sous-solution de:

$$\min\left(\frac{\partial u}{\partial t} + H(x, t, Du) - CMe^{\frac{KT}{2}}\varepsilon, u - (u_0^\varepsilon)^*\right) \le 0 \ .$$

Pour conclure, on utilise le théorème 4.7 et le fait que la fonction u_0^ε est continue puisqu'elle est lipschitzienne grâce aux propriétés de l'inf-convolution que nous avons rappelées avant la preuve du lemme. Il en résulte que:

$$(u_\varepsilon)^*(x, 0) \le u_0^\varepsilon(x) \quad \text{dans } I\!\!R^N \ .$$

Mais

$$u_0^\varepsilon(x) \le u_0(x) \quad \text{dans } I\!\!R^N \ ,$$

par la définition même de u_0^ε et (5.31) est une conséquence immédiate de ces deux inégalités. □

Remarque 5.2 : *Le rôle du terme e^{-Kt} est prépondérant comme le montre la preuve car c'est grâce à lui que l'on est capable de contrôler les mauvais termes: c'est ce qui rend le cas d'évolution naturel. Une telle démonstration ne peut être reproduite dans le cas stationnaire: pour obtenir des résultats dans ce cadre, on utilise une approche instationnaire (voir l'exercice à la fin de la section et les notes bibliographiques).*

Revenons à la preuve du théorème 5.14. Soit v une autre fonction s.c.i qui vérifie (5.27) et (5.30). On utilise alors les arguments de la preuve du théorème 2.10: on commence par comparer sur un borné en x la fonction s.c.s $(u_\varepsilon)^* - CMe^{\frac{KT}{2}}\varepsilon t$, sous-solution de (5.29), et v qui est, en particulier, une surso-lution de (5.29). En utilisant le fait que $(u_\varepsilon)^* \le v$ en $t = 0$, on obtient finalement :

$$(u_\varepsilon)^* - CMe^{\frac{KT}{2}}\varepsilon t \le v \quad \text{dans } I\!\!R^N \times (0, T) \ .$$

Cette égalité implique a fortiori:

$$u_\varepsilon - CMe^{\frac{KT}{2}}\varepsilon t \le v \quad \text{dans } I\!\!R^N \times (0, T) \ ,$$

et on conclut en faisant tendre ε vers 0 puisque $u_\varepsilon \uparrow u$. On a donc prouvé:

$$u \le v \quad \text{dans } I\!\!R^N \times (0, T) \ .$$

u et v étant deux solutions quelconques au sens de (5.27), on a terminé. □

Application : On revient au problème de contrôle en horizon fini où la dynamique est (3.1) et la fonction-valeur est donnée par:

$$u(x, t) = \inf_{v(.)} [u_0(y_x(t))] \ .$$

Le résultat est le:

Théorème 5.15 : *Si (3.2) a lieu et si u_0 est une fonction bornée s.c.i, l'enveloppe s.c.i de la fonction-valeur u du problème de contrôle est donnée dans $\mathbb{R}^N \times (0, +\infty)$ par:*

$$u_*(x,t) = \inf_{\mu} \left[u_0(\hat{y}_x(t)) \right] ,$$

où $\hat{y}_x$ est la trajectoire relaxée associée au contrôle relaxé μ. La fonction-valeur u_* est l'unique fonction bornée s.c.i qui vérifie (5.27) pour l'équation de Bellman:

$$\frac{\partial u}{\partial t} + \sup_{v \in V} \left\{ -b(x,v).Du \right\} = 0 \quad \text{dans } \mathbb{R}^N \times (0, +\infty) , \qquad (5.36)$$

et:

$$u_*(x,0) = u_0 \quad \text{dans } \mathbb{R}^N .$$

$\square$

Preuve : On en donne simplement un aperçu très rapide. On considère une suite croissante de fonctions $(u_0^n)_n$ dans $W^{1,\infty}(\mathbb{R}^N)$ telle que:

$$\sup_n u_0^n = u_0 .$$

En utilisant les techniques de "l'approche discontinue" des problèmes de temps de sortie, on montre facilement que les fonctions-valeur u^n associées respectivement à u_0^n sont dans $W^{1,\infty}(\mathbb{R}^N \times (0, +\infty))$ et qu'elles convergent en croissant vers la fonction:

$$v(x) = \inf_{\mu} \left[u_0(\hat{y}_x(t)) \right] ,$$

que l'on identifie aisément à u_* car $v \leq u$ est s.c.i et car toute trajectoire relaxée est limite de trajectoires classiques. Par le théorème 5.12, les u^n qui sont solutions de viscosité de (5.36) satisfont donc (5.27). Le théorème 5.13 montre alors que u_* satisfait (5.27), l'unicité provient du théorème 5.14 et la preuve est complète. $\square$

Exercice : *Développer une approche analogue pour les problèmes de temps d'arrêt-problèmes de l'obstacle dans le cas d'obstacles discontinus dans $\mathbb{R}^N$.*
(Utiliser une approche "d'évolution" pour prouver l'unicité: remarquer que toute solution de:

$$H(x,u,Du) = 0 \quad \text{dans } \mathbb{R}^N ,$$

est une solution de:

$$\frac{\partial u}{\partial t} + H(x,u,Du) = 0 \quad \text{dans } \mathbb{R}^N \times (0, +\infty) .$$

Régulariser u par:

$$u_\varepsilon(x,t) = \inf_{y \in \mathbb{R}^N} \left\{ u(y) + e^{-Kt} \frac{|x-y|^2}{\varepsilon^2} \right\} ,$$

et utiliser l'exercice à la suite de la preuve du théorème 2.8.)

Exercice : Inf et Sup-convolution.

Soit $u \in BUC(\mathbb{R}^N)$. On définit deux suites de fonctions en posant:

$$u_\varepsilon(x) = \inf_{y \in \mathbb{R}^N} \left\{ u(y) + \frac{|x-y|^2}{\varepsilon^2} \right\},$$

et:

$$u^\varepsilon(x) = \sup_{y \in \mathbb{R}^N} \left\{ u(y) - \frac{|x-y|^2}{\varepsilon^2} \right\}.$$

Ces deux procédés d'approximation de u sont appelés respectivement inf-convolution et sup-convolution.

1. **(Cas où u est régulier)** Montrer que si $u \in C^2(\mathbb{R}^N) \cap W^{2,\infty}(\mathbb{R}^N)$, u_ε et u^ε sont aussi dans $C^2(\mathbb{R}^N) \cap W^{2,\infty}(\mathbb{R}^N)$ si ε est suffisamment petit.

2. **(Régularité et convergence)** Montrer que, si $u \in BUC(\mathbb{R}^N)$, u_ε et u^ε sont dans $W^{1,\infty}(\mathbb{R}^N)$, que u_ε est semi-concave, que u^ε est semi-convexe et que u_ε et u^ε convergent uniformément dans $\mathbb{R}^N$ vers u.

3. **(Adéquation avec les solutions de viscosité)** Prouver que, si $u \in BUC(\mathbb{R}^N)$ est sursolution de:

$$H(x, u, Du) = 0 \quad \text{dans } \mathbb{R}^N, \tag{5.37}$$

u_ε vérifie au sens de viscosité:

$$H(x, u_\varepsilon, Du_\varepsilon) \geq o(1) \quad \text{dans } \mathbb{R}^N,$$

où le $o(1)$ est uniforme dans $\mathbb{R}^N$. Montrer de même que l'opération de sup-convolution transforme les sous-solutions en sous-solutions approchées.

4. **(Test de régularité)** Démontrer que $u \in C^{0,\alpha}(\mathbb{R}^N)$ si et seulement si:

$$|u_\varepsilon - u| \leq C\varepsilon^{\frac{2\alpha}{2-\alpha}} \quad \text{dans } \mathbb{R}^N,$$

pour une certaine constante C. Enoncer et prouver un résultat similaire pour la sup-convolution.

5. En déduire une méthode pour obtenir la régularité $C^{0,\alpha}$ de la solution de l'équation (5.37).

6. On suppose maintenant que u est discontinu. Donner un exemple montrant que si:

$$u_\varepsilon(x) = u(y) + \frac{|x-y|^2}{\varepsilon^2},$$

le terme $\dfrac{|x-y|^2}{\varepsilon^2}$ n'est pas forcément un $o(1)$. Qu'advient-il de 3 ?

Notes bibliographiques de la section 5 3

Cette section reproduit les arguments des articles de E.N Barron et R. Jensen[36, 37] sous la forme simplifiée qui avait été donnée dans [18]. Des idées analogues mais dans un cadre technique beaucoup plus difficile sont développées actuellement par A.P Blanc[44] pour traiter des problèmes de temps de sortie avec des coûts de sortie discontinus.

L'inf-convolution a été introduite dans le cadre des solutions de viscosité des équations de Hamilton-Jacobi par J.M Lasry et P.L Lions[125]. Le dernier exercice de la section est fortement inspiré des résultats de [125].

L'inf (et la sup)-convolution sont des outils de base pour l'étude des équations du deuxième ordre: pour prouver l'unicité, on régularise les sous et sursolutions à comparer respectivement par sup et inf-convolutions. On se ramène ainsi au cas où la sous-solution est semi-convexe et la sursolution est semi-concave ce qui permet d'appliquer le Principe du Maximum d'Alexandrov (voir, bien sûr, [54] pour les détails).

6 PROBLEMES DE PERTURBATIONS SINGULIERES

6.1 Introduction.

Avant de passer aux exemples de type Grandes Déviations qui sont probablement les plus typiques et les plus riches, nous rappelons l'approche générale des
problèmes de perturbations singulières.

On considère un problème de perturbation singulière du type:

$$\begin{cases} -\varepsilon \Delta u_\varepsilon + H_\varepsilon(x, u_\varepsilon, Du_\varepsilon) = 0 & \text{dans } \Omega , \\[2mm] F_\varepsilon(x, u_\varepsilon, Du_\varepsilon) = 0 & \text{sur } \partial\Omega, \end{cases}$$

où Ω est un ouvert borné régulier et où $H_\varepsilon, F_\varepsilon$ sont des fonctions continues.

On se place pour simplifier dans le cas standard – mais qui ne couvre
évidemment pas tous les exemples comme nous le verrons plus tard – où H_ε et
F_ε convergent localement uniformément vers H et F. On procède alors comme
suit:

1. On prouve que u_ε est borné sur $\overline{\Omega}$, uniformément par rapport à $\varepsilon > 0$.

2. On applique le résultat de stabilité discontinue qui fournit $\overline{u} = \limsup^* u_\varepsilon$
   et $\underline{u} = \liminf_* u_\varepsilon$ respectivement sous et sursolutions de:

$$\begin{cases} H(x, u, Du) = 0 & \text{dans } \Omega , \\[2mm] F(x, u, Du) = 0 & \text{sur } \partial\Omega. \end{cases}$$

3. On applique à ce problème un résultat d'unicité forte qui conduit à

$$\overline{u} \leq \underline{u} \quad \text{dans } \Omega \ (\text{ou sur } \overline{\Omega}) .$$

Comme $\overline{u}$ est s.c.s et $\underline{u}$ est s.c.i et comme, par définition, $\overline{u} \geq \underline{u}$ sur $\overline{\Omega}$, on
en déduit que $u := \overline{u} = \underline{u}$ est continu dans Ω (ou sur $\overline{\Omega}$).

4. On conclut par le lemme 4.1 qui implique que:

$$u_\varepsilon \to u := \overline{u} = \underline{u} \quad \text{dans } C(\Omega) \ \left(\text{ou dans } C(\overline{\Omega})\right) .$$

Comme nous l'avons souligné dans la section consacrée au résultat de stabilité discontinue, l'intérêt de cette méthode est de permettre de traiter des problèmes où apparaissent des phénomènes de couches limites: en effet, le passage à la limite ne nécessite a priori aucune compacité de la suite $(u_\varepsilon)_\varepsilon$ dans $C(\overline{\Omega})$.

La question que l'on peut se poser est de savoir comment ces phénomènes de couches limites sont pris en compte. Revenons donc sur l'exemple:

$$\begin{cases} -\varepsilon u_\varepsilon'' + |u_\varepsilon'| = 1 & \text{dans }]0,1[\, , \\ u_\varepsilon(0) = 0, & u_\varepsilon(1) = 2 \, . \end{cases}$$

Nous avons vu que:

$$u_\varepsilon(x) = x + \frac{\exp(\frac{x-1}{\varepsilon}) - \exp(-\frac{1}{\varepsilon})}{1 - \exp(-\frac{1}{\varepsilon})} \, ,$$

et donc on calcule facilement $\overline{u}$ et $\underline{u}$.

$$\overline{u}(x) = x \quad \text{si } 0 \leq x < 1 \, , \quad \overline{u}(1) = 2 \, ,$$

et:

$$\underline{u}(x) = x \quad \text{dans } [0,1] \, .$$

La couche limite se reflète dans la discontinuité de $\overline{u}$ en 1. Comment la traite-t-on? On "efface" simplement la valeur 2 de $\overline{u}$ au point 1 i.e. dans la preuve du résultat d'unicité forte, on ne va pas comparer $\overline{u}$ et $\underline{u}$ mais $\underline{u}$ et $\tilde{u}$ défini par:

$$\tilde{u}(x) = \overline{u}(x) = x \quad \text{si } 0 \leq x < 1 \, , \quad \tilde{u}(1) = 1 \, .$$

Cet exemple se généralise aux cas où le problème limite contient une condition de Dirichlet sur une composante connexe Γ de $\partial\Omega$ avec une donnée de Dirichlet φ continue, dès que l'hamiltonien H de l'équation limite satisfait (H20) sur Γ (ce qui est le cas dans l'exemple ci-dessus). En effet, la preuve du corollaire 4.1, et plus précisément du lemme 7.1, montre que $\overline{u} \leq \varphi$ sur Γ. On redéfinit alors $\overline{u}$ sur Γ en posant:

$$\tilde{u}(x) = \begin{cases} \overline{u}(x) & \text{si } x \in \overline{\Omega} - \Gamma \, , \\ \limsup_{\substack{y \to x \\ y \in \Omega}} \overline{u}(y) & \text{si } x \in \Gamma. \end{cases}$$

Comme Γ est une composante connexe de $\partial\Omega$, $\tilde{u}$ est s.c.s; de plus, $\tilde{u} \leq u \leq \varphi$ sur Γ et donc $\tilde{u}$ est encore une sous-solution du problème.

Si $\Gamma = \partial\Omega$ ou si on sait les autres composantes connexes de $\partial\Omega$ ne présentent pas de phénomènes de couches limites, la preuve du corollaire 4.1 nous fournit l'inégalité $\tilde{u} \leq \underline{u}$ sur $\overline{\Omega}$. Dans ce cas simple, le traitement de la couche limite se réduit donc à un "nettoyage" de la "demi-limite" $\overline{u}$, ce qui, à l'évidnce, est assez facile. C'est ce "nettoyage" obligatoire qui explique qu'on aura, en général, qu'un résultat d'unicité forte dans Ω et pas sur $\overline{\Omega}$. Dans les exemples d'applications aux Grandes Déviations présentés ci-dessous, nous serons toujours dans ce cas particulier simple.

Dans les cas plus complexes, on effectue le "nettoyage" des demi-limites $\bar{u}$ et $\underline{u}$ comme dans la preuve du théorème 5.3. En effet, on décrit dans cette preuve comment modifier les valeurs des sous et sursolutions du problème de Bellman-Dirichlet pour pouvoir appliquer le théorème 4.5: le problème auquel on est confronté ici est exactement le même. Les arguments présentés dans la preuve du théorème 5.3 s'étendent assez facilement aux cas d'équations quelconques mais nous ne décrirons pas ces généralisations ici.

Pour les conditions aux limites de Neumann, on a un résultat d'unicité forte sur $\overline{\Omega}$: dans ce cas, la convergence uniforme de u_ϵ a lieu sur $\overline{\Omega}$. Il n'y a donc pas de phénomène de couches limites dans les problèmes qui conduisent à de telles conditions aux limites.

Passons maintenant à la pratique.

6.2 Applications aux problèmes de Grandes Déviations.

La théorie des Grandes Déviations est une partie de la théorie des perturbations aléatoires des systèmes dynamiques. Elle a été introduite et développée par Wentzell et Freidlin d'une part et Donsker et Varadhan d'autre part. Son but est de donner des estimations d'évènements "rares", c'est-à-dire intervenant avec une faible probabilité.

L'objectif de cette section est de montrer comment la théorie des solutions de viscosité permet de donner des démonstrations (très) simples de théorèmes bien connus dans cette théorie. Nous nous contenterons de quatre exemples dans des cas non-dégénérés, le quatrième étant sans doute le plus spectaculaire et le moins standard.

Pour entrer dans le vif du sujet, nous considérons la solution $(X_t)_t$ de l'équation différentielle ordinaire:

$$dX_t = b(X_t)dt \ , \ X_0 = x \ , \qquad (6.1)$$

où b est un champ de vecteurs lipschitzien sur $\mathbb{R}^N$.

Nous perturbons ce système dynamique en ajoutant un "bruit brownien", ce qui nous conduit à l'équation différentielle stochastique:

$$dX_t^\epsilon = b(X_t^\epsilon)dt + \epsilon\sigma(X_t^\epsilon)dW_t \ , \ X_0^\epsilon = x \ , \qquad (6.2)$$

où σ est une matrice $N \times p$ qui est une fonction lipschitzienne de x dans $\mathbb{R}^N$ et $(W_t)_t$ est un mouvement brownien standard sur $\mathbb{R}^p$.

Il est bien connu que les trajectoires X_t^ϵ convergent en probabilité vers X_t mais on veut généralement obtenir des estimations plus précises sur cette convergence ou sur la convergence des temps de sortie de la trajectoire X^ϵ d'un ouvert...etc.

On va traiter quatre exemples assez simples dans des cas non-dégénérés i.e. pour lesquels $p = N$ et σ est inversible. Nous supposerons également dans toute cette partie que σ est une fonction lipschitzienne de x dans $I\!\!R^N$.

Exemple 1 : Comportement asymptotique du temps de sortie.

Soit Ω un ouvert borné régulier; on note τ_x^ε le premier temps de sortie de l'ouvert Ω de la trajectoire $(X_t^\varepsilon)_t$ issue de $x \in \overline{\Omega}$. Ce premier exemple consiste à étudier le cas $b = 0$ et à s'intéresser aux fonctions u_ε définies sur $\overline{\Omega}$ par:

$$u_\varepsilon(x) = I\!\!E_x(e^{-\lambda \tau_x^\varepsilon}) \,,$$

où $I\!\!E_x$ désigne l'espérance conditionnelle par rapport à l'évènement $\{X_0 = x\}$ et où $\lambda > 0$.

Grâce à des résultats classiques, on sait que $u_\varepsilon \in C^2(\Omega) \cap C(\overline{\Omega})$ est solution du problème de Dirichlet:

$$\begin{cases} -\dfrac{\varepsilon^2}{2} \displaystyle\sum_{1 \le i,j \le N} a_{i,j}(x) \dfrac{\partial^2 u_\varepsilon}{\partial x_i \partial x_j} + \lambda u_\varepsilon = 0 & \text{dans } \Omega \,, \\[2ex] \qquad\qquad\qquad\qquad u_\varepsilon = 1 & \text{sur } \partial\Omega, \end{cases}$$

où la matrice $a = (a_{i,j})_{i,j}$ est égale à $\sigma\sigma^T$.

Comme $b = 0$, le système dynamique limite est $dX_t = 0$ et donc on peut s'attendre à ce que τ_x^ε tende vers $+\infty$ si $x \in \Omega$ et, par conséquent, à ce que u_ε tende vers 0 dans Ω. On a une estimation plus précise de cette convergence, qui est une conséquence du

Théorème 6.1 : *On a:*

$$-\varepsilon \log(u_\varepsilon) \to I \quad \text{uniformément sur } \overline{\Omega} \,,$$

où I est la __fonctionnelle d'action__ définie par:

$$I(x) = \inf\Big\{ \int_0^{\tau_x} \Big(\frac{1}{2}|\sigma^{-1}(y_x(t))\dot{y}_x(t)|^2 + \lambda\Big) dt \,; y_x \in H^1_{loc}(0, +\infty, I\!\!R^N), y_x(0) = x \Big\},$$

pour tout x dans $\overline{\Omega}$.   □

Le résultat du théorème 6.1, comme tous les autres exemples que nous donnerons, peut se réécrire sous la forme:

$$u_\varepsilon(x) = \exp\left(-\frac{I(x) + o(1)}{\varepsilon}\right) \quad \text{dans } \Omega \,.$$

Comme $I > 0$ dans Ω, on a donc une convergence exponentiellement rapide de u_ε vers 0 dans Ω.

Preuve : Par le Principe du Maximum, on a:

$$0 \leq u_\varepsilon \leq 1 \quad \text{sur } \overline{\Omega} \,,$$

et on sait même que $u_\varepsilon > 0$ sur $\overline{\Omega}$ par le Principe du Maximum Fort. Le réflexe naturel serait alors de considérer la fonction I_ε définie par:

$$I_\varepsilon(x) = -\varepsilon \log(u_\varepsilon(x)) \quad \text{sur } \overline{\Omega} \,,$$

mais il faudrait montrer que I_ε est borné (au moins localement) et il est seulement clair que $I_\varepsilon \geq 0$ sur $\overline{\Omega}$. Pour éviter l'autre estimation, l'astuce canonique dans ces problèmes consiste à introduire, pour $A > 0$ (grand), la fonction I_ε^A défini par:

$$I_\varepsilon^A(x) = -\varepsilon \log(u_\varepsilon(x) + e^{-\frac{A}{\varepsilon}}) \quad \text{sur } \overline{\Omega} \,,$$

car on a alors aisément $o(\varepsilon) \leq I_\varepsilon^A \leq A$ sur $\overline{\Omega}$. De plus, c'est un petit exercice élémentaire de prouver:

$$\limsup{}^* I_\varepsilon^A = \inf\left(\limsup{}^* I_\varepsilon, A\right),$$

et:

$$\liminf{}_* I_\varepsilon^A = \inf\left(\liminf{}_* I_\varepsilon, A\right).$$

Il suffit donc d'établir le comportement de I_ε^A.

La fonction I_ε^A est solution de:

$$\begin{cases} -\dfrac{\varepsilon}{2} \sum_{1 \leq i,j \leq N} a_{i,j}(x) \dfrac{\partial^2 I_\varepsilon^A}{\partial x_i \partial x_j} + \dfrac{1}{2} \sum_{1 \leq i,j \leq N} a_{i,j}(x) \dfrac{\partial I_\varepsilon^A}{\partial x_i} \dfrac{\partial I_\varepsilon^A}{\partial x_j} - \lambda = -\lambda e^{\frac{A - I_\varepsilon^A}{\varepsilon}} & \text{dans } \Omega \\[4mm] \hfill I_\varepsilon^A = -\varepsilon \log(1 + e^{-\frac{A}{\varepsilon}}) & \text{sur } \partial\Omega. \end{cases}$$

On a, en particulier:

$$I_\varepsilon^A \leq A \quad \text{sur } \overline{\Omega} \,,$$

et

$$-\dfrac{\varepsilon^2}{2} \sum_{1 \leq i,j \leq N} a_{i,j}(x) \dfrac{\partial^2 I_\varepsilon^A}{\partial x_i \partial x_j} + \dfrac{1}{2} \sum_{1 \leq i,j \leq N} a_{i,j}(x) \dfrac{\partial I_\varepsilon^A}{\partial x_i} \dfrac{\partial I_\varepsilon^A}{\partial x_j} - \lambda \leq 0 \quad \text{dans } \Omega \,.$$

En passant à la limite dans ces propriétés, on s'aperçoit que le problème limite est un problème de l'obstacle associé à une condition de Dirichlet:

$$\begin{cases} \max\left(\dfrac{1}{2} \sum_{1 \leq i,j \leq N} a_{i,j}(x) \dfrac{\partial I^A}{\partial x_i} \dfrac{\partial I^A}{\partial x_j} - \lambda, I^A - A\right) = 0 & \text{dans } \Omega \,, \\[4mm] \hfill I^A = 0 & \text{sur } \partial\Omega. \end{cases}$$

Nous devons maintenant montrer que ce problème a une propriété d'unicité forte. Commençons par vérifier que les hypothèses sur l'hamiltonien sont satisfaites sur $\overline{\Omega}$.

Comme, pour tout $x \in \overline{\Omega}$, $\sigma(x)$ est une matrice inversible et comme $\sigma(.)$ est une fonction lipschitzienne de x, il en est de même pour la matrice $a = (a_{i,j})_{i,j}$. Il en résulte assez facilement que l'hamiltonien de l'équation satisfait (H3) sur $\overline{\Omega}$,

(H4) (et même (H4)' avec $\Phi_R(t) = (1+|t|)^{1/2}$), (H16) qui est également satisfaite avec $\Phi_R(t) = (1+|t|)^{1/2}$ et (H18)-(H20) qui sont des conséquences immédiates de (H3). De plus, l'hamiltonien est convexe en p et 0 est sous-solution stricte, ce qui assure que (H5) et (H6) ont lieu. On pourrait donc appliquer le corollaire 4.1.

Mais on va utiliser ici un argument supplémentaire qui va simplifier la preuve et donner un résultat un peu plus fort. Comme (H20) a lieu, le lemme 7.1 plus loin dans le texte implique que toute sous-solution u_1 du problème limite vérifie:

$$u_1 \leq 0 \quad \text{sur } \partial\Omega .$$

On applique ce résultat à la sous-solution $u_1 = \limsup^* I_\varepsilon^A$. Comme on sait déjà que $0 \leq \liminf_* I_\varepsilon^A \leq \limsup^* I_\varepsilon^A$ sur $\overline{\Omega}$, il en résulte que $\liminf_* I_\varepsilon^A = \limsup^* I_\varepsilon^A = 0$ sur $\partial\Omega$. Il suffit alors d'utiliser le théorème 4.2 pour avoir l'unicité forte sur $\overline{\Omega}$. On en déduit que I_ε^A converge uniformément vers I^A sur $\overline{\Omega}$. Il n'y a pas de couche limite dans ce cas!

On remarque alors que le problème de Dirichlet limite est associé à un problème de contrôle mixte temps de sortie-temps d'arrêt et donc I^A est donné par:

$$I^A(x) = \inf\{ \int_0^{\theta \wedge \tau_x} \left(\frac{1}{2}|\sigma^{-1}(y_x(t))\dot{y}_x(t)|^2 + \lambda \right) dt + A.1_{\{\theta < \tau_x\}} \; ;$$
$$y_x \in H_{loc}^1(0, +\infty, \mathbb{R}^N), y_x(0) = x \}.$$

(Exercice! on pourra consulter la section de l'appendice où l'on explique comment obtenir de telles formules.) Il est alors tout à fait clair que si A est assez grand, $I^A = I$ et la conclusion en découle facilement. □

Exemple 2 : Probabilité de sortie à travers une partie connexe du bord.

L'exemple typique de la situation que nous voulons décrire est le cas de la couronne

$$\Omega = \{x \in \mathbb{R}^N; \; 1 < |x| < 2\} ,$$

avec le champ $b(x) = x$. Toutes les trajectoires de (6.1), issues de points de Ω, sortent en temps fini de Ω à travers la partie du bord $\{|x| = 2\}$. Il est alors intéressant de se demander quelle est la probabilité pour le système perturbé de sortir à travers la partie du bord $\{|x| = 1\}$. Il s'agit bien, a priori, d'un évènement rare.

On revient au cas général où l'on suppose que b est lipschitzien, σ est toujours non dégénéré; Ω est un ouvert borné régulier et Γ est une réunion de composantes connexes de $\partial\Omega$. On suppose que toutes les trajectoires de (6.1), issues de points de Ω, sortent de Ω à travers $\partial\Omega - \Gamma$. On s'intéresse alors aux fonctions u_ε définies sur $\overline{\Omega}$ par:

$$u_\varepsilon(x) = \mathbb{P}_x(X_{\tau_x}^\varepsilon \in \Gamma) = \mathbb{E}_x(1_\Gamma(X_{\tau_x}^\varepsilon)) .$$

où $\mathbb{P}_x$ est la probabilité conditionnelle par rapport à l'évènement $\{X_0 = x\}$.

Encore une fois, il est bien connu que $u_\epsilon \in C^2(\Omega) \cap C(\overline{\Omega})$ est solution du problème:

$$\begin{cases} -\dfrac{\epsilon^2}{2} \sum_{1 \leq i,j \leq N} a_{i,j}(x) \dfrac{\partial^2 u_\epsilon}{\partial x_i \partial x_j} - \sum_{1 \leq i \leq N} b_i(x) \dfrac{\partial u_\epsilon}{\partial x_i} = 0 \quad \text{dans } \Omega , \\[2mm] u_\epsilon = 1 \quad \text{sur } \Gamma, \\[2mm] u_\epsilon = 0 \quad \text{sur } \partial\Omega - \Gamma. \end{cases}$$

De même que dans le premier exemple, on peut s'attendre à ce que $X^\epsilon_{\tau^\epsilon_x}$ n'appartienne que rarement à Γ si $x \in \Omega$ pour ϵ petit et donc à ce que u_ϵ tende vers 0 dans Ω. Mais pour avoir une convergence de type exponentiel comme dans le premier cas, il faudra que le flot qui pousse la trajectoire à sortir de l'ouvert à travers $\partial\Omega - \Gamma$ soit assez fort; plus précisément, on supposera que si $x(.) \in H^1_{loc}(0, +\infty, \mathbb{R}^N)$ vérifie $x(t) \in \overline{\Omega}$, $\forall t > 0$ alors:

$$\int_0^{+\infty} \frac{1}{2} |\sigma^{-1}(x(t)) [\dot{x}(t) - b(x(t))]|^2 dt = +\infty . \tag{6.3}$$

En d'autres termes, il faut une énergie infinie pour maintenir la trajectoire dans $\overline{\Omega}$ en luttant contre le flot. On rappelle que les fonctions de $H^1(0, T, \mathbb{R}^N)$ sont continues ce qui donne un sens à l'assertion "$x(t) \in \overline{\Omega}$, $\forall t > 0$".

On a alors le:

Théorème 6.2 : *On a:*

$$-\epsilon^2 \log(u_\epsilon) \to I \quad \textit{uniformément sur tout compact de } \Omega \cup \Gamma ,$$

où la fonctionnelle d'action I est donnée par:

$$I(x) = \inf\{ \int_0^{\tau_x} \frac{1}{2} |\sigma^{-1}(y_x(t)) [\dot{y}_x(t) - b(y_x(t))]|^2 dt \ ; y_x \in H^1_{loc}(0, +\infty, \mathbb{R}^N),$$
$$y_x(0) = x , \ y_x(\tau_x) \in \Gamma \} ,$$

pour x dans Ω. □

Comme aucune trajectoire du système dynamique $\dot{x} = b(x)$ ne sort de l'ouvert Ω à travers Γ, il est clair que $I > 0$ dans Ω et donc on a réellement une estimation exponentielle de la convergence de u_ϵ vers 0 dans Ω.

Preuve : On va simplement faire quelques remarques car l'essentiel de la preuve consiste à recopier celle du théorème 6.1.

Le changement de variable est ici $I_\epsilon = -\epsilon^2 \log(u_\epsilon)$ ou plutôt:

$$I^A_\epsilon(x) = -\epsilon^2 \log(u_\epsilon(x) + e^{-\frac{A}{\epsilon^2}}) .$$

et le problème limite est le problème de Dirichlet:

$$\begin{cases} \dfrac{1}{2} \sum_{1 \leq i,j \leq N} a_{i,j}(x) \dfrac{\partial I}{\partial x_i} \dfrac{\partial I}{\partial x_j} - \sum_{1 \leq i \leq N} b_i(x) \dfrac{\partial I}{\partial x_i} = 0 \quad \text{dans } \Omega , \\[2mm] I = 0 \quad \text{sur } \Gamma, \\[2mm] I = A \quad \text{sur } \partial\Omega - \Gamma. \end{cases}$$

Comme $u_\varepsilon \geq 0$ sur $\overline{\Omega}$ par le Principe du Maximum, $I_\varepsilon^A \leq A$ sur $\overline{\Omega}$. Il en résulte que $\lim \sup^* I_\varepsilon^A \leq A$, en particulier sur $\partial\Omega - \Gamma$ et la condition aux limites de Dirichlet est vide sur cette partie du bord.

En fait, tout se passe comme si on avait une condition de contraintes d'état sur $\partial\Omega - \Gamma$, reflet de la couche limite pour I_ε sur cette partie du bord. Il est à noter que le fait que I_ε y soit égal à $+\infty$ ne cause aucun problème puisque cette valeur est "effacée" par le "nettoyage" du résidu de la couche limite.

On a réellement besoin d'appliquer le corollaire 4.1 (ou le théorème 4.6) à cause de la condition aux limites au sens de viscosité sur $\partial\Omega - \Gamma$. Par contre, le lemme 7.1 s'applique sur Γ, ce qui explique la convergence uniforme de $-\varepsilon^2 \log(u_\varepsilon)$ sur tout compact de $\Omega \cup \Gamma$.

La vérification des hypothèses est essentiellement la même que dans la preuve du théorème 6.1. Seule la vérification de (H6) est plus délicate: l'hypothèse (6.3) implique l'existence de la sous-solution stricte dont on a besoin dans le problème limite pour avoir l'unicité forte. Cette affirmation est justifiée par le

Lemme 6.1 : *Si (6.3) a lieu, il existe une fonction ϕ de classe C^1 sur $\overline{\Omega}$ telle que:*

$$\frac{1}{2} \sum_{1 \leq i,j \leq N} a_{i,j}(x) \frac{\partial\phi}{\partial x_i} \frac{\partial\phi}{\partial x_j} - \sum_{1 \leq i \leq N} b_i(x) \frac{\partial\phi}{\partial x_i} < 0 \quad sur \ \overline{\Omega} \ .$$

$\square$

Preuve : On procède en plusieurs étapes.

Etape 1 : La première étape consiste à montrer que si (6.3) a lieu, il existe $\eta > 0$ tel que, pour T suffisamment grand:

$$\int_0^T \frac{1}{2} |\sigma^{-1}(x(t)) [\dot{x}(t) - b(x(t))]|^2 dt \geq 2\eta T \ , \tag{6.4}$$

si la fonction $x(.) \in H^1(0, T, \mathbb{R}^N)$ vérifie $x(t) \in \overline{\Omega}$ pour tout $t \leq T$.

On procède par l'absurde: si tel n'est pas le cas, il existe des suites $\eta_p \to 0$, $T_p \to +\infty$ et $x_p \in H^1(0, T_p, \mathbb{R}^N)$ telle que $x_p(t) \in \overline{\Omega}$ pour tout $t \leq T_p$ et

$$\int_0^{T_p} \frac{1}{2} |\sigma^{-1}(x_p(t)) [\dot{x}_p(t) - b(x_p(t))]|^2 dt < 2\eta_p T_p \ .$$

Soit alors $K = E[\eta_p T_p] + 1$. Comme:

$$\int_0^{T_p} = \sum_{k=0}^{K-1} \int_{\frac{kT_p}{K}}^{\frac{(k+1)T_p}{K}} \geq K \inf_k \int_{\frac{kT_p}{K}}^{\frac{(k+1)T_p}{K}}$$

il existe $l \in [0, K]$ tel que:

$$\int_{\frac{lT_p}{K}}^{\frac{(l+1)T_p}{K}} \frac{1}{2} |\sigma^{-1}(x_p(t)) [\dot{x}_p(t) - b(x_p(t))]|^2 dt < \frac{2\eta_p T_p}{K} \leq 2 \ .$$

On considère alors la fonction $y_p(.) = x_p(. - \frac{lT}{K})$. Elle satisfait:

$$\int_0^{\frac{T_p}{K}} \frac{1}{2} |\sigma^{-1}(y_p(t)) [\dot{y}_p(t) - b(y_p(t))]|^2 dt \leq 2 .$$

Or $\dfrac{T_p}{K} \sim \dfrac{1}{\eta_p}$ et donc $\dfrac{T_p}{K} \to +\infty$. L'inégalité ci-dessus montre que la suite $(y_p)_p$ est bornée dans $H^1(0, T, I\!\!R^N)$ pour tout $T < \dfrac{T_p}{K}$. En utilisant un argument de type "extraction diagonale", on montre facilement qu'il existe une sous-suite $(y_{p'})_{p'}$ qui est dans $H^1(0, T, I\!\!R^N)$ pour p' assez grand et qui converge faiblement vers une fonction y dans $H^1(0, T, I\!\!R^N)$ pour tout T. De plus, grâce à l'injection compacte de $H^1(0, T, I\!\!R^N)$ dans $C(0, T, I\!\!R^N)$, $y_{p'} \to y$ uniformément sur $[0, T]$ pour tout T et on peut alors passer à la limite dans l'inégalité:

$$\int_0^T \frac{1}{2} |\sigma^{-1}(y_{p'}(t)) [\dot{y}_{p'}(t) - b(y_{p'}(t))]|^2 dt \leq 2 ,$$

(qui est vraie, une fois de plus, dès que $T \leq \dfrac{T_p}{K}$) en utilisant le caractère s.c.i de la fonctionnelle:

$$J(\xi) = \int_0^T \frac{1}{2} |\sigma^{-1}(\xi(t)) [\dot{\xi}(t) - b(\xi(t))]|^2 dt ,$$

pour la topologie faible sur $H^1(0, T, I\!\!R^N)$ (exercice!). On obtient finalement:

$$\int_0^T \frac{1}{2} |\sigma^{-1}(y(t)) [\dot{y}(t) - b(y(t))]|^2 dt \leq 2 , \tag{6.5}$$

et $y(t) \in \overline{\Omega}$ pour tout $t \leq T$ puisque $y_{p'}(t) \in \overline{\Omega}$ pour $t \leq T$ si p' est assez grand et puisque $y_{p'} \to y$ uniformément sur $[0, T]$. Comme ces propriétés sont vérifiées pour tout $T > 0$, on a une contradiction avec (6.3).

Etape 2 : On prouve que la propriété (6.3) reste vraie si on remplace l'ouvert Ω par un ouvert un peu plus grand: plus précisément, si on remplace Ω par $\Omega_\alpha = \{x \in I\!\!R^N ; d(x, \Omega) < \alpha\}$ pour $\alpha > 0$ assez petit. Si tel n'était pas le cas, il existerait une suite de fonctions $x_\alpha(.) \in H^1_{loc}(0, +\infty, I\!\!R^N)$ telles que $x_\alpha(t) \in \overline{\Omega}_\alpha$, pour tout $t > 0$ et

$$\int_0^{+\infty} \frac{1}{2} |\sigma^{-1}(x_\alpha(t)) [\dot{x}_\alpha(t) - b(x_\alpha(t))]|^2 dt \leq C_\alpha ,$$

pour certaines constantes C_α. Mais, comme l'intégrale est convergente, pour T_α suffisamment grand, on a:

$$\int_{T_\alpha}^{+\infty} \frac{1}{2} |\sigma^{-1}(x_\alpha(t)) [\dot{x}_\alpha(t) - b(x_\alpha(t))]|^2 dt \leq 1 .$$

et donc la fonction $y_\alpha(.) = x_\alpha(. - T_\alpha)$ satisfait:

$$\int_0^{+\infty} \frac{1}{2} |\sigma^{-1}(y_\alpha(t)) [\dot{y}_\alpha(t) - b(y_\alpha(t))]|^2 dt \leq 1 .$$

Il en résulte que, pour tout $T > 0$:

$$\int_0^T \frac{1}{2} |\sigma^{-1}(y_\alpha(t)) [\dot{y}_\alpha(t) - b(y_\alpha(t))]|^2 dt \leq 1 . \tag{6.6}$$

Cette inégalité montre que la suite $(y_\alpha)_\alpha$ est bornée dans $H^1(0,T,\mathbb{R}^N)$. On reproduit les arguments de la première étape: il existe une sous-suite $(y_{\alpha'})_{\alpha'}$ qui converge faiblement vers une fonction y dans $H^1(0,T,\mathbb{R}^N)$ et uniformément sur $[0,T]$. On peut alors passer à la limite dans (6.6) et on obtient:

$$\int_0^T \frac{1}{2} |\sigma^{-1}(y(t)) [\dot{y}(t) - b(y(t))]|^2 dt \leq 1 .$$

De plus, $y(t) \in \overline{\Omega}$ pour tout $t \leq T$ puisque $y_{\alpha'}(t) \in \Omega_\alpha$ pour tout $t > 0$ et puisque $y_{\alpha'} \to y$ uniformément sur $[0,T]$. Or, d'après l'étape 1:

$$\int_0^T \frac{1}{2} |\sigma^{-1}(x(t)) [\dot{x}(t) - b(x(t))]|^2 dt \geq 2\eta T ,$$

et on a donc une contradiction pour $T > \dfrac{1}{2\eta}$.

Etape 3 : On se place dans Ω_α pour α suffisamment petit de telle sorte que (6.3) soit toujours satisfaite dans Ω_α. On introduit la fonction w définie dans Ω_α par:

$$w(x) = \inf\Big\{ \int_0^{\tau_x^\alpha} \Big[\frac{1}{2}|\sigma^{-1}(y_x(t)) [\dot{y}_x(t) - b(y_x(t))]|^2 - \eta\Big] dt ;$$

$$y_x \in H^1_{loc}(0,+\infty,\mathbb{R}^N), \ y_x(0) = x , \ y_x(\tau_x^\alpha) \in \Gamma_\alpha \Big\} ,$$

où τ_x^α désigne le premier temps de sortie de la trajectoire y_x de l'ouvert Ω_α et Γ_α est la réunion des composantes connexes de $\partial\Omega_\alpha$ définie par:

$$\Gamma_\alpha = \{x \in \partial\Omega_\alpha ; d(x,\Omega) = d(x,\Gamma)\} .$$

Nous rappelons que Ω est régulier et on choisit α suffisamment petit. Grâce au résultat de l'étape 1 que l'on applique ici à Ω_α, w est borné et plus particulièrement borné inférieurement. De plus, on vérifie facilement que w est localement lipschitzien et que w est solution de l'équation:

$$\frac{1}{2} \sum_{1 \leq i,j \leq N} a_{i,j}(x)\frac{\partial w}{\partial x_i}\frac{\partial w}{\partial x_j} - \sum_{1 \leq i \leq N} b_i(x)\frac{\partial w}{\partial x_i} = -\eta \quad \text{dans } \Omega_\alpha .$$

Pour obtenir ϕ, il suffit de régulariser w par convolution en copiant les arguments de la section 5.3 avec un noyau de convolution à support dans la boule de centre 0 et de rayon α (c'est la raison pour laquelle nous avions besoin d'un ouvert plus grand) et la preuve est complète. $\qquad\square$

Exercice : *Montrer que (6.3) a lieu dans le cas où $\Omega = \{x \in \mathbb{R}^N; 1 < |x| < 2\}$, où le champ de vecteur est donné par $b(x) = x$ et où la matrice $(a_{i,j})_{i,j}$ est l'identité.*

Exemple 3 : Probabilité de rester dans Ω pendant un certain temps.

On est ici dans le cadre le plus général: on ne fait aucune hypothèse particulière sur b. On voudrait une estimation de la probabilité pour la trajectoire X^ε de rester dans Ω pour tout temps $t \leq T$ où T est donné. On s'intéresse alors aux fonctions u_ε définies sur $\overline{\Omega} \times [0, T]$ par:

$$u_\varepsilon(x, t) = \mathbb{P}_x(X_s^\varepsilon \in \Omega, \ t \leq s \leq T) = \mathbb{E}_x(1_{\{\tau_x^\varepsilon \geq T\}}) \ .$$

Dans ce cas, τ_x^ε doit être vu comme une "date de sortie" plutôt que comme une "durée de vie" de la trajectoire dans Ω.

Il est à noter que, cette fois, l'évènement $\{X_s^\varepsilon \in \Omega, \ t \leq s \leq T\}$ n'a aucune raison a priori d'être un évènement rare: il le devient si on suppose, par exemple, que l'intervalle de temps (t, T) est grand et que (6.3) a lieu.

Il est bien connu que $u_\varepsilon \in C_x^2(\Omega \times (0, T)) \cap C_t^1(\Omega \times (0, T)) \cap C(\overline{\Omega} \times [0, T))$ est solution de:

$$\begin{cases} -\dfrac{\partial u_\varepsilon}{\partial t} - \dfrac{\varepsilon^2}{2} \displaystyle\sum_{1 \leq i,j \leq N} a_{i,j}(x) \dfrac{\partial^2 u_\varepsilon}{\partial x_i \partial x_j} - \sum_{1 \leq i \leq N} b_i(x) \dfrac{\partial u_\varepsilon}{\partial x_i} = 0 \quad \text{dans } \Omega \times (0, T) \ , \\[2mm] u_\varepsilon(x, T) = 1 \quad \text{sur } \overline{\Omega}, \\[2mm] u_\varepsilon = 0 \quad \text{sur } \partial\Omega \times (0, T). \end{cases}$$

On a alors le:

Théorème 6.3 : *On a:*

$$-\varepsilon^2 \log(u_\varepsilon) \to I \quad \text{uniformément sur tout compact de } \Omega \times [0, T] \ ,$$

où la fonctionnelle d'action I est donnée:

$$I(x, t) = \inf\Big\{ \int_t^T \frac{1}{2} |\sigma^{-1}(y_x(t))\big(\dot{y}_x(t) - b(y_x(t))\big)|^2 dt \ ; y_x \in H_{loc}^1(0, +\infty, \mathbb{R}^N) \ ,$$
$$y_x(t) = x \ , \ y_x(s) \in \overline{\Omega} \ , t \leq s \leq T \},$$

dans $\Omega \times (0, T)$. □

Preuve : Il est à remarquer cette fois que I peut s'annuler et même être identiquement nul si les trajectoires de (6.1) restent dans $\overline{\Omega}$, pour tout $x \in \overline{\Omega}$.

La démonstration consiste à répéter les arguments de la preuve du théorème 6.2 avec le changement de variable:

$$I_\varepsilon^A(x, t) = -\varepsilon^2 \log(u_\varepsilon(x, t) + e^{-\frac{A}{\varepsilon^2}}) \ .$$

Le problème limite est le problème de Dirichlet:

$$\begin{cases} -\dfrac{\partial I}{\partial t} - \dfrac{1}{2} \displaystyle\sum_{1 \leq i,j \leq N} a_{i,j}(x) \dfrac{\partial I}{\partial x_i} \dfrac{\partial I}{\partial x_j} - \sum_{1 \leq i \leq N} b_i(x) \dfrac{\partial I}{\partial x_i} = 0 \quad \text{dans } \Omega \times (0, T) \ , \\[2mm] I(x, T) = 0 \quad \text{sur } \overline{\Omega}, \\[2mm] I(x, t) = A \quad \text{sur } \partial\Omega \times (0, T). \end{cases}$$

Comme dans la preuve du théorème 6.2, $u_\varepsilon \geq 0$ sur $\overline{\Omega} \times [0, T]$ par le Principe du Maximum et donc $I_\varepsilon^A \leq A$ sur $\overline{\Omega} \times [0, T]$. Par conséquent, $\limsup^* I_\varepsilon^A \leq A$ en particulier sur $\partial\Omega \times [0, T]$ et la condition aux limites de Dirichlet se comporte en fait comme une condition de contraintes d'état sur $\partial\Omega \times (0, T)$.

Pour conclure, on doit utiliser d'abord le théorème 4.13 qui résout la difficulté liée aux points de $\partial\Omega \times \{0\}$ puis le théorème 4.12.

Cet exemple est, sans aucun doute, celui qui nécessite les arguments d'unicité forte les plus délicats car on doit à la fois prendre en compte les hypothèses (H7) et (H16) sur l'hamiltonien, utiliser les conditions de non-dégénérescence pour traiter à la fois la condition aux limites de Dirichlet sur $\partial\Omega \times (0, T)$ et la difficulté liée à l'absence de conditions pour la sous-solution aux points de $\partial\Omega \times \{0\}$ (cf. théorème 4.13).□

Exemple 4 : Evaluation asymptotique des coûts de réflexion.

Terminons par un exemple qui nous semble très spectaculaire car il utilise toute la puissance du passage à la limite avec des hamiltoniens discontinus. Il se traite pourtant trivialement à l'aide de la méthode utilisée dans les trois premiers exemples.

On considère un système dynamique (6.1) et un ouvert borné régulier Ω tels que toute trajectoire issue d'un point de $\overline{\Omega}$ reste dans $\overline{\Omega}$ pour tout temps. Mais au lieu de perturber (6.1) par (6.2), on va considérer des trajectoires perturbées réfléchies sur le bord de Ω. Comme dans le théorème 5.10, on sait qu'il existe un unique couple $((X_t^\varepsilon)_t, (k_t^\varepsilon)_t)$ solution de :

$$dX_t^\varepsilon = b(X_t^\varepsilon)dt + \varepsilon\sigma(X_t^\varepsilon)dW_t - dk_t^\varepsilon \ , \ X_0^\varepsilon = x \in \Omega \ , \qquad (6.7)$$

tel que $X_t^\varepsilon \in \overline{\Omega}$ pour tout $t \geq 0$ et tel que k_t^ε est presque sûrement un processus à variations bornées qui satisfait :

$$k_t^\varepsilon = \int_0^t 1_{\{X_s^\varepsilon \in \partial\Omega\}} n(X_s^\varepsilon)d|k^\varepsilon|_s \ ,$$

pour tout $t > 0$.

Comme $(X_t)_t$ reste dans Ω pour tout temps, moralement k^ε doit tendre vers 0 car, pour $\varepsilon = 0$, $k^\varepsilon \equiv 0$. Notre but est d'estimer cette convergence. On s'intéresse alors aux fonctions u_ε définies sur $\overline{\Omega} \times [0, T]$ par :

$$u_\varepsilon(x, t) = I\!\!E_x(|k^\varepsilon|_T) = I\!\!E_x(\int_0^T d|k^\varepsilon|_s) \ .$$

Par analogie avec la partie sur le contrôle de trajectoires réfléchies, on comprend bien pourquoi $u_\varepsilon \in C_x^2(\overline{\Omega} \times (0, T)) \cap C_t^1(\Omega \times (0, T)) \cap C(\overline{\Omega} \times [0, T])$ est solution de :

$$\begin{cases} -\dfrac{\partial u_\varepsilon}{\partial t} - \dfrac{\varepsilon^2}{2} \displaystyle\sum_{1 \leq i,j \leq N} a_{i,j}(x)\dfrac{\partial^2 u_\varepsilon}{\partial x_i \partial x_j} - \sum_{1 \leq i \leq N} b_i(x)\dfrac{\partial u_\varepsilon}{\partial x_i} = 0 & \text{dans } \Omega \times (0, T) \ , \\[2mm] u_\varepsilon(x, T) = 0 & \text{sur } \overline{\Omega}, \\[2mm] \dfrac{\partial u_\varepsilon}{\partial n} = 1 & \text{sur } \partial\Omega \times (0, T). \end{cases}$$

On a alors le:

Théorème 6.4 : *On a:*

$$-\varepsilon^2 \log(u_\varepsilon) \to I \quad \textit{uniformément sur tout compact de } \overline{\Omega} \times (0,T) \,,$$

où la fonctionnelle d'action I est donnée par:

$$I(x,t) = \inf\{ \int_t^{\tau_x} \frac{1}{2} |\sigma^{-1}(y_x(t))\big(\dot{y}_x(t) - b(y_x(t))\big)|^2 dt \; ; y_x \in H^1_{loc}(0,+\infty,\mathbb{R}^N) \,,$$

$$y_x(t) = x \,,\, \tau_x < T \},$$

sur $\overline{\Omega} \times (0,T)$. □

Encore une fois τ_x dans la formule de I doit être vu comme une "date de sortie" et non pas comme une durée de vie de la trajectoire dans Ω.

Preuve : Le point le plus intéressant sur cet exemple est le passage à la limite dans la condition aux limites de Neumann.

Le changement de variable

$$I^A_\varepsilon(x,t) = -\varepsilon^2 \log(u_\varepsilon(x,t) + e^{-\frac{A}{\varepsilon^2}}) \,.$$

conduit à la condition aux limites

$$\frac{\partial I^A_\varepsilon}{\partial n} + \varepsilon^2 \exp(\frac{I^A_\varepsilon}{\varepsilon^2}) = 0 \quad \text{sur } \partial\Omega \,.$$

On pose alors

$$F_\varepsilon(u,p) = p.n(x) + \varepsilon^2 \exp\left(\frac{u}{\varepsilon^2}\right) \,.$$

Pour déterminer la condition aux limites satisfaite par $\overline{I}^A = \limsup^* I^A_\varepsilon$, on doit d'abord calculer $\underline{F} = \liminf_* F_\varepsilon$. On obtient:

$$\underline{F}(u,p) = \begin{cases} +\infty & \text{si } u > 0, \\ p.n(x) & \text{si } u \leq 0. \end{cases}$$

Il en résulte que $\overline{I}^A$ satisfait la condition aux limites

$$\underline{F}(\overline{I}^A, D\overline{I}^A) \leq 0 \quad \text{sur } \partial\Omega \,.$$

au sens de viscosité. On en déduit alors facilement que $\overline{I}^A$ satisfait aussi la condition de Dirichlet:

$$\overline{I}^A \leq 0 \quad \text{sur } \partial\Omega \,,$$

toujours au sens de viscosité, puisque $\underline{F}(u,p) = +\infty$ si $u > 0$.

D'autre part, on prouve facilement que $\underline{I}^A = \liminf_* I^A_\varepsilon$ est positif sur $\overline{\Omega}$ car, par exemple, $\varepsilon u_\varepsilon$ tend vers 0. En particulier, $\underline{I}^A \geq 0$ sur $\partial\Omega$.

Finalement le problème limite peut s'écrire sous la forme d'un problème de Dirichlet:

$$\begin{cases} -\dfrac{\partial I}{\partial t} - \dfrac{1}{2} \sum_{1 \le i, j \le N} a_{i,j}(x) \dfrac{\partial I}{\partial x_i} \dfrac{\partial I}{\partial x_j} - \sum_{1 \le i \le N} b_i(x) \dfrac{\partial I}{\partial x_i} = 0 & \text{dans } \Omega \times (0, T) \,, \\[2mm] \qquad\qquad\qquad\qquad\qquad\qquad I(x, T) = A & \text{sur } \overline{\Omega}, \\[2mm] \qquad\qquad\qquad\qquad\qquad\qquad I(x, t) = 0 & \text{sur } \partial\Omega \times (0, T). \end{cases}$$

Une autre difficulté qui apparaît ici est la valeur infinie de la donnée finale en T, valeur infinie que l'on a remplacé par A grâce à l'astuce du changement de variable. Cette difficulté se traduit, en particulier, par le fait que la donnée finale et la condition aux limites de Dirichlet ne sont pas égales sur $\partial\Omega \times T$ i.e la condition (4.25) n'est pas satisfaite.

Pour résoudre ce problème, on remarque d'abord qu'en utilisant encore une fois le lemme 7.1, on montre aisément que $\underline{I}^A = \overline{I}^A = 0$ sur $\partial\Omega \times (0, T)$. De plus, d'après le théorème 4.7, on a:

$$\overline{I}^A \le A \le \underline{I}^A \quad \text{dans } \Omega \times \{T\} \,.$$

Nous introduisons la fonction I^A définie sur $\overline{\Omega} \times (0, T)$ par:

$$I^A(x, t) = \inf\Big\{ \int_t^{\tau_x \wedge \theta} \frac{1}{2} |\sigma^{-1}(y_x(t))\big(\dot{y}_x(t) - b(y_x(t))\big)|^2 dt + A.1_{\{\theta \le \tau_x\}} \;;$$
$$y_x \in H^1_{loc}(0, +\infty, \mathbb{R}^N) \,, y_x(t) = x \,, t \le \theta \le T \},$$

On vérifie facilement que I^A est une solution du problème, qui est continue sur $\overline{\Omega} \times (0, T)$. I^A satisfait au sens classique la condition de Dirichlet $I^A = 0$ sur $\partial\Omega \times (0, T)$; enfin, I^A est continu aux points de $\Omega \times \{T\}$ où il vaut A.

On commence par comparer la sous-solution $\overline{I}^A(., . - h)$ où $h > 0$ est petit et la sursolution I^A. Notons qu'on utilise ici seulement un résultat du type Principe du Maximum, analogue au théorème 4.2 puisque les conditions aux limites de Dirichlet sont satisfaites au sens classique. D'après les propriétés que l'on vient de rappeler et comme $\overline{I}^A \le A$ dans $\overline{\Omega} \times [0, T]$, on a:

$$\overline{I}^A(x, T - h) \le I^A(x, T) \quad \text{dans } \Omega \,.$$

De plus, $\overline{I}^A(x, t - h) \le I^A(x, t)$ sur $\partial\Omega \times (0, T)$ car les deux fonctions sont continues et nulles en ces points. Il reste le cas des points de $\partial\Omega \times \{T\}$: en ces points $\overline{I}^A(x, T - h) = 0$ grâce au lemme 7.1 et $\big(I^A\big)_*(x, T) \ge 0$. Donc $\overline{I}^A \le I^A(., .)$ sur le bord parabolique du domaine et donc par le résultat d'unicité type Principe du Maximum, on a:

$$\overline{I}^A(x, t - h) \le I^A(x, t) \quad \text{sur } \overline{\Omega} \times (h, T) \,.$$

Comme I^A est continue sur $\overline{\Omega} \times (0, T)$, on a donc, en faisant tendre h vers 0:

$$\overline{I}^A(x, t) \le I^A(x, t) \quad \text{sur } \overline{\Omega} \times (0, T) \,.$$

Puis on applique le même argument en prenant $I^A(., . - h)$ comme sous-solution et $\underline{I}^A$ comme sursolution; on obtient finalement:

$$I^A(x,t) \leq \underline{I}^A(x,t) \quad \text{sur } \overline{\Omega} \times (0,T) .$$

Et on conclut comme dans la preuve du théorème 6.1 car on a ainsi montré que $I^A = \overline{I}^A = \underline{I}^A$ sur $\Omega \times (0,T)$.   □

Remarque 6.1 : *Des résultats analogues ont lieu sous certaines conditions dans des cas dégénérés i.e. si σ n'est pas inversible, en particulier si σ est une matrice $N \times p$ ($p < N$). Les conditions de non-dégénérescence sur les hamiltoniens qui sont nécessaires pour avoir l'unicité forte dans le cas du problème de Dirichlet sont satisfaites dès lors que:*

$$|\sigma^T(x)n(x)| \neq 0 \quad \text{sur } \partial\Omega .$$

Cette propriété implique en particulier que (H18) et (H20) ont lieu.

Mais on aura aussi besoin de conditions sur σ qui impliquent qu'il y a "assez de diffusion" pour avoir des phénomènes de Grandes Déviations mais là nous allons au delà de notre propos...

Notes bibliographiques des sections 6.1 et 6.2

L'approche probabiliste des équations elliptiques ou, au moins, les liens entre les différentes formules probabilistes donnant les u_ε (formules de Feynman-Kac) et les EDP associées sont décrits dans M.I Freidlin[90] et dans D.W Strook et S.R.S. Varadhan[150] de manière plus probabiliste et dans A. Bensoussan[38], A. Bensoussan et J.L Lions[39, 40] de manière plus EDP.

La théorie des Grandes Déviations a été introduite et développée par A.D Wentzell et M.I Freidlin[154] d'une part et M.D Donsker et S.R.S Varadhan [62] d'autre part. Nous renvoyons également le lecteur intéressé à R. Azencott[2], M.I Freidlin[90], D.W Stroock[149] et S.R.S Varahdan[152].

W.H Fleming[83] (voir aussi [82]) fut le premier à s'attaquer à ce type de problèmes en utilisant une approche EDP et en introduisant, en particulier, la transformation logarithmique. La théorie des solutions de viscosité fut utilisée pour la première fois pour traiter des problèmes de Grandes Déviations par L.C Evans et H. Ishii[74]: il s'agissait encore d'une approche par solutions continues qui nécessitait des estimations de gradient par des méthodes de type Bernstein. Ces techniques furent ensuite développée par M. Bardi[4] et par W.H Fleming et P.E Souganidis[85].

Les trois premiers exemples de cette section sont extraits de [74] mais ils sont traités avec les techniques de [30]; leurs généralisations au cas où la matrice $(a_{i,j})_{i,j}$ est dégénérée sont obtenus dans [30]. Des exemples analogues sont considérés dans H. Ishii et S. Koike[109]: ce travail contient la preuve que la propriété (6.3) implique l'existence d'une sous-solution stricte ainsi que des estimations de convergence de I_ε vers I. Récemment, des cas où l'on ajoute des perturbations du type $\alpha(\varepsilon)c(x)$ dans la méthode de viscosité évanescente ont été considérés par A. Eisenberg[67]. Contrairement aux apparences, l'effet de ces termes de perturbations est important: dans les cas de non-unicité, on peut obtenir à la limite n'importe quelle solution par un choix adéquat de $\alpha(\varepsilon)$ et de c et le but de [67] est de déterminer qu'elle est la limite obtenue pour chaque choix.

B. Perthame[141] a généralisé le deuxième exemple au cas où le système dynamique a un point attracteur dans Ω: b s'annulant en ce point, (6.3) n'est plus satisfait dans ce cas et la preuve est beaucoup plus délicate. Ce résultat avait été obtenu par des méthodes probabilistes dans A.D Wentzell et M.I Freidlin[154]; des résultats plus précis ([60]) ainsi que des remarques sur des généralisations de ce résultat au cas où le champ de vecteur peut être tangent au bord de Ω ([61]) ont été obtenus par M. Day. Des résultats utilisant une approche EDP classique ont aussi été obtenus par S. Kamin[115, 116].

Le quatrième exemple est inspiré du travail de Ch. Daher, M. Romano et l'auteur[22]: le but de [22] est d'étudier l'effet des conditions aux limites artificielles que l'on impose au bord du domaine de calcul quand on veut résoudre numériquement une équation parabolique posée dans tout l'espace. La technique donnant l'unicité est due à M.G Crandall, P.L Lions et P.E Souganidis[59]; ce travail contient des "bornes universelles" pour les solutions de certaines équations paraboliques et leurs gradients, résultats qui s'appliquent typiquement aux Grandes Déviations. Le lecteur intéressé par des résultats de type Grandes Déviations pour des problèmes avec réflexion pourra consulter les articles de R.F Anderson et S. Orey[1] et de H. Doss et P. Priouret[63] où ces questions sont traitées par des méthodes probabilistes.

Des développements asymptotiques complets de u_ε dans la méthode de viscosité évanescente sont obtenues sous des hypothèses évidemment plus fortes dans W.H Fleming et P.E Souganidis[87]; nous renvoyons le lecteur à A. Bensoussan, J.L Lions et G.C Papanicolau[41] pour la présentation des méthodes de développements asymptotiques de type WKB.

Des méthodes similaires à celles de cette section ont été employées pour étudier le comportement asymptotique des équations de réaction-diffusion et, plus particulièrement, les fronts d'ondes qu'elles génèrent. Après un scaling en espace et en temps $(x/\varepsilon, t/\varepsilon)$, on est amené à déterminer la limite lorsque ε tend vers 0 de la solution u_ε d'une équation doublement singulière du type:

$$\frac{\partial u_\varepsilon}{\partial t} - \varepsilon \Delta u_\varepsilon = \frac{f(u_\varepsilon)}{\varepsilon} \quad \text{dans } \mathbb{R}^N \times (0, +\infty) \,.$$

Ce type de questions a été d'abord étudié par des méthodes probabilistes par M.I Freidlin[90]. Les premiers résultats utilisant les solutions de viscosité sont dus à L.C Evans et P.E Souganidis[77] dans le cas Kolmogorov-Petrovskii-Piskunov (KPP) i.e quand, typiquement, $f(u) = u(1-u)$. Le cas (assez spectaculaire!) d'un système de type KPP est traité dans G. Barles, L.C Evans et P.E Souganidis[23]: l'utilisation de la méthode des "semi-limites relaxées" y est nécessaire car on n'a pas, pour les systèmes, de méthode "à la Bernstein" pour estimer les gradients.

Le cas cubique où $f(u) = u(1-u^2)$, qui avait déjà été traité par des méthodes mi-probabiliste mi-EDP par J. Gärtner[93], est revisité et précisé dans G. Barles,

L. Bronsard et P.E Souganidis[19]: dans ce cas, on se heurte à une équation limite qui présente des problèmes de non-unicité:

$$\frac{\partial u}{\partial t} + \text{sign}(u)\left(|Du|^2 - 1\right) = 0 \quad \text{dans } I\!\!R^N \times (0, +\infty) \,.$$

Dans tous les cas précités, la vitesse du front ne dépend que de sa position ce qui se traduit par une équation limite du premier ordre. Plus récemment, le cas où la vitesse du front dépend de sa courbure a été traité par L.C Evans, H.M Soner et P.E Souganidis[75] par une technique de sur et sous-solutions. Ce résultat et certaines généralisations ont ensuite été obtenus dans G. Barles, H.M Soner et P.E Souganidis[31] en utilisant à la fois les méthodes de [75] mais également par une méthode plus directe basée sur la méthode des semi-limites relaxées: dans ce cas, le problème limite est très exotique et demande un traitement beaucoup plus délicat.

Nous quittons cette section d'applications aux problèmes de perturbations singulières avec le regret de ne pas avoir fourni au lecteur un nombre plus important d'exemples de passages à la limite "exotiques" pour lesquels la méthode présentée est pourtant certainement la plus efficace (cf. l'exemple 4!). Nous suggérons au lecteur qui veut se dépayser de se reporter aux exemples donnés dans [21], [24] et [31].

7. APPENDICE

7.1 Les preuves des résultats d'unicité forte

7.1.1 Preuve du théorème 4.4

Nous n'allons faire la preuve que dans le cas où F ne dépend pas de u; nous indiquerons à la fin de la preuve les quelques (petites) modifications nécessaires pour traiter ce cas plus général.

Soit u une sous-solution s.c.s bornée de (1.1)-(4.16) et soit v une sursolution s.c.i bornée de (1.1)-(4.16). On considère $M = \max_{\overline{\Omega}} (u(x) - v(x))$. On raisonne par l'absurde en supposant que $M > 0$.

Comme u et v sont bornées, on peut se débarasser de la dépendance en R dans m_R, $\tilde{m}_R$, γ_R et ν_R. De même, en utilisant le lemme 2.6, on peut supposer sans perte de généralité que $\Phi_R \equiv 1$.

Par le Principe du Maximum pour les solutions discontinues (théorème 4.2), M est atteint sur le bord en un certain point x_0. A partir de maintenant, nous ne travaillerons plus que dans un voisinage V du bord où (H16) a lieu et où la distance au bord notée d est de classe $W^{2,\infty}$. Un tel voisinage existe grâce aux hypothèses sur Ω. On notera $n(x) = -Dd(x)$ même si x n'est pas sur le bord.

On considère maintenant pour $\alpha > 0$:

$$M^\alpha = \max_{\overline{\Omega}} \left(u(x) - v(x) + 2\alpha d(x) - |x - x_0|^4 \right) .$$

S'il existe une sous-suite $\alpha' \to 0$ telle que le maximum soit atteint à l'intérieur, on conclut facilement en utilisant les arguments que nous avons décrits dans le cas continu dans $\mathbb{R}^N$ et qui se réécrivent ici sans rien changer. Donc on peut supposer que, pour α assez petit, M^α n'est atteint que sur le bord et donc uniquement au point x_0 qui est un point de maximum global strict de la fonction:

$$x \mapsto u(x) - v(x) - |x - x_0|^4 .$$

On procède en deux étapes:

Première étape : On note encore F un prolongement de F à un voisinage de $\partial\Omega$ contenant V. Nous allons démontrer le résultat en supposant que l'hypothèse suivante est vérifiée:

pour $\eta > 0$ suffisament petit, il existe une fonction C_η de classe C^1 définie sur $V \times I\!\!R^N$ telle que:

$$|F\big(x, p + C_\eta(x,p)n(x)\big)| \leq \delta(\eta) \,, \tag{7.1}$$

où $\delta(\eta) \to 0$ quand $\eta \to 0$, et qui satisfait:

$$\begin{cases} |D_x C_\eta(x,p)| \leq \tilde{K}(1 + |p|) \,, \\[2mm] |D_p C_\eta(x,p)| \leq \tilde{K} \,, \end{cases} \tag{7.2}$$

pour une certaine constante $\tilde{K}$ pouvant dépendre de η.

La deuxième étape sera consacrée à la construction de telles fonctions C_η. On introduit la fonction-test ϕ définie par:

$$\phi(x,y) = u(x) - v(y) - \frac{|x-y|^2}{\varepsilon^2} + C\Big(\frac{x+y}{2}, \frac{2(x-y)}{\varepsilon^2}\Big)\big(d(x) - d(y)\big) - \frac{A(d(x) - d(y))^2}{\varepsilon^2} + \alpha d(x) + \alpha d(y) - |x - x_0|^4 \,.$$

où ε est le paramètre de pénalisation habituel, A est une constante positive grande et C est un prolongement adéquat d'une des fonctions C_η pour un certain η. Le choix de A et η sera fait plus loin dans le texte. On peut imposer à C de satisfaire:

$$|C(x,0)| \,, \ |D_p C(x,p)| \leq K_1 \,,$$

pour une certaine constante K_1 qui dépend éventuellement de η. Grâce à ces propriétés, on a:

$$C\Big(\frac{x+y}{2}, \frac{2(x-y)}{\varepsilon^2}\Big)\big(d(x) - d(y)\big) \geq -K_1\Big(1 + \frac{2|x-y|}{\varepsilon^2}\Big)\big(d(x) - d(y)\big) \,,$$

et donc, si A est assez grand:

$$\frac{|x-y|^2}{\varepsilon^2} - C\Big(\frac{x+y}{2}, \frac{2(x-y)}{\varepsilon^2}\Big)\big(d(x) - d(y)\big) + \frac{A(d(x) - d(y))^2}{\varepsilon^2} \geq$$
$$\frac{|x-y|^2}{2\varepsilon^2} - K_1(d(x) - d(y)) \,.$$

On fixe alors α et on considère un point de maximum $(\overline{x}, \overline{y})$ de ϕ. Grâce à l'estimation que donne l'inégalité précédente sur la fonction:

$$\psi(x,y) = \frac{|x-y|^2}{\varepsilon^2} - C\Big(\frac{x+y}{2}, \frac{2(x-y)}{\varepsilon^2}\Big)\big(d(x) - d(y)\big) + \frac{A(d(x) - d(y))^2}{\varepsilon^2} - \alpha d(x) - \alpha d(y) + |x - x_0|^4 \,,$$

on peut répéter les arguments de la preuve du théorème 2.4 (et plus précisément du lemme 2.3) et montrer successivement que $\dfrac{|\overline{x} - \overline{y}|^2}{\varepsilon^2}$ est borné puis que

$\overline{x}, \overline{y} \to x_0$ quand $\varepsilon \to 0$ car x_0 est l'unique point de maximum de M^α et enfin que $\dfrac{|\overline{x} - \overline{y}|^2}{\varepsilon^2} \to 0$ quand $\varepsilon \to 0$.

Nous prétendons maintenant que les situations:

$$\overline{x} \in \partial\Omega \quad \text{et} \quad F(\overline{x}, D_x\psi(\overline{x}, \overline{y})) \leq 0 , \tag{7.3}$$

et:

$$\overline{y} \in \partial\Omega \quad \text{et} \quad F(\overline{y}, -D_y\psi(\overline{x}, \overline{y})) \geq 0 , \tag{7.4}$$

ne peuvent pas se produire si ε est assez petit et si η est bien choisi. Faisons la vérification pour (7.3), celle pour (7.4) étant analogue.

A cause de l'uniforme continuité de F en p, on a:

$$|F(x, p) - F(x, q)| \leq \frac{\nu\alpha}{2} + L(\alpha)|p - q| , \tag{7.5}$$

pour tout $x \in V$, $p, q \in \mathbb{R}^N$; ν est la constante ν_R qui apparaît dans (H14) avec $R = \max(\|u\|_\infty, \|v\|_\infty)$ et $L(\alpha)$ une constante assez grande (exercice!).

On notera désormais:

$$\overline{p} = \frac{2(\overline{x} - \overline{y})}{\varepsilon^2} , \quad \overline{z} = \frac{\overline{x} + \overline{y}}{2} .$$

En utilisant (7.5) et (H14), on est conduit après des calculs immédiats à:

$$0 \geq F(\overline{x}, D_x\psi(\overline{x}, \overline{y})) \geq F(\overline{x}, \overline{p} + C(\overline{z}, \overline{p})n(\overline{x})) + \frac{\nu\alpha}{2} + 2\nu A\frac{d(\overline{y})}{\varepsilon^2} - \frac{L(\alpha)}{2}|D_x C|d(\overline{y}) - 2L(\alpha)|D_p C|\frac{d(\overline{y})}{\varepsilon^2} - 4L(\alpha)|\overline{x} - x_0|^3 ,$$

où les quantités $D_x C$ et $D_p C$ sont calculées au point $(\overline{z}, \overline{p})$.

On utilise alors les estimations sur C, (H2) et (H15) pour F:

$$0 \geq F(\overline{z}, \overline{p} + C(\overline{z}, \overline{p})n(\overline{z})) + \frac{\nu\alpha}{2} + \frac{2d(\overline{y})}{\varepsilon^2}\left(\nu A - \frac{L(\alpha)}{4}\varepsilon^2|D_x C| - L(\alpha)|D_p C|\right) - \rho(\varepsilon)$$

où $\rho(\varepsilon)$ tend vers 0 avec ε; nous avons rassemblé dans ce terme $\rho(\varepsilon)$ tous les termes de la forme $|\overline{x} - \overline{y}|$, $\dfrac{|\overline{x} - \overline{y}|^2}{\varepsilon^2}$ et $|\overline{x} - x_0|$ dont nous savons qu'ils tendent vers 0 avec ε. Rappelons également que $d(\overline{x}) = 0$ puisque $\overline{x} \in \partial\Omega$.

Grâce à (7.1), on obtient l'inégalité finale:

$$0 \geq -\delta(\eta) + \frac{\nu\alpha}{2} + \frac{2d(\overline{y})}{\varepsilon^2}\left(\nu A - \frac{L(\alpha)}{4}\varepsilon^2|D_x C| - L(\alpha)|D_p C|\right) - \rho(\varepsilon) .$$

On choisit alors η suffisamment petit pour avoir, par exemple:

$$-\delta(\eta) + \frac{\nu\alpha}{2} \geq \frac{\nu\alpha}{4} .$$

On examine maintenant la quantité entre parenthèses: d'après les propriétés de C, on a les estimations $|D_x C| \leq \check{K}(1 + |\overline{p}|)$ et $|D_p C| \leq \check{K}$. Par conséquent, le terme $\dfrac{L(\alpha)}{4}\varepsilon^2|D_xC|$ tend vers 0 quand $\varepsilon \to 0$ puisque $|\overline{x} - \overline{y}| \to 0$ quand $\varepsilon \to 0$ et le terme $L(\alpha)|D_pC|$ reste borné. Le paramètre η étant fixé, on peut donc choisir A suffisamment grand pour que cette quantité entre parenthèses soit positive si ε est assez petit; ce choix ne dépend que de η et de F. Et on a donc une contradiction dès que $\rho(\varepsilon) < \dfrac{\nu\alpha}{4}$.

Comme les cas (7.3) et (7.4) ne peuvent se produire, on sait que l'on a forcément:

$$H(\overline{x}, u(\overline{x}), D_x\psi(\overline{x}, \overline{y})) \leq 0 \; ,$$

et:

$$H(\overline{y}, v(\overline{y}), -D_y\psi(\overline{x}, \overline{y})) \geq 0 \; .$$

On conclut alors par des calculs fastidieux mais tout à fait du même type que ceux de la preuve du théorème 2.4 en utilisant plus particulièrement les estimations sur C comme ci-dessus, le caractère lipschitz de n et l'hypothèse (H16) sur H qui, vues nos réductions, se lit (H15).

Deuxième étape : Pour construire les C_η, on commence par considérer la solution $\lambda(x, p)$ de:

$$F\Big(x, p + \lambda(x, p)n(x)\Big) = 0 \; .$$

$\lambda(x, p)$ existe dans un voisinage V du bord d'après (H14). De plus, $\lambda(x, p)$ satisfait (H2) et (H15): si F et n sont de classe C^1, ce n'est rien d'autre que le théorème des fonctions implicites; sinon, c'est un exercice un peu fastidieux mais élémentaire que nous laissons au lecteur.

Il s'agit maintenant de régulariser λ pour obtenir C_η. Pour cela, on commence par prolonger λ à $I\!R^N \times I\!R^N$ en préservant (H2)-(H15). Puis on le rend localement lipschitzien en posant, pour $\beta > 0$ petit:

$$\overline{C}_\beta(x, p) = \inf_{(y,q) \in R^N \times R^N} \{\lambda(y, q) + \frac{[\|x - y\|(1 + |q|)]^2}{\beta^2} + \frac{|p - q|^2}{\beta^2}\} \; .$$

Nous rencontrons encore une fois le procédé de régularisation par <u>inf-convolution</u> qui est ici le procédé le plus commode pour approcher λ par une suite de fonctions localement lipschitziennes.

Nous décrivons rapidement comment obtenir les propriétés satisfaites par les fonctions $\overline{C}_\beta$: les détails de la preuve sont, encore une fois, fastidieux mais élémentaires et ils sont laissés au lecteur.

On montre d'abord facilement que l'infimum est atteint en un point $(\overline{y}, \overline{q})$ qui satisfait, en particulier:

$$\lambda(\overline{y}, \overline{q}) + \frac{[\|x - \overline{y}\|(1 + |\overline{q}|)]^2}{\beta^2} + \frac{|p - \overline{q}|^2}{\beta^2} \leq \lambda(x, p) \; .$$

On fait passer le terme $\lambda(\overline{y}, \overline{q})$ dans le membre de droite et on utilise (H2) et (H15) pour λ. Comme les modules de continuité qui apparaissent dans (H2) et (H15) peuvent être choisis sous-linéaires, on déduit de l'inégalité obtenue que

$$\frac{[|x - \overline{y}|(1 + |\overline{q}|)]^2}{\beta^2} + \frac{|p - \overline{q}|^2}{\beta^2} \to 0 \quad \text{quand } \beta \to 0 \, ,$$

uniformément pour $(x, p) \in \mathbb{R}^N \times \mathbb{R}^N$.

On vérifie alors aisément que les propriétés suivantes ont lieu pour $\beta > 0$ suffisamment petit:

1. $\displaystyle\sup_{\mathbb{R}^N \times \mathbb{R}^N} |\overline{C}_\beta - \lambda| \to 0$ quand $\beta \to 0$,

2. $|D_x \overline{C}_\beta(x, p)| \leq \dfrac{1}{\beta}(1 + |p|)$ dans $\mathbb{R}^N \times \mathbb{R}^N$,

3. $|D_p \overline{C}_\beta(x, p)| \leq \dfrac{1}{\beta}$ dans $\mathbb{R}^N \times \mathbb{R}^N$.

Pour rendre $\overline{C}_\beta$ de classe C^1, on va utiliser un argument de convolution (presque) classique. Soit ρ une fonction de classe C^∞, positive et à support dans la boule unité telle que $\displaystyle\int_{\mathbb{R}^N} \rho(y)dy = 1$. On pose:

$$\tilde{C}_{\beta,\eta}(x, p) = \iint_{\mathbb{R}^N \times \mathbb{R}^N} \overline{C}_\beta(y, q)\rho\left(\frac{p - q}{\eta^2}\right)\rho\left(\frac{(x - y)(1 + |p|^2)^{1/2}}{\eta^2}\right)\frac{(1 + |p|^2)^{N/2}}{\eta^{4N}}dydq.$$

Comme, pour $\beta > 0$ suffisamment petit, la fonction $\overline{C}_\beta$ est localement lipschitzienne dans $\mathbb{R}^N \times \mathbb{R}^N$ qui satisfait les estimations de lipschitz 2. et 3. ci-dessus, on montre par des arguments classiques de convolution que, d'une part

$$|\tilde{C}_{\beta,\eta}(x, p) - \overline{C}_\beta(x, p)| \leq \frac{B\eta^2}{\gamma} \, ,$$

pour une certaine constante $B > 0$ ne dépendant que de ρ, et d'autre part que les estimations de lipschitz 2. et 3. sont également vérifiées par $\tilde{C}_{\beta,\eta}$.

C'est une (dernière!) fois un exercice fastidieux de vérifier que la fonction $\tilde{C}_{\eta,\eta}$ satisfait toutes les propriétés demandées à C_η. Et la construction est terminée.

Si F dépend de u, on demande à C_η de satisfaire:

$$\left|F\left(x, \frac{u(x_0) + v(x_0)}{2}, p + C_\eta(x, p)n(x)\right)\right| \leq \delta(\eta) \, ,$$

à la place de (7.1), où $\delta(\eta) \to 0$ quand $\eta \to 0$. Comme on a supposé que $M > 0$, $u(x_0) > v(x_0)$ et donc:

$$v(x_0) < \frac{u(x_0) + v(x_0)}{2} < u(x_0) \, .$$

Or, si $\overline{x}$ et $\overline{y}$ sont définis comme ci-dessus, nous savons que $\overline{x}, \overline{y} \to x_0$. En utilisant le fait que u est s.c.s et que v est s.c.i, on en déduit que

$\limsup u(\overline{x}) \leq u(x_0)$ et $\liminf v(\overline{y}) \geq v(x_0)$. Mais les arguments du lemme 2.3 montrent que $u(\overline{x}) - v(\overline{y}) \to M = u(x_0) - v(x_0)$: on a donc forcément

$$u(\overline{x}) \to u(x_0) \quad \text{et} \quad v(\overline{y}) \to v(x_0) \,.$$

Grâce à cette propriété et au fait que F satisfait (H1), on voit que les arguments de la preuve ci-dessus s'adaptent aisément avec ce choix de C_η et la preuve est complète.   □

Remarque 7.1 : *Si on peut écrire F sous la forme:*

$$F(x, u, p) = (p, n(x)) + f(x, u) \,,$$

i.e. si on a une condition classique de Neumann linéaire, on remarque dans la preuve ci-dessus que λ et C ne dépendent pas de p: on montre alors facilement que la preuve nécessite seulement la continuité de n et donc seulement le caractère C^1 de $\partial\Omega$ (c'est un exercice!).

7.1.2 Preuve du théorème 4.5

On va d'abord prouver le théorème 4.6 puis montrer que les arguments de cette preuve sont suffisants pour prouver le théorème 4.5.

Soit u une sous-solution s.c.s bornée de (1.1)-(4.19) et soit v une sursolution s.c.i bornée de (1.1)-(4.19). Les réductions sont les mêmes que dans la preuve du théorème 4.4: comme u et v sont bornées, on peut laisser tomber la dépendance en R dans m_R, $\bar{m}_R$ et γ_R dans (H1)-(H4)-(H16). De même, en utilisant le lemme 2.6, on peut supposer sans perte de généralité que $\Phi_R \equiv 1$ dans (H4)-(H16).

La première modification consiste à (éventuellement) redéfinir la sous-solution sur le bord: en effet, comme aucune condition de bord n'est imposée à u, ses valeurs sur $\partial\Omega$ peuvent être arbitraires, simplement limitées par l'hypothèse de semi-continuité supérieure sur u. On pose donc pour $x \in \partial\Omega$:

$$u(x) = \limsup_{\substack{y \to x \\ y \in \Omega}} u(y) \,.$$

On note toujours u la fonction ainsi obtenue.

On considère alors $M = \max_{\overline{\Omega}} (u(x) - v(x))$ et on raisonne par l'absurde en supposant que $M > 0$.

De même que dans la preuve précédente, par le Principe du Maximum pour les solutions discontinues (théorème 4.2), M est atteint sur le bord en un certain point x_0. A partir de maintenant nous ne travaillerons plus que dans un voisinage V du bord où (H16) a lieu et où la distance au bord notée d est de classe $W^{2,\infty}$. Un tel voisinage existe grâce aux hypothèses sur Ω. On rappelle que l'on note $n(x) = -Dd(x)$ même si x n'est pas sur le bord.

Comme il n'y a pas de conditions aux limites pour la sous-solution, on va construire une fonction-test de telle sorte que ses points de maximum $(\overline{x}, \overline{y})$

satisfassent nécessairement $\overline{x} \in \Omega$. Grâce à notre redéfinition de u sur le bord, il existe une suite $(x_k)_k$ de points de Ω qui converge vers x_0 et telle que:

$$u(x_k) \to u(x_0) .$$

On pose $\varepsilon_k = \sqrt{|x_k - x_0|}$, $\alpha_k = d(x_k)$ et on introduit la fonction-test:

$$\psi_k(x,y) = u(x) - v(y) - \frac{|x - y|^2}{\varepsilon_k^2} - [\left(\frac{d(x) - d(y)}{\alpha_k} - 1\right)^-]^2 - |x - x_0|^2 .$$

On introduit cette fonction-test avec l'idée suivante: si, comme d'habitude, les termes de pénalisation tendent vers 0, on aurait, en particulier

$$[\left(\frac{d(\overline{x}) - d(\overline{y})}{\alpha_k} - 1\right)^-]^2 \to 0 ,$$

pour tout point de maximum $(\overline{x}, \overline{y})$ de ψ_k. Cette propriété peut se réécrire sous la forme:

$$d(\overline{x}) \ge d(\overline{y}) + \alpha_k - \alpha_k o(1) .$$

Mais, comme on a à la fois $d(\overline{y}) \ge 0$ et $\alpha_k > 0$, cette inégalité implique que $d(\overline{x}) > 0$ pour n assez grand, et donc que $\overline{x} \in \Omega$, ce que l'on veut.

Deux difficultés se présentent:

A-t-on bien $M_k = \max_{\overline{\Omega} \times \overline{\Omega}} \psi_k(x,y) \to M$? et les propriétés habituelles de convergence vers 0 des termes de pénalisation?

On a deux paramètres ε_k et α_k, $\alpha_k \le \varepsilon_k^2$. Même si le premier point est vérifié, la dérivée du terme $[\left(\frac{d(x) - d(y)}{\alpha_k} - 1\right)^-]^2$ va être de l'ordre de $\frac{o(1)}{\alpha_k}$ alors que le terme en $|\overline{x} - \overline{y}|$ sera de l'ordre de $\varepsilon_k o(1)$ et donc on ne pourra pas conclure en utilisant (H2). On retrouve ici la difficulté liée aux trajectoires tangentes au bord!

Montrons d'abord que le premier point est satisfait. Soit $(\overline{x}, \overline{y})$ un point de maximum de ψ_k sur $\overline{\Omega} \times \overline{\Omega}$. On a, en particulier:

$$\psi_k(x_k, x_0) \le \psi_k(\overline{x}, \overline{y}) .$$

On calcule alors $\psi_k(x_k, x_0)$ en utilisant la définition de ε_k et de α_k:

$$\psi_k(x_k, x_0) = u(x_k) - v(x_0) - |x_k - x_0| - |x_k - x_0|^2 .$$

Comme $M = u(x_0) - v(x_0)$, $u(x_k) \to u(x_0)$ et $x_k \to x_0$, il en résulte que $\psi_k(x_k, x_0) \to M$ et on a donc la suite d'égalités et d'inégalités suivante:

$$
\begin{aligned}
M - o(1) \; &= \; \psi_k(x_k, x_0) \\
&\leq \; \psi_k(\overline{x}, \overline{y}) \\
&= \; u(\overline{x}) - v(\overline{y}) - \frac{|\overline{x} - \overline{y}|^2}{\varepsilon_k^2} - [\Big(\frac{d(\overline{x}) - d(\overline{y})}{\alpha_k} - 1\Big)^{-}]^2 - |\overline{x} - x_0|^2 = M_k \\
&\leq \; u(\overline{x}) - v(\overline{y}) \; .
\end{aligned}
$$

$$(7.6)$$

Puisque u et v sont bornés, on déduit d'abord de (7.6) que $|\overline{x} - \overline{y}| \to 0$ car les deux termes de pénalisation sont bornés. Puis, en utilisant la compacité de $\overline{\Omega}$, on montre aisément que:

$$
\limsup_k \; (u(\overline{x}) - v(\overline{y})) \leq M \; .
$$

En passant à la liminf dans les inégalités (7.6), on obtient alors:

$$
\liminf_k \; (u(\overline{x}) - v(\overline{y})) \geq M \; .
$$

Donc:

$$
\lim_k \; (u(\overline{x}) - v(\overline{y})) = M \; .
$$

On revient alors à (7.6) où l'on utilise ce résultat: comme la quantité

$$
u(\overline{x}) - v(\overline{y}) - \frac{|\overline{x} - \overline{y}|^2}{\varepsilon_k^2} - [\Big(\frac{d(\overline{x}) - d(\overline{y})}{\alpha_k} - 1\Big)^{-}]^2 - |\overline{x} - x_0|^2 \; ,
$$

tend nécessairement vers M, on en déduit que:

$$
\lim_k \; \left[\frac{|\overline{x} - \overline{y}|^2}{\varepsilon_k^2} + [\Big(\frac{d(\overline{x}) - d(\overline{y})}{\alpha_k} - 1\Big)^{-}]^2 + |\overline{x} - x_0|^2 \right] = 0 \; .
$$

Les termes de pénalisation tendent donc vers 0.

De plus, comme $\overline{x}, \overline{y} \to x_0$, on peut reproduire les arguments utilisés à la fin de la preuve du théorème 4.4: puisque u est s.c.s et puisque v est s.c.i, on a $\limsup_k u(\overline{x}) \leq u(x_0)$ et $\liminf_k v(\overline{y}) \geq v(x_0)$. Or:

$$
u(\overline{x}) - v(\overline{y}) \to M = u(x_0) - v(x_0) \; ,
$$

on a donc forcément:

$$
u(\overline{x}) \to u(x_0) \quad \text{et} \quad v(\overline{y}) \to v(x_0) \; .
$$

D'après un argument présenté au début de la preuve, la convergence vers 0 du terme:

$$
[\Big(\frac{d(\overline{x}) - d(\overline{y})}{\alpha_k} - 1\Big)^{-}]^2
$$

implique que $\overline{x} \in \Omega$ pour k assez grand; on a donc les deux inégalités de viscosité pour $\overline{x}$ et $\overline{y}$. Posons:

$$p_k = \frac{2(\overline{x} - \overline{y})}{\varepsilon_k^2} \ , \ \lambda_k = \frac{2}{\alpha_k}\Big(\frac{d(\overline{x}) - d(\overline{y})}{\alpha_k} - 1\Big)^{-} \ .$$

Les inégalités de viscosité s'écrivent alors:

$$H(\overline{x}, u(\overline{x}), p_k + \lambda_k n(\overline{x}) + 2(\overline{x} - x_0)) \le 0 \ ,$$

et:

$$H(\overline{y}, v(\overline{y}), p_k + \lambda_k n(\overline{y})) \ge 0 \ .$$

Pour résoudre la deuxième difficulté et pour estimer λ_k, on utilise (H18): la première inégalité de viscosité implique alors que:

$$\lambda_k \le C(1 + |p_k|) \ ,$$

et donc λ_k est de l'ordre de $\dfrac{o(1)}{\varepsilon_k}$ au lieu d'être de l'ordre de $\dfrac{o(1)}{\alpha_k}$ ce qui permet de conclure par les calculs habituels. $\qquad\qquad\square$

Exercice : *On suppose que l'on remplace (4.18) par:*
" il existe une suite $(x_k)_k$ de points de Ω qui convergent vers x_0 tels que:

$$u(x_k) \to u(x_0) \ ,$$

et:

$$\limsup_{k} \frac{|x_k - x_0|}{d(x_k)} < +\infty \ . "$$

Montrer que le théorème 4.6 reste vrai même sans supposer (H18) (on pourra remplacer dans la fonction-test le terme $|x - y|^2$ par le terme $[(|x - y|^2 - \varepsilon_k^2)^{+}]^2$ où $\varepsilon_k = |x_k - x_0|$). Il est à remarquer que ce cas contient celui où u et v sont continus.

Preuve du théorème 4.5 : Soit u une sous-solution s.c.s bornée de (1.1)-(4.17) et soit v une sursolution s.c.i bornée de (1.1)-(4.17).

On ne va pas redéfinir u et v sur le bord; on considère directement $M = \max\limits_{\overline{\Omega}} (u(x) - v(x))$; de même que dans les preuves précédentes, par le Principe du Maximum pour les solutions discontinues (théorème 4.2), M est atteint sur le bord en un certain point x_0. Quatre cas se présentent:

1. $u(x_0) \le \varphi(x_0)$ et $v(x_0) \ge \varphi(x_0)$: on a terminé car $M \le 0$.

2. $u(x_0) \le \varphi(x_0)$ et $v(x_0) < \varphi(x_0)$: tout se passe comme dans le cas des contraintes d'état car, d'une part, comme (4.18) a lieu pour u, on peut définir une suite $(x_k)_k$ comme dans la preuve du théorème 4.6 et les arguments sont exactement les mêmes puisque (H18) a lieu au voisinage de x_0. D'autre part, si $(\overline{x}, \overline{y})$ est un point de maximum de ψ_k, comme $v(\overline{y}) \to v(x_0)$ d'après les arguments de la preuve du théorème 4.6, on aura $v(\overline{y}) < \varphi(\overline{y})$ si $\overline{y} \in \partial\Omega$ et donc l'inégalité de viscosité aura toujours lieu pour v si k est assez grand.

3. $u(x_0) > \varphi(x_0)$ et $v(x_0) \geq \varphi(x_0)$: on est dans un cas analogue au précédent en inversant les rôles de u et v.

4. $u(x_0) > \varphi(x_0)$ et $v(x_0) < \varphi(x_0)$: on est dans un cas où tout est analogue au cas de $I\!\!R^N$ grâce à l'argument donné dans le 2. pour v que l'on applique ici à u et à v.

Et la preuve est complète.   □

Preuve du Corollaire 4.1 : On va prouver le:

Lemme 7.1 : *Si u est une sous-solution s.c.s bornée de (1.1)-(4.17), si (H20) a lieu et si φ est continu, on a:*

$$u \leq \varphi \quad sur \; \partial\Omega \,. \tag{7.7}$$

                                                                              □

Si le lemme est acquis, la preuve du corollaire 4.1 est la réplique exacte de celle du théorème 4.6.

Prouvons maintenant le lemme. On procède comme dans la preuve du lemme 5.2. Soit $x \in \partial\Omega$, on considère la fonction:

$$y \mapsto u(y) - \frac{|y - x|^2}{\varepsilon} - C_\varepsilon d(y) \,,$$

où ε est destiné à tendre vers 0 et $C_\varepsilon > 0$ sera choisi ultérieurement. Cette fonction est s.c.s, elle atteint donc son maximum en y_ε. Grâce à des arguments désormais habituels, on montre facilement que $y_\varepsilon \to x$ quand $\varepsilon \to 0$, indépendamment de C_ε et que $u(y_\varepsilon) \to u(x)$. Pour tout ε fixé, si C_ε est assez grand, l'inégalité de viscosité $H \leq 0$ ne peut avoir lieu à cause de (H20). On en déduit que $y_\varepsilon \in \partial\Omega$ et que $u(y_\varepsilon) \leq \varphi(y_\varepsilon)$. Il suffit alors de faire tendre ε vers 0. Et le lemme est acquis.   □

Notes bibliographiques de la section 7.1

La preuve du théorème 4.4 est la transposition de celle de [17] pour le deuxième ordre, celles des théorèmes 4.5 et 4.6 sont exactement celles de [30]. L'exercice reprend la méthode d'unicité de H.M Soner[147] que nous avons transposée pour qu'elle ressemble aux preuves que nous donnons. L'idée initiale de Soner consistait à utiliser une fonction-test du type:

$$|\frac{x - y}{\varepsilon} + n(x_0)|^2 + |y - x_0|^2 \,,$$

au voisinage d'un point de maximum x_0 de $u - v$. L'effet de cette fonction-test est de faire ressembler d'une part x à $y - \varepsilon n(x_0)$ et d'autre part y à x_0 ce qui implique, en particulier, que $x \in \Omega$. Dans le cas où u est continu, on a:

$$u(y - \varepsilon n(x_0)) \sim u(y) \sim u(x_0) \,,$$

ce qui fait marcher la preuve mais ce n'est pas forcément le cas si u est discontinu, c'est bien là la difficulté.

7.2 Une introduction aux formules explicites

L'idée sous-jacente à l'obtention de formules explicites pour les solutions d'équations de type Hamilton-Jacobi est très simple: si on parvient à écrire l'hamiltonien de l'équation comme l'hamiltonien d'un problème de contrôle, la fonction-valeur associée est une (ou mieux la) solution de l'équation. Ceci vaut pour les cas où l'hamiltonien $H(x, u, p)$ est convexe en (u, p); dans les autres cas, il faut utiliser la théorie des jeux différentiels mais nous n'aborderons pas ce cas ici. Notre but est simplement de donner quelques idées pour traiter systématiquement le cas convexe.

Nous commençons par des "rappels" d'analyse convexe.

Théorème-Définition : *Soit H une fonction convexe continue de $\mathbb{R}^N$ dans $\mathbb{R}$ qui vérifie:*

$$\frac{H(p)}{|p|} \to +\infty \quad \text{quand } |p| \to +\infty .\tag{7.8}$$

On appelle conjuguée de Fenchel de H la fonction convexe continue, notée H^*, qui est définie par:

$$H^*(p) = \sup_{q \in \mathbb{R}^N} \{(p, q) - H(q)\} .$$

On a:

$$(H^*)^*(p) = H(p) \quad \text{dans } \mathbb{R}^N .$$

$\square$

Montrons tout de suite comment ce résultat permet de résoudre notre problème de solutions explicites; considérons l'exemple simple:

$$\frac{\partial u}{\partial t} + H(Du) = 0 \quad \text{dans } \mathbb{R}^N \times (0, +\infty) ,\tag{7.9}$$

avec la donnée initiale:

$$u(x, 0) = u_0(x) \quad \text{dans } \mathbb{R}^N .$$

D'après le Théorème-Définition, l'équation se réécrit:

$$\frac{\partial u}{\partial t} + \sup_{v \in \mathbb{R}^N} \{(Du, v) - H^*(v)\} = 0 \quad \text{dans } \mathbb{R}^N \times (0, +\infty) .$$

Cette équation est l'équation de Bellman du problème de contrôle en horizon fini où $V = \mathbb{R}^N$, la dynamique est $b(x, v) = -v$ et le coût instantané est $f(x, v) = H^*(v)$. La solution de l'équation est donc:

$$u(x, t) = \inf_{v(.)} \{\int_0^t H^*(v(s))ds + u_0(y_x(t))\} .$$

Or d'après l'inégalité de Jensen:

$$\int_0^t H^*(v(s))ds \geq tH^*\left(\frac{1}{t}\int_0^t v(s)ds\right) .$$

Comme $v(s) = -\dot{y}_x(s)$, il en résulte que, pour tout contrôle $v(.)$:

$$\int_0^t H^*(v(s))ds \geq tH^*\left(\frac{x - y_x(t)}{t}\right) .$$

En d'autres termes, cette inégalité signifie que, si les points de départ (x) et d'arrivée $(y_x(t))$ de la trajectoire sont fixés, le contrôle constant $v(s) \equiv \dfrac{x - y_x(t)}{t}$ est optimal. La trajectoire optimale est donc le segment de droite qui relie x à $y_x(t)$.

Comme tous les points de $I\!\!R^N$ sont atteignables par une trajectoire issue de n'importe quel point x, on en déduit:

$$u(x,t) = \inf_{y \in R^N} \{u_0(y) + tH^*\left(\frac{x - y}{t}\right)\} .$$

La formule ainsi obtenue est la formule d'Oleinik-Lax.

Plus généralement, si la fonction $(x,p) \mapsto H(x,p)$ est continue, convexe en p et si elle vérifie (7.8) en p uniformément par rapport à x, les équations du type:

$$H(x, Du) = 0 \quad \text{dans } \Omega ,$$

ou du type:

$$\frac{\partial u}{\partial t} + H(x, Du) = 0 \quad \text{dans } \Omega \times (0, +\infty) ,$$

sont associées à des problèmes de contrôle où $V = I\!\!R^N$, la dynamique est $b(x,v) = -v$ et le coût instantané est $f(x,v) = H^*(x,v)$ où H^* désigne la conjuguée de Fenchel de H en p. Il suffit alors de prendre en compte les conditions aux limites et/ou les problèmes particuliers en utilisant le dictionnaire suivant:

1. Horizon infini $\longleftrightarrow$ coût: $\displaystyle\int_0^{+\infty}$.

2. Horizon fini $\longleftrightarrow$ coût: $\displaystyle\int_0^t$ + coût final.

3. Problème de l'obstacle $\longleftrightarrow$ Temps d'arrêt.

4. Problème de Dirichlet $\longleftrightarrow$ Temps de sortie.

5. Problème de Neumann $\longleftrightarrow$ Trajectoires réfléchies (attention dans ce cas $v(t) \neq -\dot{y}_x$!).

6. Contrainte d'état $\longleftrightarrow$ Temps de sortie infini à travers une partie du bord.

Evidemment les formules obtenues ne se simplifient pas toujours autant que dans le cas de notre premier exemple!

L'exemple extrême : on suppose que l'ouvert Ω est borné, régulier et que $\partial\Omega = \Gamma_1 \cup \Gamma_2 \cup \Gamma_3$ où les Γ_i ($i = 1, 2, 3$) sont des réunions de composantes connexes de $\partial\Omega$. On veut résoudre:

$$\max\left(\frac{\partial u}{\partial t} + H(x, Du), u - \psi\right) = 0 \quad \text{dans } \Omega \times (0, +\infty),$$

avec les conditions aux limites:

$$\max\left(\frac{\partial u}{\partial t} + H(x, Du), u - \psi\right) \geq 0 \quad \text{sur } \Gamma_1 \times (0, +\infty),$$

$$u = \varphi \quad \text{sur } \Gamma_2 \times (0, +\infty),$$

et:

$$\frac{\partial u}{\partial n} = g \quad \text{sur } \Gamma_3 \times (0, +\infty).$$

Comme Ω est régulier, on note Ω_+ la composante connexe de $\mathbb{R}^N - \Gamma_3$ qui contient Ω: d'après les rappels sur les trajectoires réfléchies, pour tout contrôle $v(.) \in L^\infty(0, +\infty, \mathbb{R}^N)$ et pour tout $x \in \Omega \subset \Omega_+$, il existe un unique couple (y_x, k_t), formé d'une trajectoire y_x à valeurs dans $\mathbb{R}^N$ et d'un processus à variations bornées k_t, solution du problème:

$$\begin{cases} dy_x(t) = -v(t) - dk_t, & y_x(0) = x, \\ k_t = \int_0^t 1_{\partial\Omega_+}(y_x(s))n(y_x(s))d|k|_s, \\ y_x(t) \in \overline{\Omega}_+, \quad \forall t \geq 0. \end{cases}$$

La solution de notre problème est alors:

$$u(x, t) = \inf_{(v(.)\in A_{x,\theta})} \left\{ \int_0^{t\wedge\theta\wedge\tau} H^*(y_x(t), v(t))dt + \int_0^{t\wedge\theta\wedge\tau} g(y_x(t))d|k|_t + \right.$$

$$\left. 1_{\{t\leq\theta\wedge\tau\}}u_0(y_x(t)) + 1_{\{\theta\leq t\wedge\tau\}}\psi(y_x(\theta)) + 1_{\{\tau<t\wedge\theta\}}\varphi(y_x(\tau)) \right\},$$

où θ est le temps d'arrêt associé à l'obstacle ψ, la notation A_x désigne l'espace des contrôles pour lesquel la trajectoire ne sort pas de $\overline{\Omega}$ à travers Γ_1 i.e. pour lesquels $y_x(\overline{\tau}) \notin \Gamma_1$. τ désigne le premier temps où la trajectoire touche Γ_2.

Nous sommes ici dans une situation <u>contrôlable</u>: si x et x' sont deux points suffisamment voisins de Ω, il existe des trajectoires contrôlées y_x et $y_{x'}$ telles que $y_x(t) = x'$ et $y_{x'}(t) = x$ et ceci pour tout choix de $t > 0$ (prendre, dans notre cas, les contrôles constants $+/- \dfrac{x - x'}{t}$). Cette propriété, qui peut s'avérer beaucoup plus complexe dans d'autres cas, assure la continuité de u. Notons enfin que des petites modifications de $v(.)$ lèvent les éventuelles ambiguïtés dans la définition de u.

Exercice :

1. *Calculer $H^*(x, p)$ pour l'hamiltonien H défini par:*

$$H(x, p) = \frac{1}{2}(a(x)p, p) - (b(x), p) \quad sur \; \overline{\Omega} \times \mathbb{R}^N ,$$

où Ω est un ouvert de $\mathbb{R}^N$, b un champ de vecteurs lipschitzien sur $\overline{\Omega}$ et $a(x)$ est une matrice $N \times N$ donnée sous la forme $\sigma(x)\sigma^T(x)$ où $\sigma(x)$ est une matrice inversible, pour tout $x \in \overline{\Omega}$, qui est une fonction lipschitzienne de x sur $\overline{\Omega}$. Retrouver ainsi les formules explicites des fonctionnelles d'action qui apparaissent dans les résultats sur les Grandes Déviations.

2. *Montrer que la formule d'Oleinik-Lax donne la solution de (7.9) même si la fonction convexe H ne satisfait pas (7.8). Traiter les exemples $H(p) = |p|$, $H(p) = (b, p)$ où $b \in \mathbb{R}^N$. Généraliser au cas où H dépend de x.*
   (On pourra montrer que la formule d'Oleinik-Lax définit un semi-groupe sur $BUC(\mathbb{R}^N)$ puis raisonner comme dans la section 2.1.)

3. *Calculer "la solution explicite" du problème:*

$$\frac{\partial u}{\partial t} + |Du| = 0 \quad dans \; \Omega \times (0, +\infty) ,$$

$$u(x, 0) = u_0(x) \quad dans \; \Omega ,$$

$$u(x, t) = \varphi(x, t) \quad sur \; \partial\Omega \times (0, +\infty) ,$$

où Ω est un ouvert convexe et u_0, φ sont des fonctions continues données (le but est de simplifier la formule le plus possible).
Discuter les propriétés d'unicité forte de ce problème, en particulier en liaison avec (4.25).

Notes bibliographiques de la section 7.2

Pour les rappels d'analyse convexe, le lecteur pourra consulter les livres de I. Ekeland et R. Temam[68] et de R.T Rockaffellar[144].

L'obtention et l'utilisation de formules explicites de type contrôle font l'objet d'une étude détaillée dans le livre de P.L Lions[128]: elles sont utilisées, en particulier, dans l'étude des conditions de compatibilité qu'il faut imposer aux conditions aux limites de Dirichlet pour avoir existence d'une solution continue pour le "vrai" problème de Dirichlet.

Nous avons rencontré de telles formules explicites dans les résultats de Grandes Déviations pour identifier la fonctionnelle d'action. Elles jouent parfois un rôle essentiel dans les preuves comme dans [19].

Nous n'avons pas évoqué la formule de Hopf: le lecteur intéressé pourra consulter les articles de M. Bardi et L.C Evans[6], de P.L Lions et J.C Rochet[136] (qui contient des applications en économie mathématique et des contre-exemples intéressants à d'éventuelles généralisations) et enfin [11].

Pour le cas de formules explicites basées sur la théorie des jeux différentiels, nous renvoyons à l'article de L.C Evans et P.E Souganidis[76]. La théorie des jeux différentiels déterministes est présentée dans R.J Elliott et N.J Kalton[70], dans A. Friedman[92] et dans R. Isaacs[99]. Les liens avec les solutions de viscosité sont étudiés dans L.C Evans et P.E Souganidis[76] et dans P.L Lions et P.E Souganidis[139]. Le cas des jeux différentiels stochastiques s'est heurté longtemps à l'absence de résultats de type Programmation Dynamique: ce résultat a été obtenu récemment par W.H Fleming et P.E Souganidis[86].

Références bibliographiques

[1] R. F. Anderson et S. Orey: *Small random perturbation of dynamical systems with reflecting boundary*, Nagaya Math. J., Vol. 60 (1976), pp 189-216.

[2] R. Azencott: GRANDES DEVIATIONS ET APPLICATIONS. Springer Lecture Notes in Math. N°774, 1980.

[3] J.P Aubin et H Frankowska: SET VALUED ANALYSIS. Birkhäuser, Boston, 1990.

[4] M. Bardi: *An asymptotic formula for the Green function of an elliptic operator.* Ann. Scuola Norm. Pisa Cl. Sci. (4) 4 (1987), pp 569-612.

[5] M. Bardi: *A boundary value problem for the minimum time function.* A paraître au SIAM J. on Control and Optimization.

[6] M. Bardi et L.C Evans: *On Hopf formula for solutions of Hamilton-Jacobi Equations.* Nonlinear Anal. TMA 8 (1984), pp 1373-1381.

[7] G. Barles: *Inéquations quasi-variationnelles du premier ordre et équations de Hamilton-Jacobi.* C.R.A.S Paris, t.196, Série I, pp 703-705 (1983).

[8] G. Barles: *Deterministic impulse control problems.* SIAM J. on Control and Optimization, vol 23, n° 3, (1985), pp 419-432.

[9] G. Barles: *Quasi-variational inequalities and first-order Hamilton-Jacobi Equations.* Non Linear Analysis TMA, vol 9, N° 2, 1985, pp 131-148.

[10] G. Barles: *Existence results for first-order Hamilton-Jacobi Equations.* Ann. Inst. Henri Poincaré, Vol 1, n° 5, 1984, pp 325-340.

[11] G. Barles: *Uniqueness for first-order Hamilton-Jacobi Equations and Hopf formula.* J. Diff. Equations, vol 69, N° 3, september 1987, pp 346-367.

[12] G. Barles: *An approach of deterministic control problems with unbounded data.* Annales de l'IHP Analyse non linéaire, Vol. 7, n° 4, 1990, pp 235-258.

[13] G. Barles: *Uniqueness and regularity results for first-order Hamilton-Jacobi Equations.* Indiana University Math. J., **39**, n° 2, (1990), pp 443-466.

[14] G. Barles: *Regularity results for first-order Hamilton-Jacobi Equations.* J. Differential and Integral Equations, vol 3, n° 1, (1990), pp 103-125.

[15] G. Barles: *A weak Bernstein method for fully nonlinear elliptic equations.* J. Diff. and Int. Equations, vol 4, n° 2, (1991), pp 241-262.

[16] G. Barles: *Interior gradient bounds for the Mean Curvature Equation by viscosity solutions methods.* J. Diff. and Int. Equations, vol 4, n° 2, (1991), pp 263-275.

[17] G. Barles: *Fully nonlinear Neumann type boundary conditions for second-order elliptic and parabolic equations.* J. Diff. Equations, Vol. 106, No. 1, (1993), pp 90-106.

[18] G. Barles: *Discontinuous viscosity solutions of first order Hamilton-Jacobi Equations: A guided visit.* Nonlinear Analysis TMA, Vol 20, N^0 9, (1993), pp 1123-1134.

[19] G. Barles, L. Bronsard et P.E Souganidis: *Front propagation for Reaction-Diffusion equations of bistable type.* Annales de l'IHP, Analyse non Linéaire, Vol. 9, n° 5, (1992), pp 479-496.

[20] G. Barles et J. Burdeau: *The Dirichlet Problem for Semilinear Second-Order Degenerate Elliptic Equations and Applications to Stochastic Exit Time Control Problems.* Soumis à Comm. in PDE.

[21] G. Barles, Ch. Daher et M. Romano: *Optimal control on the L^∞-norm of a diffusion process.* SIAM J. on Control and Optimization, Vol. 32, No. 3 (1994), pp 612-634.

[22] G. Barles, Ch. Daher et M. Romano: *Convergence of Numerical Schemes for Problems Arising in Finance Theory.* A paraître dans M3AS.

[23] G. Barles, L.C Evans et P.E Souganidis: *Wavefront propagation for reaction-diffusion systems of PDE.* Duke Mathematical J. Vol. 61, N° 3 , (1990), pp 835-858.

[24] G. Barles et Ch. Georgelin: *A simple proof for the convergence of an approximation scheme for computing Mean Curvature Motions.* A paraître SIAM J. on Numerical Analysis.

[25] G. Barles et P.L Lions: *Fully nonlinear Neumann type boundary conditions for first-order Hamilton-Jacobi Equations.* Nonlinear Analysis TMA, vol 16, n° 2, (1991), pp 143-153.

[26] G. Barles et P.L Lions: *Remarks on existence and uniqueness results for first-order Hamilton-Jacobi Equations.* Contribution to Nonlinear Partial Differential Equations, Vol II, J.I Diaz and P.L Lions Editors, Pitman, Research Notes in Mathematical Series 155 (1987).

[27] G. Barles et P.L Lions: *Remarques sur les problèmes de réflexion oblique.* Note aux CRAS soumise.

[28] G. Barles et B. Perthame: *Discontinuous solutions of deterministic optimal stopping time problems.* M2AN, vol 21, n° 4, 1987, pp 557-579.

[29] G. Barles et B. Perthame: *Exit time problems in optimal control and vanishing viscosity method.* SIAM J. in Control and Optimization, 26, 1988, pp 1133-1148.

[30] G. Barles et B. Perthame: *Comparison principle for Dirichlet type Hamilton-Jacobi Equations and singular perturbations of degenerated elliptic equations.* Appl. Math. and Opt., 21, 1990, pp 21-44.

[31] G. Barles, H.M Soner et P.E Souganidis: *Fronts Propagations and Phase Fields Theory.* SIAM J. on Control and Optimization, **31**, (1993), pp 439-469.

[32] G. Barles et P.E Souganidis: *Convergence of approximation schemes for fully nonlinear second order equations.* Asymptotic Analysis 4, (1991), pp 271-283.

[33] E. N. Barron: *Viscosity solutions for the monotone control problem.* SIAM J. Control and Optimization **2** (1985), pp 161-171.

[34] E. N. Barron: *The Bellman equation for the running max of a diffusion and applications to lookback options.* A paraître dans Applicable Analysis.

[35] E.N Barron et H. Ishii: *The Bellman equation for minimizing the maximum cost.* Nonlinear Anal.TMA. **3** (1989), pp 1067-1090.

[36] E.N Barron et R. Jensen: *Semicontinuous viscosity solutions of Hamilton-Jacobi Equations with convex hamiltonians.* Comm. in PDE, 15 (12), 1990, pp 1713-1740.

[37] E.N Barron et R. Jensen: *Optimal control and semicontinuous viscosity solutions.* Proc. Amer. Math. Soc. 113, 1991, pp 49-79.

[38] A. Bensoussan: STOCHASTIC CONTROL BY FUNCTIONAL ANALYSIS METHODS. North Holland, Amsterdam, 1982.

[39] A. Bensoussan et J. L Lions: APPLICATIONS DES INÉQUATIONS VARIATION-NELLES EN CONTROLE STOCHASTIQUE, Dunod, 1978.

[40] A. Bensoussan et J.L Lions: INEQUATIONS VARIATIONNELLES EN CON-TROLE STOCHASTIQUE ET EN CONTROLE IMPULSIONNEL. Dunod, Paris, 1972.

[41] A. Bensoussan, J.L Lions et G. Papanicolau: ASYMPTOTIC ANALYSIS FOR PERIODIC STRUCTURE. Studies in Mathematics and its applications, Vol. 5, North Holland, 1978.

[42] S.H Benton: THE HAMILTON JACOBI EQUATION. A GLOBAL APPROACH. Academic Press, New York, 1977.

[43] L. Bers, F. John et M. Schechter: PARTIAL DIFFERENTIAL EQUATIONS. Lecture in Applied Mathematics, Vol. 3, Interscience publishers, New-York, 1964.

180   Références bibliographiques

[44] A. P. Blanc: *Deterministic optimal exit time problems with discontinuous exit cost.* Soumis au SIAM J. on Control and Optimization

[45] I. Capuzzo-Dolcetta et L.C Evans: *Optimal switching for ordinary differential equations.* SIAM J. on Control and Optimization **22** (1988), pp 1133-1148.

[46] I.Capuzzo-Dolcetta et P.L Lions: *Viscosity solutions of Hamilton-Jacobi Equations and state-constraints problems.* Trans. Amer. Math. Soc. **318**, 1990, pp 643-683.

[47] F.H Clarke: OPTIMIZATION AND NONSMOOTH ANALYSIS. Wiley-Interscience New-York, 1983.

[48] F.H Clarke: *Method of Dynamic and nonsmooth optimization.* CBMS-NSF Regional Conference Series in Applied Math., SIAM, Philadelphia, Vol. 57, 1989.

[49] F.H Clarke: *Necessary conditions for nonsmooth problems in optimal control and the calculus of variations.* PhD Thesis, University of Washington, Seattle, WA, 1973.

[50] E.D Conway et E. Hopf: *Hamilton's theory and generalized solutions of Hamilton Jacobi Equation.* J. Math. Nec., 13 (1964) pp 939-986.

[51] M.G Crandall, L.C Evans et P.L Lions: *Some properties of viscosity solutions of Hamilton-Jacobi Equations,* Trans. Amer. Math. Soc. **282** (1984) pp 487-502.

[52] M.G Crandall et H. Ishii: *The Maximum Principle for semicontinuous functions.* Differential and Integral Equations **3** (1990), pp 1001-1014.

[53] M.G Crandall, H.Ishii et P.L Lions: *Uniqueness of viscosity solutions revisited.* J. Math. Soc. Jappan, vol 39, N°4, 1987, pp 581-596.

[54] M.G Crandall, H.Ishii et P.L Lions: *User's guide to viscosity solutions of second order Partial differential equations.* Bull. Amer. Soc. **27** (1992), pp 1-67.

[55] M.G Crandall et P.L Lions: *Viscosity solutions of Hamilton-Jacobi Equations,* Trans. Amer. Math. Soc. **277**, (1983), pp 1-42.

[56] M.G Crandall et P.L Lions: *On existence and uniqueness of solutions of Hamilton-Jacobi Equations.* Non Linear Anal. TMA., 10,(1986), pp 353-370.

[57] M.G Crandall et P.L Lions: *Solutions de viscosité non bornées des équations de Hamilton-Jacobi du premier ordre.* C.R.A.S, Paris, 1984.

[58] M.G Crandall et P.L Lions: *Quadratic Growth of Solutions of Fully Nonlinear Second-order Equations in $I\!\!R^n$.* Differential and Integral Equations **3** (1990), pp 601-616.

[59] M.G Crandall, P.L Lions et P.E Souganidis: *Maximal solutions and universal bounds for some partial differential equations of evolution.* Arch. Rat. Mech. Anal. **105** (1989), pp 163-190.

[60] M. Day: *Recent progress on the small parameter exit problem.* Stochastics **20** (1987), pp 121-150.

[61] M. Day: *Some phenomena of the characteristic boundary exit time.* Dans DIFFUSION PROCESSES AND RELATED PROBLEMS IN ANALYSIS (1989) Birkäuser.

[62] M.D Donsker et S.R.S Varadhan: *Asymptotic evaluation of certain Markov processes expectations for large time .* Comm. Pure Appl. Math. **27** (1975), pp 1-47.

[63] H. Doss et P. Priouret: *Petites perturbations de systèmes dynamiques avec réflexion,* Séminaire de probabilité XVII, Lecture Note in Math. 986, Springer, Berlin.

[64] A. Douglis: *The continuous dependance of generalized solutions of non linear partial differential equations upon initial data.* Comm. Pure. Applied.Math 14 (1961) pp 267-284.

[65] P. Dupuis et H. Ishii: *On oblique derivative problems for fully nonlinear second-order equations on nonsmooth domains.* Non Linear Anal. TMA **12** (1991), pp 1123-1138.

[66] P. Dupuis et H. Ishii: *On oblique derivative problems for fully nonlinear second-order elliptic PDE's on domains with corners.* Hokkaido Math. J. **20** (1991), pp 135-164.

[67] A. Eisenberg: *Elliptic perturbations for a class of Hamilton-Jacobi equations.* Préprint.

[68] I. Ekeland et R. Temam: ANALYSE CONVEXE ET PROBLEMES VARIATIONNELS. Dunod-Gauthier-Villars, Paris, 1974.

[69] N. El Karoui: LES ASPECTS PROBABILISTES DU CONTROLE STOCHASTIQUE. Springer Lecture Notes in Math. N° 876, Springer-Verlag, New-York, 1981.

[70] R.J Elliott et N.J Kalton: *The existence of value in differential games.* Mem. AMS N°126, 1972.

[71] L.C Evans: *A convergence theorem for solutions of nonlinear second order elliptic equations.* Indiana University Math. J., **27** (1978), pp 875-887.

[72] L.C Evans: *On solving certain nonlinear differential equations by accretive operator methods.* Israel J. Math., **36** (1980), pp 225-247.

[73] L.C Evans: *The perturbed test function technique for viscosity solutions of partial differential equations.* Proc. Roy. Soc. Edinburgh Sect. A, **111** (1989), pp 359-375.

[74] L.C Evans et H. Ishii: *A PDE approach to some asymptotic problems concerning random differential equations with small noise intensities.* Ann. Inst. H. Poincaré, Vol 2, n° 1, pp 1-20.

[75] L.C Evans, H.M Soner et P.E Souganidis: *Phase transitions equation and generalized motion by Mean Curvature.* Comm. Pure Appl. Math. XLV (1992), pp 1097-1123.

[76] L.C Evans et P.E Souganidis: *Differential games and representation formulas for solutions of Hamilton-Jacobi-Isaacs equations.* Indiana U. Math. J. **33** (1984), pp 773-797.

[77] L.C Evans et P.E Souganidis: *A PDE approach to geometric optics for certain semilinear parabolic equations.* Indiana Univ. Math. J. **38** (1989), pp 141-172.

[78] W.H Fleming: *The Cauchy problem for a non linear partial diffferential equation.* J. Diff. Equa. 5 (1969), pp 515-530.

[79] W.H Fleming: *Non linear partial diffferential equation-probabilistic and games theoretic method.* Dans Problems in non Linear Analysis, CIME, Ed Cremonese Rome (1971).

[80] W.H Fleming: *The Cauchy Problem for degenerate parabolic equations.* J. Math. Rech. 13 (1964), pp 987-1008.

[81] W.H Fleming: *Logarithmic transform and stochastic control.* Dans Advance in Filtering and Stochastic Control (Ed. by Fleming and Gorostiza), Springer, New-York, 1983.

[82] W.H Fleming: *A stochastic control approach to some large deviations problems.* Lecture Note in Math. Proceedings of Rome Conference, 1984.

[83] W.H Fleming: *Exit probabilities and optimal stochastic control.* Applied Math. and Opt. 4 (1978), pp 329-346.

[84] W.H Fleming et H.M Soner: CONTROLLED MARKOV PROCESSES AND VISCOSITY SOLUTIONS. Applications of Mathematics, Springer-Verlag, New-York, 1993.

[85] W.H Fleming et P.E Souganidis: *A PDE approach to asymptotic estimates for optimal exit time probabilities.* Lecture Note in Control and Information Sciences. Springer-Verlag.

[86] W.H Fleming et P.E Souganidis: *On the existence of value functions of two-player, zero-sum stochastic differential games.* Indiana Univ. Math. J. **38** (1989), pp 293-314.

[87] W.H Fleming et P.E Souganidis: *Asymptotic series and the method of vanishing viscosity.* Indiana Univ. Math. J. **35** (1986) pp 425-447.

[88] W.H Fleming et R.W Rishel: DETERMINISTIC AND STOCHASTIC OPTIMAL CONTROL. Springer, Berlin 1975.

[89] H. Frankowska: *Hamilton-Jacobi equations: viscosity solutions and generalized gradients.* J. Math. Analysis Applic. **141** (1989) pp 21-26.

[90] M.I Freidlin: FUNCTIONAL INTEGRATION AND PARTIAL DIFFERENTIAL EQUATIONS. Annals of Math. Studies, N° 109, Princeton University Press, 1985.

[91] A. Friedman: *The Cauchy problem for first-order partial diffferential equations.* Indiana Univ. Math. J. **23** (1973) pp 27-40.

[92] A. Friedman: DIFFERENTIAL GAMES. Pure and applied mathematics, vol XXV. Wiley-Interscience, New-York, 1971.

[93] J. Gärtner: *Bistable Réaction-Diffusion equations and excitable media.* Math. Nachr. **112** (1983), pp 125-152.

[94] D.Gilbarg et N.S Trudinger: ELLIPTIC PARTIAL DIFFERENTIAL EQUATIONS OF SECOND-ORDER. Springer, New-York (1983).

[95] U.G Haussmann: *A probabilistic approach to the generalized Hessian.* Math. of. Operations Research, Vol 17, N°1, 1992.

[96] U.G Haussmann: *Generalized solutions of the Hamilton-Jacobi equation of stochastic control.* A paraître au SIAM J. on Control and Optimization.

[97] A. Heinricher et R. Stockbridge: *Optimal control of the running max.* SIAM Journal on Control and Optimization, 29, (1991), pp 936-953.

[98] E. Hopf: *Generalized solutions of non linear equations of first-order.* J. Math. Mech., 14, (1965) pp 951-973.

[99] R. Isaacs: DIFFERENTIAL GAMES. A mathematical theory with applications to warfare and pursuit, control and optimization. Wiley and sons, New-York, 1965.

[100] H. Ishii: *Hamilton-Jacobi Equations with discontinuous Hamiltonians on arbitrary open sets.* Bull. Fac. Sci. Eng. Chuo Univ. **28** (1985), pp 33-77.

[101] H. Ishii: *Remarks on the existence of viscosity solutions of Hamilton-Jacobi Equations.* Bull. Facul. Sci. Eng. ,Chuo University, 26 (1983), pp 5-24.

[102] H. Ishii: *Uniqueness of unbounded solutions of Hamilton-Jacobi Equations.* Indiana Univ. Math. J. 1984 **33** (1984), pp 721-748.

[103] H. Ishii:*Existence and uniqueness of solutions of Hamilton-Jacobi Equations.* Funkcial. Ekvak, 29, (1986), pp 167-188.

[104] H. Ishii: *Perron's method for Hamilton-Jacobi Equations.* Duke Math. J. **55** (1987), pp 369-384.

[105] H. Ishii: *A simple, direct proof of uniqueness for solutions of Hamilton-Jacobi Equations of Eikonal type.* Proc. Amer. Math. Soc. **100** (1987), pp 247-251.

[106] H. Ishii: *A boundary value problem of the Dirichlet type for Hamilton-Jacobi Equations.* Ann. Scuola. Norm. Pisa Cl. Sci. (4) 16, pp 105-135.

[107] H. Ishii: *On uniqueness and existence of viscosity solutions of fully nonlinear second-order elliptic PDE's.* Comm. Pure and Appl. Math. **42** (1989), pp 14-45.

[108] H. Ishii: *Fully nonlinear oblique derivative problems for nonlinear second-order elliptic PDE's.* Duke Math. J. **62** (1991), pp 663-691.

[109] H. Ishii et S. Koike: *Remarks on elliptic singular perturbations problems.* Appl. Math. and Opt. **23** (1991), pp 1-15.

[110] H. Ishii et P.L Lions: *Viscosity solutions of fully nonlinear second-order elliptic partial differential equations.* J. Diff. Equations **83** (1990), pp 26-78.

[111] A.V Ivanov: *Quasilinear degenerate and non uniformly elliptic and parabolic equations of second order.* Proceedings of the Steklov Institute of Mathematics, 1984, Issue 1.

[112] R. Jensen: *The maximum principle for viscosity solutions of fully nonlinear second-order partial differential equations,* Archive Rat. Mech. Anal. **101** (1988), pp 1-27.

[113] R. Jensen: *Uniqueness criteria for viscosity solutions of fully nonlinear elliptic partial differential equations,* Indiana Univ. Math. J. **38** (1989), pp 629-667.

[114] R. Jensen, P.L Lions et P.E Souganidis: *A uniqueness result for viscosity solutions of second-order fully nonlinear partial differential equations.* Proc. A.M.S. **102** (1988), pp 975-978.

[115] S. Kamin: *Elliptic perturbation of a first order operator with a singular point of attracting type.* Indiana Univ. Math. J. **27** (1978), pp 935-952.

[116] S. Kamin: *Elliptic perturbation for linear and non linear equation with a singular point.* Préprint.

[117] M. Katsoulakis: *Viscosity solutions of 2nd order fully nonlinear elliptic equations with state constraints.* Préprint.

[118] J.J Kohn et L. Nirenberg: *Degenerate Elliptic-Parabolic Equations of Second-Order.* Comm. Pure and Applied Math., Vol. XX, pp 797-872, 1967.

[119] S.N Kruzkov: *Non local theory for Hamilton-Jacobi Equations.* Dans les Proceedings of the conference on partial differential equations. Ed Alexandrov and O. Oleinik, Moscow (1972).(En russe).

[120] S.N Kruzkov: *Generalized solutions of Hamilton-Jacobi Equation of Eikonal type.* USSR Sbornik, 27, (1975) pp 406-446.

[121] S.N Kruzkov: *Generalized solutions of non linear first-order equations and certain quasilinear parabolic equations.* Vestnik Moskow Univ. Ser. I Math. Rech. 6 (1964) pp 67-74.(En russe).

[122] S.N Kruzkov: *Generalized solutions of first-order non linear equations in several independent variables*. I. Mat. Sb. 70 (112), (1966), pp 394-415; II. Mat. Sb. (NS) 72 (114) (1967) pp 93-116 (En russe).

[123] N.V Krylov: CONTROLLED DIFFUSION PROCESSES. Springer-Verlag, 1980.

[124] O.A Ladyzhenskaya et N.N Ural'tseva: LINEAR AND QUASILINEAR ELLIPTIC EQUATIONS. Academic Press, 1968 (Traduction française Dunod).

[125] J.M Lasry et P.L Lions: *A remark on regularization in Hilbert spaces*. Isr. J. Math. 55 (1986) pp 257-266.

[126] J.M Lasry et P.L Lions: *Nonlinear elliptic equations with singular boundary conditions and stochastic control with state constraints*. Math. Ann. 283 (1989), pp 583-630.

[127] E.B Lee et L.Markus: FOUNDATIONS OF OPTIMAL CONTROL THEORY. J.Wiley, New-York (1967).

[128] P.L Lions: GENERALIZED SOLUTIONS OF HAMILTON-JACOBI EQUATIONS, Pitman (1982).

[129] P.L Lions: *Optimal control of diffusion processes and Hamilton-Jacobi-Bellman equations, Part I: The dynamic programming principle and applications*, Comm. P.D.E. 8 (1983), pp 1101-1174.

[130] P.L Lions: *Optimal control of diffusion processes and Hamilton-Jacobi-Bellman equations, Part II: Viscosity solutions and uniqueness*, Comm. P.D.E. 8 (1983), pp 1229-1276.

[131] P.L Lions: *Optimal control of diffusion processes and Hamilton-Jacobi-Bellman equations, Part III*, in Nonlinear PDE and Appl., Séminaire du Collège de France, vol V, Pitman (1985).

[132] P.L Lions: *Regularizing effects for first-order Hamilton-Jacobi Equations*. Appl. Anal. 20 (1985), pp 283-308.

[133] P.L Lions: *Neumann type boundary conditions for Hamilton-Jacobi Equations*. Duke Math. J. 52 (1985) pp 793-820.

[134] P.L Lions: *Existence results for first-order Hamilton-Jacobi Equations*. Ricerche Mat. Napoli, 32, (1983), pp 1-23.

[135] P.L Lions, G. Papanicolau et S.R.S Varadhan: *Homogeneization of Hamilton-Jacobi Equations*. Préprint.

[136] P.L Lions et J.C Rochet: *Hopf formula and multi-time Hamilton-Jacobi Equations*. Proc. Amer. Math. Soc. 90 (1980), pp 79-84.

[137] P.L Lions et A.S Sznitman: *Stochastic Differential Equations with Reflecting Boundary Conditions*. Comm. Pure and Applied Math. vol. XXXVII, pp 511-537, 1984.

[138] P.L Lions et P.E Souganidis: *Viscosity solutions of second-order equations, stochastic control and stochastic differential games.* Stochastic Differential Systems, Stochastic Control Theory and Applications (W.H Fleming et P.L Lions eds) IMA Vol. Math. Appl., Vol. 10, Springer, Berlin, 1988.

[139] P.L Lions et P.E Souganidis: *Differential games, optimal control and directional derivatives of viscosity solutions of Bellman's and Isaac's Equations.* SIAM J.Control and Optimization, vol 23, n° 4 (1985).

[140] O.A Oleinik et E.V Radkevic: SECOND-ORDER EQUATIONS WITH NON NEGATIVE CHARACTERISTIC FORM. American Mathematical Society, Providence, RI (1973).

[141] B. Perthame: *Perturbed dynamical systems with attracting singularity and weak viscosity limits in Hamilton-Jacobi Equations.* Trans. Amer. Math. Soc. **317** (1990), pp 723-747.

[142] B. Perthame et R. Sanders: *The Neumann problem for nonlinear second order singular perturbation problems.* SIAM J. Math. Anal. (1988), pp 295-311.

[143] M. Protter et H. Weinberger: MAXIMUM PRINCIPLE IN DIFFERENTIAL EQUATIONS. Prentice Hall (1967)

[144] R.T Rockaffellar: CONVEX ANALYSIS. Princeton University Press (1970).

[145] A. Sayah: *Equations de Hamilton-Jacobi du premier ordre avec termes integro-differentiels.* Part I et II, Comm. Partial Differential Equations, **16** (1991), pp 1057-1221.

[146] J.Serrin: *Gradient estimates for solutions of non-linear elliptic and parabolic equations.*Dans Contributions to nonlinear functional analysis (Ed. E.H Zarantonello) Academic Press, (1971).

[147] M.H Soner: *Optimal control problems with state-space constraints.* SIAM J. on Control and Optimization **24** (1986), Part I: pp 552-562, Part II: pp 1110-1122.

[148] E.D Sontag: MATHEMATICAL CONTROL THEORY. Springer-Verlag, New-York, 1990.

[149] D.W Stroock: AN INTRODUCTION TO THE THEORY OF LARGE DEVIATIONS. Springer-Verlag, New-York (1984).

[150] D.W Strook et S.R.S. Varadhan: *On degenerate elliptic-parabolic operators of second order and their associated diffusions.* Comm. Pure and Applied Math., Vol XXV, 1972, pp 651-713.

[151] P.E Souganidis: *Existence of viscosity solutions of Hamilton-Jacobi Equations.* J. Diff. Equations 56, (1985), pp 345-390.

[152] S.R.S. Varadhan: LARGE DEVIATIONS AND APPLICATIONS. SIAM, 1984.

[153] J. Warga: OPTIMAL CONTROL OF DIFFERENTIAL AND FUNCTIONNAL EQUATIONS. Academic press, 1972.

[154] A.D Wentzell et M.I Freidlin: RANDOM PERTURBATIONS OF DYNAMICAL SYSTEMS. Springer, New-York, 1984.

Liste des principales hypothèses

(H1)
$$H(x, u, p) - H(x, v, p) \geq \gamma_R(u - v) , \qquad (\gamma_R > 0)$$
pour tout $x \in \Omega$, $-R \leq v \leq u \leq R$ et $p \in \mathbb{R}^N$ ($\forall\, 0 < R < +\infty$).

*****

(H2)
$$|H(x, u, p) - H(y, u, p)| \leq m_R(|x - y|(1 + |p|)) ,$$
où $m_R(t) \to 0$ quand $t \to 0$, pour tout $x, y \in \Omega$, $-R \leq u \leq R$ et $p \in \mathbb{R}^N$ ($\forall\, 0 < R < +\infty$).

*****

(H3)
$$H(x, u, p) \to +\infty \qquad \text{quand } |p| \to +\infty,$$
uniformément pour $x \in \Omega$, $u \in [-R, R]$ ($\forall\, 0 < R < +\infty$).

*****

(H4) $|H(x, u, p) - H(y, u, p)| \leq m_R\left(|x - y|(1 + |p|)\right) Q_R(x, y, u, p),$
tout $x, y \in \Omega$, $-R \leq u \leq R$ et $p \in \mathbb{R}^N$, où $m_R(t) \to 0$ quand $t \to 0$ et:
$$Q_R(x, y, u, p) = \max\left(\Phi_R(H(x, u, p)), \Phi_R(H(y, u, p))\right) ,$$
où Φ_R est <u>n'importe quelle fonction continue</u> de $\mathbb{R}$ dans $\mathbb{R}^+$.

*****

(H5) $H(x, p)$ est convexe en p, pour tout $x \in \Omega$.

*****

Il existe une fonction ϕ de classe C^1 sur Ω, continue sur $\overline{\Omega}$ telle que:
(H6) $H(x, D\phi(x)) \leq \alpha < 0$ sur Ω.

*****

(H7) $|H(x,t,p) - H(y,s,p)| \leq m\big((|x - y| + |t - s|)(1 + |p| + Q(x,y,t,s,p))\big),$
pour tout $x,y \in \overline{\Omega}$, $t, s \in [0,T]$ et $p \in \mathbb{R}^N$, où $m(t) \to 0$ quand $t \to 0$ et:

$$Q(x,y,t,s,p) = \max(|H(x,t,p)|, |H(y,s,p)|) \,.$$

*****

(H8) $\qquad 0 < \gamma \leq \dfrac{\partial H}{\partial u}(x,u,p) \leq \Gamma,$

pour certaines constantes γ, Γ et pour tout $x \in \mathbb{R}^N$, $u \in \mathbb{R}$ et $p \in \mathbb{R}^N$.

*****

(H9) $\qquad |\dfrac{\partial H}{\partial x}(x,u,p)| \leq C(1 + |p|) \,,$

pour une certaine constante $C > 0$ et pour tout $x \in \mathbb{R}^N$, $u \in \mathbb{R}$ et $p \in \mathbb{R}^N$.

*****

(H10) $\qquad |\dfrac{\partial H}{\partial p}(x,u,p)| \leq K \,,$

pour une certaine constante $K > 0$ et pour tout $x \in \mathbb{R}^N$, $u \in \mathbb{R}$ et $p \in \mathbb{R}^N$.

*****

(H11) $\qquad H(x,u,p)$ est uniformément continu sur $\mathbb{R}^N \times [-R,R] \times \overline{B}_R$.

*****

(H12) $\quad \exists M > 0$ tel que: $\quad H(x,-M,0) \leq 0 \leq H(x,M,0)$ dans $\mathbb{R}^N$.

*****

(H13) Il existe $\underline{u}$ et $\overline{u}$ dans $BUC(\overline{\Omega})$ respectivement sous-solution et sursolution de viscosité de (1.1), vérifiant:

$$\underline{u} = \overline{u} = \varphi \quad \text{sur } \partial\Omega \,.$$

*****

(H14) $\qquad F(x,u,p+\lambda n(x)) - F(x,u,p) \geq \nu_R\lambda \ , \ (\nu_R > 0)$

pour tout $\lambda > 0$, $x \in \partial\Omega$, $-R \leq u \leq R$ et $p \in I\!\!R^N$ ($\forall 0 < R < +\infty$).

*****

(H15) $\qquad |F(x,u,p) - F(x,u,q)| \leq \tilde{m}_R(|p-q|) \ ,$

où $\tilde{m}_R(t) \to 0$ quand $t \to 0^+$, pour tout $x \in \partial\Omega$, $-R \leq u \leq R$ et $p,q \in I\!\!R^N$ ($\forall 0 < R < +\infty$).

*****

(H16) $\quad |H(x,u,p) - H(x,u,q)| \leq \tilde{m}_R(|p-q|)Q_R(x,u,p,q) \ ,$

si x appartient à un voisinage de $\partial\Omega$ et pour tout $-R \leq u \leq R$ et $p,q \in I\!\!R^N$, où $\tilde{m}_R(t) \to 0$ quand $t \to 0^+$ et:

$$Q_R(x,u,p,q) = \max\left(\Phi_R(H(x,u,p)), \Phi_R(H(x,u,q))\right) \ ,$$

où Φ_R est une fonction continue de $I\!\!R$ dans $I\!\!R^+$ ($\forall 0 < R < +\infty$).

*****

(H17) Pour tout $x \in \partial\Omega, u \in I\!\!R$ et $p \in I\!\!R^N$, l'application $\lambda \mapsto F(x,u,p+\lambda n(x))$ est strictement croissante et il existe une fonction $\lambda(x,u,p)$ satisfaisant (H1) (avec $\gamma_R \geq 0$)-(H2)-(H15) telle que:

$$F(x,u,p+\lambda(x,u,p)n(x)) = 0 \ .$$

*****

(H18) $\qquad H(x,u,p+\lambda n(x)) \leq 0 \implies \lambda \leq C_R(1+|p|) \ ,$

où $C_R > 0$, pour tout x dans un voisinage de $\Gamma_1 \subset \partial\Omega$, $-R \leq u \leq R$ et $p \in I\!\!R^N$ ($\forall 0 < R < +\infty$).

*****

(H19) $\qquad H(x,u,p-\lambda n(x)) \geq 0 \implies \lambda \leq C_R(1+|p|) \ ,$

où $C_R > 0$, pour tout x dans un voisinage de $\Gamma_2 \subset \partial\Omega$, $-R \leq u \leq R$ et $p \in I\!\!R^N$ ($\forall 0 < R < +\infty$).

*****

(H20) $\qquad H(x, u, p - \lambda n(x)) \to +\infty$ quand $\lambda \to +\infty$

uniformément pour x dans un voisinage de $\Gamma_3 \subset \partial\Omega$, $-R \le u \le R$ et p borné. $(\forall 0 < R < +\infty)$.

*****

(H21) Pour tout $x \in \partial\Omega$, s'il existe $v \in V$ tel que: $-b(x, v).n(x) \ge 0$ alors il existe $v' \in V$ tel que: $-b(x, v').n(x) > 0$.

*****

(H22) Pour tout $x \in \partial\Omega$, si $-b(x, v).n(x) \ge 0$ pour tout $v \in V$ alors $b(x, v).n(x) > 0$ pour tout $v \in V$.

*****

(H23) $\qquad H(x, t, p)$ est uniformément continue sur $\mathbb{R}^N \times [0, T] \times \overline{B}_R$, pour tout $R > 0$.

Index

Printed in the United States
By Bookmasters